팅부동
운 남
여 행

경영자 출신 세 남자의
중국 배낭여행은 무엇이 달랐나!

팅부동 운남여행

발행일   2016년 6월 30일

지은이   김창섭, 박노진, 이갑수
펴낸이   손형국
펴낸곳   (주)북랩
편집인   선일영   편집   김향인, 서대종, 권유선, 김예지, 김송이
디자인   이현수, 신혜림, 윤미리내, 임혜수   제작   박기성, 황동현, 구성우
마케팅   김회란, 박진관, 김아름
출판등록 2004. 12. 1(제2012-000051호)
주소   서울시 금천구 가산디지털 1로 168, 우림라이온스밸리 B동 B113, 114호
홈페이지   www.book.co.kr
전화번호 (02)2026-5777   팩스   (02)2026-5747

ISBN   979-11-5987-075-0 03980(종이책)   979-11-5987-076-7 05980(전자책)

경영자 출신 세 남자의
중국 배낭여행은 무엇이 달랐나!

팅부동 운남여행

김창섭·박노진·이갑수 지음

북랩 book Lab

우리는 이름 모를 중국 백주에 취하기도 했지만 당초에 의도했던 여행 대부분이 무사히 끝났다는 성취감에 몹시도 흥분한 밤이었다. 누추하지만 정겨운 객잔의 테이블 위에는 시장에서 산 귀한 송이버섯과 튀긴 오리고기, 맛있는 복숭아를 비롯해 우리로서는 최고의 안주가 술맛을 배가해주고 있었다.

누가 먼저인지 모르겠지만 70~80년대 우리의 뜨거움을 함께 했던 노래를 부르기 시작했다. 급기야는 또 다른 꿈 때문에 이번 여정에 동참하지 못하고 한국에 있는 벗에게 흘러간 트로트를 불러서 그 영상을 전송하는 망동도 부끄러워하지 않았다.

리장 고성의 낡은 객잔 2층은 우리와 같은 나이의 여행객에게 안도감과 자신감을 주는 신비로운 기운이 있었는지 우리는 결코 하지 말아야 할, 또 다른 용기 넘치는 결의를 하였으니, 이 책이 바로 그 결과물이라고 할 수 있다.

"야! 우리처럼 중국어도 못해, 하지만 여행사의 패키지 관광은 싫다는 사람들에게 배낭여행에 대한 용기와 일종의 사례가 될 수 있겠다."

"이번 여행은 매우 성공적이지 않았니? 다만 우리가 치른 수많은 실수담도 어떤 의미에서는 재미있고 매우 가치 있는 지침서일 수도 있지."

"그런 것을 떠나서 우리의 소중한 추억을 한 권의 책으로 만든다는 그 자체만으로도 아주 의미 있는 것이 아닐까?"

우리는 각자에게 흥미 있었던 지역을 나누고 어떤 사진과 그림, 참고할 사항 등을 회사 업무 처리하듯 서너 시간 만에 일사천리로 진행하였다. 자랑이 아니라 우리 셋 모두는 기획하는 일은 회사에서 늘 하던 일이라 아무 문제도 없었으나, 문제는 그다음부터였다.

"아무리 생각해도 글을 쓴다는 것은 우리의 능력으로는 아니다."

여행이 끝난 후 얼마 지나지도 않아서 우리는 스스로 깨닫기 시작했다. 그러나 서로 말하지 않아도 책을 만들고 싶다는 욕심과 우리의 문장력에 대한 고민은 컸다. 우리가 평생 익숙한 글은 보고서였다. 글을 쓴다 해도 목적성 위주의 무미건조한 문체밖에 알지 못하니 결국 그런 책이 될 수밖에 없지 않겠느냐가 고민이었다.

더욱 현실적인 문제는 또 다른 것이었다.

"내가 경제활동 끝난 뒤, 가능하면 어떤 구속도 받지 않고 살았으면 좋겠어. 특히 일정계획을 짜서 거기에 맞추는 일만은 만들지 말아야지."

평소 자주 하던 말인데도 왜 스스로를 구속하는 일을 만들었을까?

원래 게으른 편이지만 경제활동 때문에 그걸 애써 숨기고 살아왔다는 사실을 절실히 깨달으며 글 쓰는 내내 자신의 게으름과 어리석은 선택을 자책하고 있었다.

'오늘은 여기까지 해야지'라고 아침에 마음먹지만 이내 '내가 왜 꼭 오늘 해야 하지? 오늘 말고 내일 하지 뭐'라고 마음먹기가 다반사였다.

유혹을 견뎌 낸 것은 결국 혼자가 아니라 셋이서 같이 하기로 한 약속 때문이었다. 아마 혼자서 책을 만든다고 하였다면 진작 포기하고 말았을 일이었지만 함께 하기로 한 것은 정말이지 현명한 선택이었다.

우리가 산 시대는 지금 와서 돌아보면 실패와 성공이 섞어져 있어서 무엇이 정답인지 알 수 없는 변화의 연속에서 살아왔었다.

급변하는 시대에서는 실패를 두려워하는 것은 결국 낙오자로 각인되는 시절이었다. '넘어지지 않으면 걸을 수 없다'는 격려 속에 우리는 도전을 두려워하지 않는 유전자가 생겼으며, 우리는 수없이 넘어졌고 다시 일어서서 걸어갔다.

많은 실패를 실수라고 주장하는 배짱도 생겼다. 아마도 그 연장선 상에서 두려움 없이 자유여행을 하였으며, 지금 이렇게 여행 후일담을 쓰고 있다.

이제 와 보니 우리 나이에 별 두려움 없이 자유여행을 한다는 게 때로는 재미있고, 때로는 후회하면서 스스로에게 대견함을 느끼고 있었던 시간이었다.

이 책의 글쓰기는 리장과 옥룡설산 부문은 박 형이, 쿤밍과 따리 부문 및 여행경비 등 부록 편은 이 형, 호도협 트레킹과 샹그릴라는 내가 나누어 썼다. 수록된 사진 대부분은 박 형의 솜씨이고 몇 장의 그림은 나의 졸작이며 총괄 편집은 이 형이 전담하는 수고로 완성될 수 있었다.

우리의 여행 이야기가 거칠고 때로는 실수투성이라도, 이를 지지하고 얼마간이라도 비슷한 여행을 꿈꾸는 사람들이 있다면 조그마한 힘이 될 수도 있지 않을까 하는 마음에서 글을 썼다는 초심을 이해하여 주었으면 하는 바람이다. 끝으로 이 책이 나오기까지 주변의 격려가 많은 힘이 되었으며 특히 가족들의 지지와 성원은 더할 나위 없는 큰 힘이 되었다는 이야기를 전하고 싶다.

2016년 늦은 봄, 어느 저녁에
김창섭

　세 사람이 여행 장소별로 나누어 글을 쓰고 취합하니 문장 스타일이 다르거니와 리장에 머무르면서 호도협, 옥룡설산, 샹그릴라를 들락날락하며 이동한 일정대로 기록하고 보니 우리 스스로도 혼돈이 심했습니다. 이에 리장 편을 둘로 나누어 기록하고 그 가운데에 리장에서 이동한 여행지는 따로 순차적으로 기록하기로 했으니 연결 부분에 대한 이해를 바랍니다.

　글을 쓰면서 한자 표기를 해야 할까 말까를 망설이다가 필요한 부분은 하는 게 옳다고 생각되어서 필요한 부분의 경우에 함께 적었습니다. 그래도 요즈음 세대는 한자를 거의 모르는데 읽기가 부담되지 않을까 했으나 우리가 미국이나 다른 나라를 갔다 온 여행기를 쓴다면 고유명사들에 대해서는 역시 그 나라의 문자를 써주는 게 옳다는 결론을 내렸습니다.

그런데 또 한가지의 문제는 우리는 한자를 정자체로 배워 왔는데 중국은 공산화 이후 한자를 간체자로 바꿔서 우리가 모르는 글자가 더 많아졌다는 것입니다. 써 놓았으나 읽을 수도 없는 글자가 된 것입니다. 그래도 중국에서 현재 사용하고 있는 간체자 위주로 쓰되 꼭 필요하다고 생각되는 부분은 간체자와 번체자(정자체 한자)를 모두 쓰기로 했고 간체자가 꼭 필요하지 않은 것은 이해하기 쉽게 번체자로만 썼습니다. 또 읽기도 우리가 많이 읽는 것을 우선으로 삼되 필요하다고 생각되는 글자는 중국식 읽기와 우리식 읽기도 같이 쓰기로 했습니다. 이 부분이 다소 복잡하더라도 양해 바랍니다.

그리고 실제 글은 다녀온 다음 해인 2016년 봄에 썼으나 기록내용과 기준시점 및 문장의 표현 방법은 여행을 한 2015년 9월 당시를 기준으로 삼았으니 이 또한 양해 바랍니다.

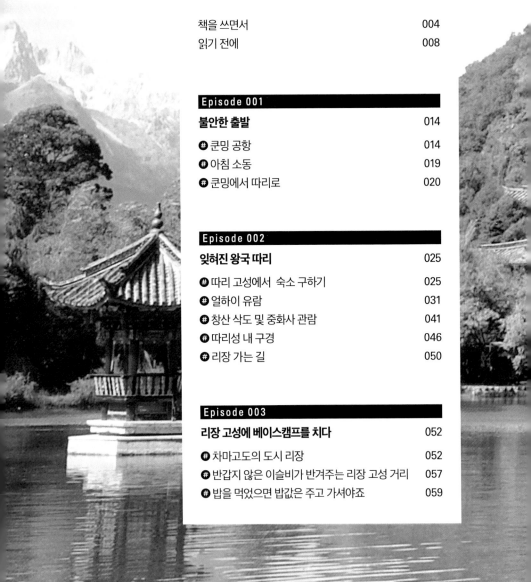

이 책의 차례

Episode 001
불안한 출발

⬤ 쿤밍 공항

9월 9일 인천공항을 오후 6시 40분에 출발하여 우리보다 한 시간 시차가 늦은, 중국 시간으로는 밤 10시에 운남성雲南省 쿤밍昆明 장수국제 공항에 도착한다던 대한항공 KE885 비행기가 9시 30분에 착륙을 하였다. 예정보다 30여 분 일찍인 3시간 50분에 비행이 끝났다. 입국 수속과 짐 찾는 것도 비행기가 빈 좌석이 많았던 탓인지 예상보다 빨리 끝났다.

마중 나오기로 한 차량이 올 시간은 한참이나 남았는데 앉을 곳도 없는 공항 대기실의 약속장소에 서서 기다리고 있자니 좀 답답했다. 공항을 들락거리니 공항 밖에서 지도를 나누어 준다. 처음엔 뭔지 몰라 안 받으려 했는데 다른 사람들에게도 주고받기에, 받아보니 쿤밍 지역 관광 안내도와 여행사 상품들을 소개한 관광회사 홍보용 지도다. 두어

곳 다른 사람이 주는 것도 받았다.

10시 15분, 지금쯤은 와서 기다려야 할 것 같은데 약속장소에 우리를 찾는 사람이 보이질 않아 결국 전화를 해 보는데 통화가 안 된다. 분명 로밍한 전화이고 인터넷에서 확인한 전화인데 뭐라고 중국어로 기계음만 들렸다.

걱정이었다. 몇 번 시도하는데 어떤 아저씨가 와서 찾는 사람 적은 종이를 내밀면서 혹시 여기서 오신 분들이냐고 한다. 가방을 옆구리에 끼고 조선족 말씨인데 한국사람 여행객 찾는 가이드 같았다. 반가워서 보니 '밀양 ○○회'라고 적혀있었다. 아니라고 하면서도 기회는 이때다 싶어 얼른 "우리도 마중 나올 사람 찾는데 오지는 않고 전화도 안 되는데 이거 뭐가 잘못된 건지 좀 봐주실래요?"하고 전화와 번호를 내미니 받아 보더니 두말하지 않고 자기가 대뜸 전화를 걸었다. 저쪽에서 전화 받는 남자 목소리가 들린다.

그러자 이 아저씨가 대뜸 "여보세요. 어 한국사람이 받네. 여기 기다리고 있는데 사람 내보냈어요? 어떻게 된 거예요?" 라고 하는 것이다. 저쪽에서 놀라 "누구세요?" "아니 사람이 한국서 와서 기다리는데 내보냈어요. 안 보냈어요?" "아니 누구세요?"를 몇 번이나 반복했다. '아, 이 아저씨 자기가 사람 못 찾았다고 조바심이 난 건 알겠는데 남의 일에 너무 성질 내는데' 하는 생각과 함께 은근히 걱정되었다. 저쪽에서 사람 내보냈다는 말이 안 들려 통화소리에 귀를 대고 있는데 주위를 두리번거리면서 저만큼에서 우리 찾는 쪽지를 든 젊은 사람이 오고 있는 게 보였다.

반가워서 "아, 왔어요. 저기 오네요" 하고 소릴 지르고 이 아저씨도 "사람을 좀 빨리 보내야지 말이야" 하면서 전화를 끊었다. 그리고 나도 그 친구를 향해 "너 너무 늦게 왔어"하는 뜻으로 생각되는 중국어로 한마디 했는데, 이 친구 상황을 파악했는지 아무 말 없이 앞장을 선다. 전화해 준 그 아저씨에게 고맙다는 인사를 하는 등 마는 등 하고 따라 나서는데 우리도 기분이 언짢았고 이 친구도 말 없는 것 보니 자기에게 우릴 픽업하게 한 게스트하우스 주인(아무래도 단골일 텐데)에게 한마디 들을 것으로 생각하는 건지 말이 없었다.

우리는 처음에 쿤밍에 도착해서 숙박할 곳으로 인터넷에서 숙박업 사이트를 찾아 게스트하우스를 예약하려 했다. 그러다가 작년 네팔 갔을 때 분명히 예약했었지만 뭔가 꼬여버려서 잘못된 숙소 때문에 첫날 했던 고생이 떠올랐다. 계약하고 비용까지 지불한 숙소에 도착하니 전혀 모르고 있었고 결국 힘들게 잘 수밖에 없었던 것이다. 그 때문에 이번에는 한국인이 운영하고 여행업도 하는 게스트하우스를 예약했었다. 그리고는 밤 도착 비행기라서 픽업 비용까지 다 선불로 지급했는데 안 나왔으니 우리도 답답했고, 이 친구는 이 친구 나름대로 시간에 맞추어 나온다고 했는데 빨리 도착한 비행기 때문에 혼났던 것이다.

하여간 택시도 아닌 좀 작은 승합차를 타고 30여 분을 달려서 숙소에 도착했다. 도착한 곳은 개인 집이나 숙박업소가 아닌 아파트였다. 인터넷을 통한 예약 당시 아파트인 줄은 알았지만 바리케이트가 내려진 입구에서 꼬치꼬치 캐묻는 경비를 보면서 '아 이래서 픽업 차량을 내보낸 거구나'하고 생각했다. 아파트 단지도 상당히 커서 밤에 그냥 우리끼리는 찾기도 어려웠을 것이다. 도착하니 주인이 입구 현관까지 마중 나와 있는데 이 사람도 아까 받은 전화 때문인지 손님을 맞는 반가운 얼굴이 아닌 뚱한 얼굴을 하고 있었다. 할 수 없이 사과 아닌 사과를 했다. "비행기가 좀 일찍 도착했는데 사람은 없고 마침 우리말 하는 가이드를 만나 전화 좀 부탁했는데. 아 그 아저씨 성질 참 급하데, 우리 얘기 자세히 들어보지도 않고 다짜고짜 소리 지르게 해서 미안했습니다." 어쨌든 하룻밤 묵어야 할 숙소에서 서로 불편함이 없어야 할 텐데 하는 걱정이 앞섰다.

집으로 들어서니 거실 한가운데 소파가 있고 벽에는 자기 여행사 광고 현수막과 다녀간 손님들이 매직으로 적어놓은 글귀들도 보였다. 실내는 복층 구조이고 우리 방은 화장실 옆의 4인실이고 2층에 또 다른 작은 객실들이 몇 개 있었다. 시즌이 아닌 탓인지 손님은 우리밖에 없었고 조용했다. 이런저런 중국생활에 대한 이야기와 기본적인 정보 몇 마디와 내일 아침 따리大理,대리로 가기 위한 서부터미널 찾아가는 방법을 물어 택시로 30위안 정도 나온다는 것도 알았고, 시외버스터미널을 커윈짠客運站이라고 하는 것도 여기서 들었다. 분위기 좋으면 여행 마치고 한국에 들어갈 때도 이 집을 이용할 생각도 처음에 해 봤는데 공항 도착하면서부터 그럴 환경이 되지 못해서 결국 하룻밤만 자기로 했다.

아침을 어디서 먹을지 몇 시에 출발할지를 의논하다가 짐 꾸려서 곧장 나가서 터미널에서 차표 산 다음에 아침을 먹기로 하니 주인장도 그럼 아침에 늦잠 편하게 자겠다고 아침 인사까지 미리 하였다.

씻으려고 화장실에 들어갔다가 깜짝 놀랐다. 널찍한 화장실에 계단한 칸 정도 높은 위치에 쪼그리고 앉는 변기를 만들어 놓은 것이다. 변기도 그렇지만 큰 화장실에서 칸막이가 없으니 더욱 썰렁했다. 칸막이만 있으면 여행객 3~4명이 동시에 바쁜 시간을 효과적으로 활용할 수 있을 텐데 하는 생각도 들었다. 이런 복층 구조의 큰 고급아파트의 화장실로 이해하기 어려웠다. 그러나 그건 양변기보다는 아직은 그런 것이 좀 편하다는 중국 사람들의 문화이니 흉볼 것은 아니고 첫날부터 마주한 우리와 조금 다른 것이었을 뿐이다.

침대에 누워서 공항에서 전화가 왜 안 되었는지 원인을 찾아보니 해외 로밍 시에는 전화를 한국으로 거는지 현지 전화로 거는지 선택을 하는 표시가 스마트폰 하단에 있는데 그걸 확인도 안 하고 무턱대고 그대로 걸었던 모양이다. 해외여행 갔을 때 스마트폰으로 현지에서 전화 걸일이 한 번도 없었으니 알 턱이 없었다.

그리고 보니 전화를 몇 번 걸었을 때 한번은 통화 중 신호가 왔었는데 그때는 아마 한국에서 거는 번호로 걸었던 것 같다. 좀 기다렸다가 다시 그 번호로 걸어야 하는데 현지에서 거는 번호로 다시 시도해서 통화가 제대로 안 된 것으로 생각된다.

아침 소동

쿤밍 숙소에서 택시를 타기 위해 7시쯤 나왔다. 아파트 정문을 통과하려는데 정문 경비초소 앞 인도를 바리케이트가 막고 있었다. 살짝 밀어보니 움직이지 않는다. 캐리어를 들고 넘어야 하나 어떻게 해야 하나 하고 두리번거리는데 어떤 아주머니가 와서 경비실 쪽 담에 손을 살짝 집어넣으니 바리케이트가 열린다. 얼른 우리도 뒤따라 나왔다. 아마 거기에 스위치가 있는 모양이었다. "이것 참, 이 동네는 차는 물론 걸어서 출입하는데도 바리케이트가 있는 신기한 동네구만"하고 나왔다.

택시 잡기 쉽다는 네거리까지 20여 분 정도 배낭 메고 캐리어 끌고 가서 택시를 막 잡으려는 순간 휴대폰을 놓고 온 것을 알았다. 박 형과 김 형은 짐을 지키고 혼자서 다시 숙소를 찾아가기로 했다. 가면서 생각하니 숙소의 호수는 알겠는데 몇 동 건물인지 확인을 하지 않아서 걱정이 되었지만 아파트를 가운데로 질러서 가면 더 가까울 것 같다는 생각이 들어서 조급한 마음에 아파트 한가운데로 들어갔었다. 그러나 결국은 두 바퀴를 돌고서야 겨우 아침에 나올 때 현관 앞에서 보았던 조각 작품을 보고 어젯밤 묵었던 숙소 입구를 찾았다.

혹시 출입하게 되면 참고하라고 가르쳐 준 아파트 현관 비밀번호(여러 손님들이 틀락거린다고 쉽게 만들어 놓은 비밀번호라 기억났다)를 눌러서 집 앞까지는 올라왔는데, 벨을 누르고 문을 두드려도 대답이 없다.

복층 구조 아파트에서 위층 방에서 자고 있으니 들리지 않았으리라. 계속 문을 두드리고만 있을 수도 없어서 가져온 김 형의 전화기로 전화를 하니 용케도 받고 문을 자동으로 열어 주었다. 얼른 방에 들어가서 아침에 나올 때 이불을 들치고 확인했을 때도 보이질 않았던 휴대폰을 베개 밑에서 찾아들고 나왔다. 고맙다고 잠 깨워서 미안하다고 인사를 하고 나오는데 정말 큰 한숨이 다 나왔다. 밤에 비가 왔고 아침 날씨도 습한 데다가 숲이 많아 집 찾는 동안 계속 땀이 났었는데 완전히 다 젖은 듯하고 빈속에 기운은 몽땅 빠져 버렸다.

아 이거 참 큰일인데 싶었다. 어제 오후에 공항버스에서 내릴 때 캐리어는 내리고 작은 배낭을 두고 내린 채 30미터 쯤 가다가 어깨가 가벼워 아차 하고 되돌아가니 버스 기사가 짐칸 문도 못 닫고 기다리고 있었던 것이다. 오늘은 중국에서의 첫날, 아침에 휴대폰을 숙소에 두고 나오다니 출발 조짐이 어째 영 불안했다. 일행이 기다리는 곳까지 오니 한 시간 가까이 걸렸다. 아침에 마음이 들떴는지 제대로 확인하지 않고 나왔던 덕에 공연히 시간까지 낭비하고 땀만 더 흘렸다. 두 사람도 어제 배낭 사건과 함께 앞으로 또 뭘 잃어버릴지 서로 잘 챙기자고 하면서 걱정을 해 줬다.

＃ 쿤밍에서 따리로

택시를 잡으려는데 출근 시간이 가까워지니 빈 택시도 잘 보이질 않았다. 아까 처음 나왔을 때는 빈 택시가 많았었는데, 한참 만에 겨우 택시를 타고 "씨뿌 커윈짠"을 외쳤다. 이 사람은 장거리 손님을 받아서 즐거운지 신명 나게 운전을 해서 꼭 30위안에 터미널 앞에 차를 대 주었다.

따리로 가는 10시 차표를 137위안씩에 끊고 여유 시간이 있어서 터미널 2층 식당으로 아침을 먹으러 갔다. 여러 가지 메뉴가 있어도 글자만 봐서는 뭐가 뭔지 잘 모르겠는데, 마침 메뉴표 옆에 음식 사진들이 붙어 있어서 야채와 버섯과 고기들이 그려진 미씨엔米线, 중국식 쌀국수 두 가지로 세 그릇을 시켰다. 모두들 아침부터 퍽퍽한 중국 쌀로 만든 밥보다는 국물이 든 음식을 먹고 싶어 했기 때문이다.

식탁 가운데가 돌아가는 큰 테이블에 앉아서 각자 자기 소임에 대한 준비들을 다시 한 번 확인하여 챙기고 혹시 오늘 긴급히 필요할지도 모르는 중국어 몇 마디들을 서로 이야기하면서, 또한 버스터미널 같은 곳의 식당은 뜨내기손님 상대라 음식 맛의 기대는 크게 하지 않는 편인데 여기는 어떨지 하는 불안과 이번 여행에서의 첫 음식인데 그래도 맛이 있었으면 좋겠다 하는 기대를 가지고 잠시를 기다리는 가운데 드디어 음식이 나왔다.

우리나라 냉면 그릇 크기로 청색 무늬가 그려진 하얀 사기그릇에 국수가 가득 담겨 나오는데 우리 국수와 달리 고기조각도 보이는 뻑뻑한 주홍 색깔 계통의 먹음직스러운 국물과 함께 향신료 냄새를 살짝 풍기는 국수가 보였다. 일단 시각과 후각의 느낌은 나쁘지 않았다. 셋 다 해외여행은 제법 다녔기 때문에 음식 거부감은 크지 않을 거라고 생각들은 했지만 막상 자유여행에서 직접 시킨 음식은 또 어떨지 모를 일이었다. 조심스레 국수 한 젓가락씩 먹어 보았는데 맛이 구수하고 좋았다. 그리고 다행스럽게 향신료 냄새도 심한 편이 아니었다. 단지 닭고기 같은 고기를 잘게 쪼아 놓아서 뼈를 바르는 게 조금 신경 쓰였을 뿐이다.

국물이 잔뜩 든 국수를 나무젓가락만 주고 숟가락은 안 줘서 입대고 조금 마셔보니 국물도 거부감 없이 구수하고 잘 넘어간다. 그런데 다른 메뉴의 국수가 맛이 얼마나 다른가 하고 바꿔서 맛을 보니 서로 비슷하여 정확한 차이를 알 수 없는 것이 좀 아쉬웠다. 그래도 처음 시킨 것 치고 성공이다 하고 앞으로도 자주 대하게 될 중국음식으로 미씨엔을 꼽아 두었다. 셋이서 우리 돈 약 만원으로 아침을 해결했다.

아침부터 휴대폰 때문에 한바탕 난리를 쳤지만 첫 식사를 무사히 잘 마치고 나니 배도 불러 교대로 화장실도 다녀오고 버스 시간까지 식당에서 여유를 부리다가 차를 타러 내려왔다.

버스는 직행으로 좌석제였고 좌석은 2, 3, 4번인데 운전석 바로 뒤의 한 자리와 입구 쪽의 두 번째 좌석 두 자리였다. 그런데 보니 입구 쪽 첫 번째 좌석은 방석이랑 베개 같은 것들이 지저분하게 놓여있었고 좌석 번호도 없었는데 출발 전에 검표도 하고 왔다 갔다 하며 뭔가를 돕는 것 같은 남자가 타서 앉아 있었다. 중국에는 남자 차장도 있구나 하고 생각했다.

출발하면서도 다른 좌석은 다 채워졌는데 운전석 바로 뒷자리 즉 1번 좌석은 비어있어서 한 사람은 좀 편하게 앉을 수 있었다. 그런데 버스가 터미널 문을 나서기 전에 제복 입은 사람이 올라와서 검문 같은 것을 형식적으로 하고 서류를 주고받더니 내려갔다. 그리고 좀 가다가 시내를 벗어나기 전에 차를 길가의 택배 회사에 주차를 하더니 택배물을 밑에

다 잔뜩 싣는다.

　그리고 또 조금 가더니 길가에 차를 세우고 또 다시 검문 같은 형태의 일이 있었는데 그 일을 입구 쪽에 탄 남자 차장 같은 사람이 다 처리했다. 그리고 다시 차가 움직이자 그 사람은 이제 볼일을 다 보았다는 듯이 곧 방석과 베개를 창가 쪽으로 붙이더니 비스듬히 누워서 잠을 청했다. 차장치고는 참 편하게 가는구나 하고 한심하다는 생각으로 봤는데, 나중에 보니 도중에 운전기사와 교대를 하였다. 결국 장시간 운행이라 두 사람의 기사가 교대하면서 갔는데 아무것도 모르는 외국인의 눈에는 잠시나마 오해를 했던 점이 미안하였다. 운전하던 기사도 나중에 교대했을 때 교대 전의 그 사람과 같은 폼으로 기대어 자면서 갔다.

　쿤밍을 출발하고 약 두 시간쯤 가다가 첫 번째 휴게소에 들렀다. 20분 후 출발한다고 하였고 휴게소에는 이미 많은 사람들이 식사를 하고 있었으며 우리 버스에서 내린 사람들도 식사를 하러 가는 사람들이 보였다. 우리는 아직 배가 불렀으므로 식사할 생각은 없었고, 휴게소의 넓은 마당으로 나와 보니 우리 버스가 선 곳은 작은 식당건물 바로 앞이었고, 그 옆에는 큰 매장과 좀 고급스러워 보이는 다른 식당이 있는 건물이 따로 있었고 휴게소 마당 맞은편으로 고속도로에 가까운 곳에도 작은 편의점도 있었다. 우리나라 고속도로 휴게소처럼 일체화되어 있지 않고 각각 운영하는 것 같았다.

　큰 매장이 있는 휴게소에는 보이차, 버섯, 과일 등 운남 지방의 특산품들이 여러 가지 있었는데 커다란 뱀이 들어있는 뱀술도 보였다. 좀 구경을 하는데 갑자기 아랫배가 싸하고 아파서 화장실을 갔는데 휴지가 없었다. 차에 둔 배낭에 휴지가 있어서 가지러 갔더니 차 문이 잠겨 있었다. 어쩔 수 없이 4위안을 주고 화장지를 한 통 사서 볼일을 보고 나왔다. 화장지 살 때는 아까운 생각이 들었는데 사각으로 비닐 포장된 그 화장지가 중국을 떠날 때까지 식당에서 매번 요긴하게 잘 사용되었다. 우리가 다녔던 곳의 작은 식당들에는 냅킨이 없었다. 물수건이나 물티슈도 없었고 가끔 두루마리 화장지가 놓여있는 곳도 있었지만 없다고 보고 준비하고 다녀야 한다는 것을 식당을 다니면서 알았다.

그리고 우리가 다녔던 곳들의 휴게소나 시장 등의 공중화장실에는 꼭 1위안元이나 0.5위안의 돈을 받는데 여기서만 돈을 받지 않는 유일한 휴게소였다. 시외버스 터미널은 대부분 무료였는데 작은 곳은 돈 받는 곳도 있었다.

차 타고 가는 동안 배가 고프면 먹으려고 휴게소에서 먹음직스런 큰 빵 하나를 5위안을 주고 샀는데 도중에 먹어보니 아무 맛도 없는 밀가루 빵이어서 다음에는 그건 사지 말자고 했다.

차가 휴게소를 출발하고 몇십 분도 안 갔는데 다시 또 휴게소를 들어간다. 이거 너무 자주 들어가는구나 하고 밖을 내다보니 휴게소는 가지 않고 그 옆의 차량검사소 같은 곳으로 들어갔다. 차 밑을 볼 수 있도록 되어 있는데 담당자가 나오더니 한번 쓱 보고는 통과시킨다. 그리고는 검사서류 확인하고 운전기사가 자리를 바꿔 타고 다시 출발했다.

잊혀진 왕국 따리

따리 고성에서 숙소 구하기

짧게나마 휴게소를 한군데 더 거치고 따리 시내로 들어와서 조금 가다가 버스가 서더니 따리꾸청大理古城, 대리고성 가실 분 내리라고 했다. 우리를 포함해서 10여 명이 내렸다. 이 버스는 샤꽌下关, 하관 행 버스로 종점까지 가게 가면, 따리의 신시가지이므로 따리 고성을 가려면 다시 되돌아와야 하며 거리가 멀기 때문에 여기 중간에서 내리는 것이 좋기 때문이다.

3시 10분이었다. 시내 외곽에 하차하는 가두 정류소였는데 내리니 고성 가는데 30위안이라고 몇 명이 차량 호객행위를 하고 있었다. 우리는 20위안으로 깎자고 했는데 안 된단다, 25위안도 안 된단다. 어어 하는 사이에 차 한 대는 이미 흥정을 마치고 떠났다. 할 수 없이 30위안에 차를 타겠다고 했는데 바로 앞에 또 승합차가 떠나고 우리는 벤츠 택시를 타라고 한다. 그건 나쁘지 않다고 생각했는데, 한 아가씨가 앞에 타고 우리 셋은 뒷자리에 탔다. 합승으로 가는 것을 보니 아마도 1인당 10위안인 것 같다.

우리는 남문에 내려 달라고 했는데, 20여 분을 달리니 성곽이 나온다. 이 근처인가 보다 하고 주위를 살피는데 성곽이 다 끝난 곳까지 가서야 앞에 아가씨를 내려주고 다시 되돌아와서 남문 입구에 우리를 내려 주었다.

하차를 하고 길가에 트렁크와 배낭을 벗어 놓은 채 관광 책자에 소개된 한국인이 운영하는 숙박업소를 찾으려는데 보이질 않았다. 지도를 자세히 보니 남문 안쪽에 있는 것 같았다. 예약한 것도 아니어서 근처 숙박업소에 우선 방값이나 알아보자고 한 객잔을 들어갔다. 3인이 2박을 하겠다고 했는데 3인실이 없어서 2인실 방 두 개를 주고 200위안 한다고 했다. 그럼 좋다고 묵겠다고 했는데 다시 말하는 걸 들어보니 2박이 아니라 1박에 200위안이라고 한다. 뭔 소리냐고 아까 우리가 분명 2박이라 했고 그렇게 한다고 했는데 그럼 우리는 안 묵는다고 했더니 300위안에 해 주겠단다. 기분이 나빠서 다른 곳 알아보겠다고 했더니 다시 붙잡는다. 다른 곳 보러 간다 하니 보고 와서 자기 집에 묵으라고 한다. 김 형은 거리에서 짐을 지키고 박 형하고 둘이서 성내로 들어갔다.

처음에는 성 내로 들어갈 때 입장료가 있을 것으로 생각하고 숙소를

따리 고성 남문의 야경.

정한 뒤에 들어가려고 생각했었는데 자세히 보니 차량이나 사람이나 그냥 출입한다. 일단 성내로 들어가서 지도에서 한국인이 운영한다는 숙소를 찾아봤는데 지도상의 그 위치에 없었다. 그냥 나올까 하다가 작은 골목으로 들어갔다. 한 객잔으로 가니 빈방이 없단다. 다음 그 옆의 민박집이라고 팻말이 붙은 곳으로 갔다. 3인실 1박에 80위안이란다. 방을 보니 아까 그 집 방 보다는 좀 못 하지만 가격 대비 나쁘지 않았다. 간판은 민박집이지만 관광객 상대로 공식적인 숙박영업을 하고 있으며 시설도 제대로 되어 있는 것처럼 보였다. 다른 집을 보고 오겠다고 하고 나왔다. 밖으로 나와서 아까의 그 집을 200위안에 흥정해 보자고 해서 다시 가서 2박에 방 두 개를 200위안이면 묵겠다고 했더니 그건 절대 안 된다고 한다. 그럼 우리도 안잔다 하고 김 형이 기다리는 곳으로 오는데 아까 그 집 카운터 옆에 서 있던 영감님이 따라오더니 200위안에 묵게 해 줄테니 다시 오라고 한다. 뒤따라가니 아까의 그 안주인은 안 된다고 하고 그 영감은 방을 주라고 한다.

보아하니 숙소운영은 안주인이 하는데 영감이 술이 약간 된 것 같았고 우리 때문에 서로 큰소리로 다툰다. 영감은 '오늘 손님도 없는데 빈방 두면 뭐하냐 싸게라도 손님 받으면 그것도 남는 건데 받아야지' 하고 안주인은 '그렇게 받으면 남는 것도 없다 안 받는 게 낫다'하고 옥신각신하는 것 같았다. 결국 그 영감이 이긴 건지 200위안에 방을 주겠단다.

방값을 다시 정확히 확인하고 200위안을 주고 영수증을 써 달라고 하니 100위안을 더 달라고 한다. 무슨 소리냐 200위안인데 왜 또 300위안이냐고 하니 100위안은 야쩐이란다. "야쩐? 야쩐 그건 또 뭐냐?" 하니 뭐라고 설명을 하는데 알아들을 수 없다. 한자로 써 보라고 하니 써 보이는데도 뒤의 글자는 쇠 금숲자인데 앞의 글자는 뭔지 못 알아보겠다. 이거 다 흥정해놓고 무슨 수작을 부리는 거냐 하고 미련없이 그만 나왔다. 이제 그 안주인도 우리를 붙잡지 않는다. 아마 붙잡고 싶지도 않았겠지.

결국 캐리어를 끌고 아까 그 민박집으로 갔다. 그 집에서 계산을 하는데 2박에 200위안을 달라고 한다. 아니 1박에 80위안이라고 했는데 왜 200위안이냐고 하니 40위안은 야쩐이라고 한다.

또 야쩐이야? 그거 뭔지 모르지만 줘야 하는 건가 보다. 그래도 아까의 100위안보다는 적어서 다행이구나 하고 200위안을 줬다.

점심을 먹지 않고 차 중에서 맛없는 빵 하나를 셋이서 나눠 먹었으니 배가 좀 고팠지만 아직 저녁 먹기는 좀 일러서 가방을 풀어 놓고 신발을 벗고 침대에 좀 누웠다가 6시가 되어서 저녁 먹으러 나왔다. 따리

고성 남문 밖, 바로 앞에는 식당가 골목이 있었다. 전부 다 따리 지방의 소수민족인 백족白族 음식 전문식당이라는 표시들을 간판에 내걸고 있고 식당 앞에는 음식 재료들인 신선한 야채들을 진열해 놓은 것이 우리와는 조금 다른 모습이었다.

어떤 가게는 술을 전문으로 파는 집인데 무협 영화에서 가끔 보이던 커다란 술 단지가 진열된 집도 있었다. 저 술은 알콜 도수가 엄청 높은 술일텐데 단지 채로 어떻게 사 가지고 가서 먹는지. 그리고 뚜껑도 그냥 한지로 된 것 같은데 알콜은 증발 안 되는지 그것도 궁금했다.

몇 집을 지나가서 메뉴판에 커다란 음식 사진이 붙어있는 식당을 들어갔다. 메뉴판과 음식 사진을 들여다보고 겨우 몇 마디 물어서 '백족 특식'이라는 것을 시켰다. 그릇이 먼저 나오는데 하얀 종이에 포장되어 나왔다. 뜯어보니 포장 종이는 안쪽으로 비닐코팅 되어 있었고 개인별 접시와 밥그릇 찻잔 술잔이 들어있어 위생적이다는 생각과 함께 신기했다. 포장지에는 주소와 함께 사용요금으로 1위안 등이 적혀 있었다.

음식 그릇과 포장지.

그럼 이 그릇은 공장에서 회수해서 설거지해서 배급해 주는 건가 하는 생각이 들었다. 마치 우리나라 물수건을 그렇게 하듯이. 처음엔 1위안 적힌 것을 무심히 봤는데 나중에 밥값 계산하다가 그릇 값을 따로 받는 것을 알았다.

야채와 고기가 섞여 있는 서너 가지 음식이 나왔고 향신료가 좀 있었지만 먹기 힘들 정도는 아니었다. 중국에서는 식당에 술을 가져가서 먹어도 괜찮다는 것을 인터넷을 보고 알고 있어서 국내에서 가져간 200ml 짜리 작은 소주 하나로 음식을 안주 삼아 먹다가 밥을 달라고 하니 커다란 밥통에 주걱을 넣은 채로 가져온다. 밥 양도 적지 않아 배가 부르도록 먹었다. 객지에서 더구나 외국에서 여행 중 배고프면 안 되니까. 백족 저녁 특식 3인분은 우리 돈 2만 원도 안 되는 98위안이 나왔다.

저녁을 마치고 내일 '얼하이'를 관광하기 위한 정보를 얻으려고 근처의 여행사를 몇 군데나 방문했는데 영어 하는 사람은 없고 어설픈 중국어로 몇 번 물어보다가 너무 비싸다는 생각이 들어 그냥 우리끼리 대중교통을 이용해서 가기로 하고 나왔다. 따리 고성의 야경을 조금 구경하고 큰 관광지도를 구하려 했으나 밤이라 서점까지는 가지 못하고 숙소에 들어가는데 도중에 마사지 업소들이 몇 개 있었고 가격들이 상당히 저렴했다. 오늘은 아무것도 한 게 없으니 마사지 받기도 뭣하고 해서 내일 관광하고 피곤하면 발 마사지라도 받자고 했다.

숙소에 오니 배도 불러서 TV를 틀어놓고 씻고 휴식을 취했다. 알아듣지도 못하는 TV 채널은 엄청 많았다. 호텔 같으면 한국 TV가 나왔겠지만 이런 민박집은 외국 TV가 나오지 않는 모양이었다.

내일은 얼하이에서 유람선을 타고 창산에서 삭도를 탄 다음 중화사

中和寺 절에 들렀다가 고성 구경을 하기로 목적지를 정하고 누웠는데, 조금 자다가 잠이 깼다. 앞으로의 일정이 걱정이 되어서 그런지 잠이 깊이 들지 않았다. 옆 침대 박 형도 잠이 안 오는지 휴대폰으로 인터넷을 하고 있다. 머리만 땅에 붙이면 잘 자는 김 형은 코를 골고 있고, 아까 숙박할 때 들은 야찐이 뭔지 궁금하여 인터넷 검색을 해 보았다. 다행히 숙소에는 와이파이가 잘 되었다.

어젯밤 쿤밍 숙소에도 그렇고 아까 저녁 먹은 식당에도 무료 와이파이 된다고 벽에 써 있었다. 첫 번째로 '야하고 찐한 이야기'라고 나오는데 그건 당연히 아닐 것이고 다시 한참을 찾아보니 중국 숙박업소의 보관금이란다. 어떤 사람은 호텔에 투숙할 때도 낸 적이 있으며 나갈 때 업소의 재물 손괴나 파손 등이 없으면 되돌려 받는다고 했다. 한자로는 압금押金이라고 쓰여 있다. 우리나라와는 다른 처음 듣는 낱말인데 아까 잘 모르면서 공연히 의심했던 것이 조금 미안하기도 했지만 어쩌면 그 아줌마도 홧김에 야찐 금액을 지나치게 높이 불렀을 것이라는 생각은 떨칠 수가 없었다.

● 얼하이 유람

일어나서 씻고 7시에 아침 먹으러 나가려는데 아직 숙소의 문이 잠겨 있었다. 10분쯤 있어도 문을 안 열기에 소리를 질러서 잠을 깨워 문을 열게 해서 나왔다. 남문 밖 작은 식당에서 미씨엔을 먹었다. 구수한 고기 국물에 국수를 말고 양도 적지 않아 우리나라 국수보다는 한결 든

든하였다. 8위안으로 우리 돈으로 1,500원이 조금 넘는데 행복한 아침 식사라고 생각되었다. 숙소로 다시 들어가서 양치를 하고 간단한 배낭을 챙겨 나와서 버스는 어디서 어떻게 타는지 몰라서 택시가 편할 것으로 생각하고 택시를 잡았다.

국내에서 인터넷으로 봤을 때 그리고 어제 여행사 안내책자에도 얼하이에는 관광용 선박 중에 큰 유람선들도 있다고 했는데 어디를 가야 하는지는 모르겠고 중국어 실력도 부족해서 일단 얼하이로 가자니까 15위안을 달란다. 10위안으로 깎자니 안 된다고 하며 미터기를 꺾고 나오는 대로 달라고 한다. 그럼 그러라고 하고 탔다.

얼하이洱海는 따리꾸청의 동쪽에 있는 호수인데 운남에서 두 번째로 큰 호수이며 이곳 사람들은 바다라는 의미로 바다 해海자를 붙여 그렇게 부른다. 호수의 모양이 남북으로 길게 뻗으며 귀를 닮은 모양이라고 해서 귀 이耳 자가 들어간 강 이름 이洱자가 이름이 되었다. 따리의 서쪽으로는 창산苍山이 산맥처럼 버티고 있고 이 지방에서 많이 생산되는 돌이 바로 우리가 흔히들 알고 있는 대리석이다.

이곳 따리는 창산의 동쪽 기슭에서 서기 938년에 단사평段思平이 세운 따리국의 수도였으며 22대代에 걸쳐 300여 년 동안 지속되었지만 1253년 몽고 쿠빌라이의 침략으로 멸망하였다고 하며 그 이전에는 남조국南詔國이 있었다고 한다.

중국에는 땅이 넓은 만큼 오랜 역사를 거치면서 수많은 나라들의 흥망성쇠가 있었다. 특히 변방에는 더욱 그러하다. 따리도 그 중의 하나로서 따리국이 건국되었을 때 중국은 당나라가 망하고 송나라가 건국되기 전의 분열 시기인 5대 10국의 시대였으나 그 중에 하나에도 끼이지 못하는 변방의 자그만 나라였다.

지금 따리는 운남성의 '대리백족자치주'의 중심도시일 뿐이다. 다만 지금의 따리는 중국 무협소설에도 가끔 등장하는 지명이며 실제로 창산 한쪽에 김용金庸의 무협소설「천룡팔부天龍八部」를 촬영한 세트장이 있다고 한다. 천룡팔부에는 따리국의 왕과 왕자가 등장하고 있다. 따리의 신시가지는 얼하이의 남쪽에 발달하였고 우리가 어제 버스에서 내렸던 곳은 구시가지와 신시가지로 갈라지는 곳이었다.

시가지를 빠져나와 저지대 쪽으로 내려가서 한참을 달리니 주차장이 보이고 요금이 14위안 조금 더 나와서 15위안을 주고 매표창구를 찾는데, 표를 받는 곳에서 여기서 돈 내고 들어가면 된다고 부른다. 그런데 입장권 파는 사람들이 어쩌 좀 어수룩해 보였다. 여행사의 젊은 직원들이 아니라 늙은 뱃사람과 동네 아저씨들 같은 행색이다.

1인당 180위안씩이란다. 그건 한화로 34,000원으로 적은 돈이 아닌데 우선 사람들이 신뢰가 안 생기게 보여서 약간의 의심이 발동하였다. 어떤 배로 어디서 어디까지 보여 주는지도 모르겠고 배만 잠시 타고 우리를 엉뚱한 곳에 내려다 놓고 올 때도 또 돈 내어야 하는 것 아닌가 하는 생각도 들어서 다시 물어보니 상륙도 하고 그곳에서 관광하고 다시 이곳까지 데려다준다고 하며 옆의 벽에 그려진 그림을 가리켜 보이면서 알아듣지도 못하는 설명을 한참 한다. 언제 출발하냐 하니 곧 출발

한단다. 우리는 매표창구가 아닌 이곳에서 돈 내고 타라는 것으로 보아 배 시간이 임박한 것처럼 보여서 금액을 깎자니 안 된다고 하고 입장권을 보여준다.

다른 방도가 없어 540위안을 내고 입장권을 샀다. 입장권에는 유해선표 재춘마두遊海船票 才村码头(차이춘마토우)라고 적혀 있었다. 码头/碼頭는 우리말로 선착장 즉 부두埠頭를 말한다. 30~40명 정도 탈 수 있는 작은 배가 나란히 10여 척 정박해 있는 부두로 한 사람이 안내를 하고 그중의 한 배를 가리키며 이 배가 갈 거니 타고 있으라고 하는데, 방파제도 썰렁하고 출발하려고 시동 걸어 대기하고 있는 배도 없었다. 우리가 첫 손님이다. 속은 것 같은 생각이 들었지만 어쩔 수 없이 방파제에서 왔다 갔다 하며 기다렸다. 낚시꾼이 한 사람 있는데 고기도 낚이지 않는다.

20분 이상 기다렸는데도 출발할 기미가 없어 왜 이렇게 출발 안 하느냐 언제 출발할 거냐고 가서 물었더니 시계를 보여주며 15분 뒤인 9시에 출발한단다. 그런데 그러고도 한참을 지나 남녀 8명이 우리 배에 더 타고서야 9시 20분 가까이 되어서야 출발하였다.

배가 10여 분을 달리는데 저쪽 다른 방향에서 커다란 유람선이 가는 게 보였다, 아 우리도 저걸 탔어야 하는데 제대로 알아보지 않고 택시를 잡아타고 온 것이 좀 잘못되었다는 생각이 들었다.

약 20분을 달리니 우측으로 호수 속의 섬인지 육지인지 가까이 그림 같은 집들이 보이고 아직 짓고 있는 것들도 있다. 별장인가 펜션인가 아니면 그냥 살기 위한 주택인가 모르겠지만 거기에 살면 그런대로 운치는 있을 것 같은 집들이 계속해서 보이고 곧이어 금사도金梭島라는 작은 섬에 상륙하였다. 선장은 40분의 시간을 주었는데, 앞에 현지인의 민속 의상을 입은 관광 안내양이 와서 맞아 주었고 우리를 따라오라 하고 안내를 하였다. 어물과 과일 채소 민속 옷가지와 특산품을 파는 노천가게가 몇 개 있는 작은 시장터를 지나 사찰로 데리고 가서 열심히 설명을 해주었다. 절 대웅전 안에 여인의 그림이 그려진 것을 볼 때 오래전의 전설이 깃든 이야기를 하는 것 같았다. 사찰의 나무에는 사람들의 기원을 적어 놓은 붉은 리본들이 빽빽하게 나부끼고 있었다.

몇 군데 서 있는 간판들도 설명을 해주고 커다란 특산물 가게를 마지막으로 안내원은 보이질 않았다. 이 지방에서 생산된다는 약재가 많았던 특산품 가게를 나와서 바닷가를 따라오면서 조금 시간이 있어 작은 가게에 들어가서 맥주 3캔과 거리가게에서 멸치 비슷한 안주를 샀다. 다시 배를 타자 곧 아까 금사도에 상륙하기 직전에 좌측으로 건너편의 큰 사찰이 보이던 곳으로 되돌아 와서 상륙하였다.

나전반도羅荃半島라는 곳인데 우리가 배를 댈 때 옆의 방파제에 4층이나 되는 커다란 유람선이 한 대는 출발하고 또 한 대는 붙이고 있었다. 거기는 우리가 상륙하는 장소와는 조금 다르게 큰 배를 붙이는 곳이라서 방파세가 더 높이 만들어져 있는 곳이었다. 선장은 또다시 40분 후에 되돌아오라고 한다. 그리고 우리가 내리자 관광 안내원이 한 사람 와서 안내를 시작하였고, 입구에는 입장료가 30위안이라고 써 있는데 우리는 그냥 통과시킨다. 아까 그 입장권에 이 가격이 포함되어 있는 모양이었다. 우리가 배와 출발 시간 때문에 좀 불만 있어 하는 것을 선장이 알고 있었는지 "그것 보라고 우리는 입장료 따로 내지 않고 관광 안내원도 계속 붙여주고 그냥 들어가잖아. 너희들 우리 관광선 잘 탄 거야" 하는 투로 뭐라고 말하더니 어깨를 으쓱하며 자랑스럽게 웃고 있다.

나전반도와 유람선, 그리고 주변의 주택들.

입구를 지나서 나전반도의 관광지도가 낡은 벽화처럼 그려진 오래된 그림 벽에서 사진을 찍고 남해선경南海仙境이라는 문을 지나 올라갔다. 아까 금사도 보다는 조금 더 큰 규모로 민속옷과 음식 과일들을 파는 가게들을 지나서 짧은 회랑을 통하여 마당을 들어가니 배를 타고 가면서 보이던 거창한 높은 탑이 천경각天鏡閣이라는 이름으로 나타났다. 천경각 마당에는 다니는 통로를 옆으로 하고 그 중간에 허리높이로 작은 인공 못을 만들어 놓았고 그 한가운데 작은 종을 매달아 놓았다. 그리고 종 옆에는 종을 한 번씩 울릴 때마다 복이 온다는 의미의 종향복도 種响福到라는 제목아래 열 번의 종소리마다 불교적인 의미가 함께 깃들인 글귀가 적혀 있었다. 일성향一聲响 일범순풍一帆風順, 이성향 이룡희주二龙戏珠, 삼성향 삼양개태三阳開泰, 사성향 사계평안四季平安, 오성향 오복임문五服臨門, 육성향 육육대순六六大順, 칠성향 칠성보희七星報喜, 팔성향 팔방납재八方納財, 구성향 구구동심九九同心, 십성향 십전십미十全十美라고 얼하이의 순풍과 모든 사람들의 평안과 번성 및 행복을 비는 좋은 글귀가 써있었으며, 그 둘레로 잘 가꾸어진 나무들과 조화를 이루어 그것이 하나의 큰 바다처럼 보이게 조성해 놓았다.

알아듣지도 못하는 안내원의 천경각 설명을 듣는 둥 마는 둥 하며 눈으로 주위를 구경하고 다시 안내양을 따라 뒤로 조금 더 올라가니 입구에서 천경각과 함께 보이던 나전탑(콘크리트로 된 높은 탑으로, 따리의 또 다른 유적지 숭성사 삼탑의 모양과 비슷하게 생겼다)이 있었고 그 탑의 뒤쪽으로 엘리베이터 입구가 나타나고 올라가려면 1인당 10위안씩을 내라고 한 아줌마가 지키고 있다. 올라갈까 말까 망설이다가 그래도 여기까지 왔는데 높은 곳에서 좋은 경치 보고 가자고 하여 돈을 내고 올라갔다. 높은 곳에서 내려다보니 얼하이가 내륙 한가운데 있는 큰 호수라는 느낌을 내기에는 충분하였고 호수 저 멀리 건너편으로는 따리 고성 지역을 지나 창산이 좌우로 길게 높이 보이고 왼쪽으로는 따리 신시가지가 겨우 보이는 데 나중에 구글 지도를 통해서 보니 우리가 선 나전반도는 얼하이의 아래쪽 3분의 1쯤 되는 위치에 서 있었고 그게 따리 신시가지로부터 약 10km 정도의 거리였다. 사전에는 얼하이는 좌우로 폭이 7~8km이고 길이는 40km, 면적은 249㎢이며 저수량은 25억 톤이란다. 가히 바다라고 할 만하였는데, 호수면은 해발고도가 1,973m라니 한라산 백록담보다 높은 위치에 있다.

　그런데 저 멀리서 대형 유람선이 다니는 게 또 보였다. 생각해 보니 얼하이는 넓어서 우리가 배를 탄 곳 말고도 여기저기 배를 타는 곳이 있었던 것이다. 그리고 여행사에 따라 여러 가지 형태로 유람선을 운영하는 것이었는데, 그것도 모르고 그냥 택시 타고 얼하이로 가자고 한 우리가 순진하였던 것이었다.

창산에서 내려다 보이는 따리와 얼하이 호수.

엘리베이터를 내려오니 그 아줌마도 안내양도 보이질 않는다. 그 아줌마가 진짜 엘리베이터 관리원인지 가짜인지 알 길이 없다. 엘리베이터 옆의 화장실을 들렀다가 한국인 두 사람을 만났다. 불과 이틀만이지만 너무 반가웠다. 우

얼하이에 달이 뜨면.

리보다 좀 나이가 적었는데 샹그릴라 갔다가 호도협 트레킹하고 오는 길이란다. 우리가 갈 코스라 잠깐 사정을 물어봤다. 호도협에서 말 타는데 150위안 주면 된다는 정보를 얻었다.

자기들은 중국에서 2년 정도 살고 있어서 중국말도 상당히 하는데 우리가 중국말도 잘 못 하며 자유여행 한다니까 고생하겠다며 걱정해 준다. 얼하이에는 유람선을 타고 왔는데 따리에 묵고 있는 호텔에서 계약하고 여행사까지 데려다 주었단다. 우리보다 편하게 여행하는 사람들 같았다. 우리도 패키지 여행 왔다면 아마도 당연히 그렇게 했겠지만 또 직접 여행하는 재미를 느끼지는 못하리라 하며 위로 하였다.

나전반도의 그 화장실 남자 소변기 앞에는 재미있는 글귀가 있다. 向前一小步 文明一大步(향전일소보 문명일대보), 즉 화장실을 깨끗이 쓰자는 의미인데 "앞으로 내민 작은 한걸음에 문명은 크게 진보한다"하고 거창하게 문명까지 거론하고 있지만 의미 있는 글귀였다.

돌아오는 배에서 아까 금사도에서 샀던 맥주를 멸치 안주와 먹었다. 갈증도 해소하고 참 꿀맛이었다.

배에서 내려 주차장을 지나서 들어 올 때 보았던 바로 옆의 작은 시장에 들렀다. 점심을 먹으려 시계를 보니 12시 전이라 좀 이른 것 같지만 간단히 요기나 할까 했는데 적당한 가게를 찾지 못하고 돌아 나오면서 가판점에서 아이스케키와 물을 샀다.

자질구레한 것들을 파는 그 가판점 앞이 마침 시내버스가 돌아서 나가는 곳이다. 따리꾸청이 써 있어서 무조건 탔다. 1인당 1.5위안 표찰이 붙어 있다. 위안 아래 화폐는 쟈오角로 10쟈오가 1위안이다. 角는 또한 毛(마오)라고도 한다.

우리가 위안이라고 하는 화폐는 중국 현지에서 거래할 때 사람들은 보통 콰이라고 부른다. 위안元,원은 공식적인 중국 화폐 단위이고 콰이 块/塊, 괴는 덩어리 괴 자이다. 옛날에 중국에서는 금이나 은 덩어리를 돈으로 들고 다녔기 때문에 아직도 그 덩어리라는 것을 기본 화폐의 단위로 함께 사용하고 있는가 보다.

쟈오 화폐를 갖고 있지 않으니 버스비로 5위안을 주고 잔돈을 받아야 한다. 인터넷에서 보니 중국에는 잔돈을 기사가 내어주지 않고 다른 사람이 탈 때 그 사람 돈에서 거슬러 받아야 한다고 했다. 우리나라도 시내버스 안내양이 없어지고 버스 코인과 버스표 제도가 처음 생겼을 때 운전기사가 일일이 잔돈 챙겨 주지 못하여 직접 기사 옆에 기다리고

섰다가 다음 손님에게서 돌려받은 적이 있었다. 지금도 카드 없이 큰돈 내면 잔돈을 아마 그렇게 받아야 할 것이다. 탈 때 세 명이서 5위안을 낸다고 돈을 확실히 보여주긴 했는데 우리가 탄 후에 더는 타는 사람이 없어서 다음 정류장에서 어떤 아줌마가 탈 때 얼른 쫓아가서 잔돈을 달라고 하니 그 아줌마가 차비로 내려던 돈을 모두 내게 주었다. 얼떨결에 받아와서 보니 1위안과 5쟈오 모두 들고 있었다. 우리 일행이 함께 웃었다. 두 사람은 잔돈 받을 걸 생각도 못 하고 있다가 내가 돈 받아 오는 것 보고 놀랐는데 더구나 1위안을 더 받아 왔으니 웃을 수밖에, 웃으며 1위안을 기사에게 보여주며 돈통에 넣고 돌아와 앉았다.

창산 삭도 및 중화사 관람

그런데 버스를 타고 거스름돈까지는 받아 왔는데 정작 우리가 다음 목적지로 생각하고 있는 창산을 가서 삭도를 타려면 어디서 내려야 하는지 정확히 모르고 있었다. 어설픈 중국어로 묻기에는 너무 어렵고 하여 건너편에 앉은 젊은 친구에게 혹시 영어 할 줄 아느냐고 물었더니 된다고 했다. 반가워하면서 물어보니 여기서 다섯 정류장 가서 고성 서문에서 내리면 된다고 가르쳐 준다.

몇 사람이 타고 내리고 하면서 고성 성곽이 일부 보이는 곳을 지나고 좌회전을 하고 좀 가다가 보니 다음에서 내리라고 친절히도 알려 준다.

버스에서 내려서 두리번거리는데 삭도를 어디에서 타는지 안내판은 보이질 않고 건너편에 성곽과 성문만 보인다. 고성 서문인 듯하다. 몇 발짝 걷는데 어디선가 한 사람이 쫓아 나오더니 창산 삭도 안내 지도와 홍보 책자를 보여준다.

자세히 보니 창산에 삭도코스가 세 개나 있고 우리가 목표로 했던 중화사 코스는 가장 짧고 돈도 100위안이었으며 다른 코스는 더 길고 가격도 훨씬 비싸게 표시가 되어 있었다.

중화사 코스로 가겠다고 하니 10위안을 내라고 하는데 멀지 않을 듯해서 듯해서 5위안으로 깎자고 하니 안 된다고 하여 그가 안내하는 차를 탔다. 길에 삭도 타는 곳 안내판도 없으니 어디로 얼마나 가야 하는지도 모르는데 무작정 걸어갈 수도 없어 그럴 수밖에 없었다. 타고 보니 제대로 된 차도 아닌 것이 택시도 아닌 것이 운전석 뒤쪽의 객석은 앞뒤로 마주 보며 4명이 탈 수 있게 되어 있었는데 동남아 나라에서 탔던 툭툭이 비슷한 것이었다. 이동 거리는 우리 생각보다는 제법 거리가 멀었다. 조용한 시가지를 한참을 달려 오르막길을 올라가니 매표소가 있었다. 10위안을 주고 매표소 바로 앞에 내렸는데 평일이라 그런지 조용했다.

아까 그 친구가 보여준 안내도의 1인당 100위안이라는 계산으로 300위안을 꺼내서 표를 사려는데 그 친구가 갑자기 뭐라고 큰 소리로 이야기 하는데 무슨 말인지 알아들을 수가 없다. 표정을 보니 돈을 다 주면 안 된다고 하면서 자기 차를 더 타고 가야 한다는 것처럼 보였다. 그래서 이 친구가 우리를 어디로 데리고 가서 싼값으로(뒷구멍으로) 입장시킬 계획인가 하고 생각했다. 그러면서 매표소 벽에 붙은 안내도를 자세히 보니 입장권 40위안으로 표시되어 있었다.

　아니 이건 또 뭐야 하고 다시 보니 산에 대한 입장권과 삭도를 타는 승차권이 따로 있고 매표소도 한군데 더 가야 하는 것으로 겨우 이해가 되었다. 웃으며 120위안에 입장권을 사고 나니 자기 차를 다시 타란다. 얼마나 더 가야 하는지 몰라 탔는데 100m 정도 더 올라가니 다시 매표소가 나왔고 180위안을 내고 삭도 승차권을 샀다. 그 친구는 구경 잘하라고 인사하고 내려갔다. 정식 허가를 받은 차량인지는 모르지만 우리는 요긴하게 그 차를 탔던 것이다.

　우리나라 사람들은 줄에 매달린 채 탈것을 타고 높은 곳으로 올라가는 삭도를 보통 케이블카라고들 하는 경향이 있는데, 사실 무조건 다 케이블카라고 할 수는 없다.

　삭도索道, ropeway는 금속제나 섬유질 등의 밧줄을 공중에 매달아 연결하여 양 끝단 사이를 이동하는 수단을 총칭하는 말이며 이들은 운반기의 형태가 상자형의 다인승 구조이면 '케이블카'이고 개방 또는 반개방형으로 의자나 후크가 붙어 사람을 태우는 것은 '리프트'라고 구분한다.

　리프트에 올라타니 앉은 방향이 산으로 되어 있어 따리의 전망을 보려면 고개를 돌려야 했다. 고개 뒤쪽으로 조금 전까지 구경하고 왔던 얼하이가 보이고 멀리 좌측 어깨너머로 따리 신시가지가 보인다. 1km 거리라는데 천천히 10여 분도 더 걸려서 중화사 도착점에 내렸다.

리프트에서 내려 건물을 빠져나가니 여기가 어딘가 잠시 착각할 정도로 한적한 시골 마을에 온 느낌이었다. 리프트 도착점 조금 아래쪽에 나귀도 몇 필 매어 있는 것을 보니 여기까지 나귀 타고 올라오는 사람도 있는 모양이었다. 왼쪽으로 돌아서 몇 발짝 가니 마당 끝으로 낮은 콘크리트 담장이 보이고 담장 아래 멀리 따리 구시가지가 보이고 좌측으로 방금 올라온 리프트가 두 줄로 움직이는 가운데 얼하이가 가물가물하게 보였다. 시골 마을이라는 것은 잠시 착각이고 우측으로 산에 의지하여 지어놓은 절간 지붕이 보였다. 리프트가 있다면 상당히 큰 유명한 사찰로 생각되었는데 평일이라서 그런지 관광객이라고는 우리까지 포함해서 겨우 10여 명 정도 되었다.

대웅전을 들여다보면서 이야기하는데 누군가 한국에서 왔느냐고 하며 말을 건다. 젊은 서양인 세 명 중에 여자 분이 말을 건네는데 이스라엘에서 왔고 얼마 전에 한국에도 갔다 왔단다. 명동도 구경하고 떡볶이가 매운 가운데에도 맛있었고 소주도 좋았다고 한다. 일행인 남자 둘은 다른 나라 사람이고 아직 한국을 가보지 않았단다. 강남스타일도 흉내 내었다. 먼 중국의 산중에서 한국을 알아보는 외국인을 만나니 무척 반가웠다.

그런데 아까 얼하이의 금사도와 나전반도에서도 그랬지만 여기의 부처님은 우리나라 사찰의 부처님과는 생김생김이 사뭇 다르다. 중국하고도 남서쪽 티벳과 가까운 곳이니 더욱 다를 것으로 생각되었다. 무척 실례되는 말씀이지만 눈에 익숙한 우리 것이 아니라서 그런지 좀 우스꽝스럽기도 해 보였고 무섭게 보이기도 했다. 대웅전 앞에서 얼하이쪽을 내려다보는데 절의 문이 아래쪽에 보이고 그 지붕 위로 용들이 좌우로 조각되어 있었다. 마침 하늘에 하얀 구름들이 떠 있었는데 그 용들이 곧 하늘로 올라갈 것처럼 보이기도 한 멋진 장면이 자연스레 연출되었다. 절 문 천정에는 태극과 팔괘의 문양이 그려져 있었다. 이 절은 부처님을 모시고 있기는 하는데 도가道家와도 관련이 깊은 모양이다.

지붕 위에 용 조각이 보이는 중화사 문.

그런데 신기한 것은 이곳에 볼거리라고는 이 중화사라는 사찰 하나밖에 없었다는 점이다. 고생하며 찾아서 비싼 돈 주고 리프트를 타고 관광지라고 올라왔는데 중화사 외에는 아무것도 볼 것이 없었다. 물론 위에서 내려다보는 경치도 있었고 산으로 너 높이 올라갈 수도 있었겠지만 사찰의 규모도 별로였고 높은 도력을 지닌 스님이 있을 것 같지도 않게 조용했다.

크지 않은 절을 둘러보고 회랑의 긴 나무의자에 앉아 전망을 내려다보면서 사탕과 음료수를 마시는데 나이 많은 노년의 서양인 부부가 절을 구경하고 내려온다. 말을 걸어보니 오스트레일리아 사람인데 8주째 세계여행을 하고 있단다. 그리고 이 절에도 리프트를 타지 않고 걸어서 올라왔단다. 70세쯤 되어 보이는데 그 나이에 그렇게 다니는 것이 대단하고 부럽단 생각이 들었다. 남자 분은 이곳저곳을 구경하고 여자 분은 힘이 드는지 의자에 앉아 빵을 꺼내 먹기 시작하였다. 점심도 준비해서 다니는 제대로 된 멋진 여행객 같았다. 사탕 몇 개를 주니 고맙다고 한다.

잠깐 쉰 후에 리프트를 다시 타고 내려왔다. 혹시 아까 그 친구가 있으면 태워 달라고 하고 택시는 가격 봐가며 타자고 하며 내려오는데 그 친구는 또 다른 손님 모시러 갔는지 보이지 않는다. 내리막과 평지로 된 길을 30분도 더 걸어서 아까 버스에서 하차한 지점에 도착해서 길을 건너 따리성 서문으로 들어왔다.

 # 따리성 내 구경

서문으로 들어가는 길은 구시가지 같은 느낌이었다. 도로의 좌우로 상가들이 있고 전자제품, 식용품, 음식점 같은 일상용품을 파는 가게들이 줄지어 있었다. 삼 사백여 미터를 걷다가 지도에 따라 우측으로 돌아서 가니 오화루五華樓라고 큰 누각이 나타난다. 좀 더 들어가니 어제 남문에서 보던 관광지 거리가 보인다. 그 사이로 관광객용 코끼리 전동차가 이리저리 다니는데 피곤하기도 해서 타고 싶은데 차표 파는 곳을 몰라 결국 타지 못했다.

배가 고팠으나 점심 먹기 어중간한 시간이라 길거리 음식으로 군것질을 하기로 하고 이것저것 몇 가지를 사서 먹으면서 다시 우측으로 가니 조용하고 깊은 골목이 보이고 식당가가 나타났으나 사람들이 거의 없는 한적한 거리였다. 가운데 작은 도랑이 흐르는 좌우로 몇 개의 식당과 찻집은 제법 커서 관광철에는 엄청 북적거릴 것 같았으나 지금은 시즌이 아닌지 조용하기만 하고 그 끝에는 커다란 호텔이 보였다. 호텔 마당으로 주방용 모자를 쓴 사람들이 움직이며 무언가 음식 준비를 하는 것처럼 보였다.

식당 거리를 지나자 다시 관광객들이 다니는 거리가 나타나며 무료免費, 면비라고 써진 '따리 시립박물관'이 보였다. 공짜인데 얼른 들어가서 구경하였다. 따리의 역사와 민속 등에 관한 우리나라의 지방에도 흔히들 있는 지역박물관 수준이었다.

박물관을 나와 몇 발짝 가니 숙소에 가까워서 배낭을 풀어놓고 다시 나가서 이곳저곳 돌아다니다가 내일 리장으로 가는 버스를 이곳에서도 탈 수 있다는 것을 알고 터미널을 찾아가서 오전 9시 30분에 출발하는 차의 버스표를 186위안에 3장 예매했다.

버스는 우리처럼 일반, 고속, 우등 등으로 있는 게 아니라 중파, 대파,

호화대파 등으로 되어 있고 차비도 달라서 뭐가 뭔지 몰라 한참 동안 입씨름을 하고 난 뒤에야 아침 먹고 출발하기 적당한 시간인 중파를 예매했다.

어제 따리 올 때는 차 시간표 보고 그냥 예매해서 탔었는데 이번에는 좀 복잡하다.

중국에서는 버스를 빠쉬巴士라고 하고 대형버스는 대파大巴, 중형버스는 중파中巴, 그리고 우리의 승합차 같은 작은 것은 포차包車라고 한다. 중국에서 여행객들이 일반적으로 '빵차'라고 말하는 것은 포차를 이르는 말인데 처음엔 아마도 모양이 식빵과 닮았다고 붙인 말이 아닌가 싶었는데, 사전에는 '전세 내어 타는 차'라고 나와 있고, 읽기는 "빠오처[bāochē]"인데 우리나라 사람들 귀에는 빵차라고 들릴 수도 있을 것 같다. 발음기호 b는 "ㅂ"보다가 "ㅃ"에 가깝다. 빵차는 소수의 관광객들이 전세 내어 이동하는 수단으로 많이 사용되고 있다. 대형버스 중에서도 고급 대형버스는 호화대파라고 한다.

저녁을 어제 저녁 식사를 한 남문 밖 백족 식당가로 가서 먹었다. 무엇이 맛있을까 하고 다니는데 백 년 전통이라고 써진 식당이 보여서 그것 괜찮겠다 싶었는데 친절하게도 아가씨들이 쫓아 나와 이것저것 앞에 놓여진 음식 재료들과 음식에 대해 알아듣지 못하는 설명이 바쁘다.

따리의 백족 식당 거리.

　식당 앞에 진열된 재료들과 그림 그려진 음식을 보고 대충 맞추어 고기와 찌개를 시켰는데 중국답지 않게 금방 나왔다. 그런데 맛은 별로였고 시킨 재료들도 조금씩 덜 들어간 느낌이었다. 주방에서 주방장이 만드는 게 아니라 앞에 있던 아가씨가 들어가서 뚝딱 만들어서 가져온 음식이다. 약간 속은 기분이 들었다. 아가씨들을 앞세워 호객행위를 한 것 같은 식당으로 백족 민속 식당은 맞을 수도 있겠지만 아마도 말도 잘 안 통하는 외국 관광객을 상대로 손님을 끌려고 작전상 그렇게 하는 것 같은 느낌이 들어서 좀 쓸쓸했다. 하긴 관광객들은 바가지를 쓸 각오를 하고 다녀야 한다는 말을 틀렸다고 할 수 있는 나라가 세상에서 과연 얼마나 될지 모르겠다.

다시 가까운 곳을 돌아보면서 숙소에 올 때 구멍가게에서 술과 약간의 안주를 사왔다. 내일은 아침에 7시에 식사하러 나간다고 말 한 다음에 술과 차 한 잔씩을 하고 씻고 취침을 했다. 이날 밤은 첫날의 긴장도 풀리고 피곤했는지 몇 잔의 술의 위력인지 마사지 받자고 했던 것도 모두 잊고 다들 잠을 잘 잔 것 같다.

아침 식사는 어제 아침 먹은 옆집의 농부산천農夫山泉 체인점에 가서 44위안에 주문해서 먹었는데 오히려 어제 8위안씩 주고 먹은 미씨엔보다 맛이 못하다는 느낌이 들었다.

숙소로 들어가다가 시간 여유가 좀 있어서 남문으로 해서 성곽에 올랐는데 성문에 가까운 곳은 성곽 위도 상당히 넓었는데 그 성곽 위의 공터에서 둥글게 모여서 태극권 하는 사람들이 보였다. 짐을 싸서 나오면서 40위안의 야찐을 받아가려고 하는데 돈 담당하는 친구가 아직 자고 있어 한참을 찾아 깨워서 받아왔다.

⬤# 리장 가는 길

숙소에서 10여 분 떨어진 버스터미널까지 포장도로 위를 캐리어를 털털 거리며 끌고 왔다. 다행히 다소 내리막길이라 그나마 쉽게 왔다.

개찰구에서 나가 들어오는 차를 기다렸다. 10여 분 기다리니 버스가 들어오는데 우리나라 시중에서 흔히들 돌아다니는 학원 차 크기의 작은 버스였다. 앞에 19인 정원 이라고 써 있는 차를 정차장에 대고 기사가 짐을 싣도록 버스 뒤를 들어서 열어준다. 셋이서 짐을 싣고 올라오니 다른 사람들은 모두 타버려서 맨 뒤에 겨우 자리를 잡았다. 버스표에는 분명 좌석 번호가 명시되어 있었는데 모두들 먼저 좋은 자리를 잡고 앉아 있으니 일으켜 세울 방법이 없다. 그저께 따리로 오는 버스는 대파였고 좌석 번호대로 앉아서 왔는데 아마도 중파는 좌석 번호를 무시하는 것 같았다.

말이라도 잘하면 따져 보겠는데 어쩔 수 없는 노릇이었다. 작은 차인데 5명용 뒷줄 한가운데 세 명이 복잡하게 자리를 잡았다.

그래도 주변 경치를 구경하며 우리끼리 이야기를 하면서 오는데 한참을 달려 휴게소를 하나 지나고 옆의 젊은이가 한국인이냐고 말을 걸어와서 어설픈 중국어로 이야기도 하면서 왔다.

옆에 사람은 한족漢族으로

리장 갈 때 탔던 귀엽게 생긴 중파 버스.

10여 명이나 되는 가족들과 리장을 가는 중이며 거기서 또 다른 곳으로 여행을 할 거라고 한다. 몇 가지 중국어도 배우고 궁금한 단어도 물어보며 좁아서 불편한 가운데에서도 재미있게 떠들면서 리장으로 갔다.

리장 고성에 베이스캠프를 치다

차마고도의 도시 리장

따리에서 9시 30분에 출발한 중파 버스는 세 시간여를 달려서 12시 15분에 리장丽江/麗江 버스터미널에 도착했다.

리장은 중국의 많은 소수민족 중 나시족이 주로 살고 있는 곳이다. 이곳 주민의 약 70%가 나시족納西族,납서족이라고 한다. 리장은 운남성雲南城의 서북쪽에 해발 2,414m의 고지대에 위치한 도시로써 송나라 말과 원나라 초에 도시가 형성되기 시작하여 800여 년의 역사를 간직하고 있는 곳이다. 이곳 리장이 고대로부터 나시족의 정치, 경제, 문화의 중심지였다고 하며 명, 청나라 시기에 가장 번성하였다고 한다.

리장 고성은 리장 시에서도 거의 중심가에 위치하고 있다. 따리가 고성과 얼하이를 벗어나 남쪽에 신시가지를 만들었다면 리장은 고성을 중심으로 북쪽과 남쪽으로 시가지가 길게 들어선 모양이다. 리장의 북쪽으로 멀리 옥룡설산이 크게 자리하고 있고 리장의 서쪽으로 들어오는 고속도로와 주요 교통망이 연결되어 있다. 물론 동쪽과 남쪽으로도 다른 도시들과 연결되는 도로가 있지만 따리나 샹그릴라 또 호도협 등으로 가기 위해서는 서쪽으로 한참을 나간 다음 다시 남북으로 연결된 고속도로를 타야 하는 것이다.

이 지역은 주변의 고성지역들을 포함하여 전체면적이 3.8평방킬로미터에 달하며, 고성 내의 원 거주민은 6,200여 가구에 25,000여 명이 살고 있다고 한다.

리장은 1996년에 진도 7의 대규모 지진이 발생해 주변의 다른 지역이 모두 폐허가 되다시피 무너져 내렸으나 고성의 건물들은 무너지지도 않고 크게 손상되지 않고 원형을 그대로 보존할 수 있게 되어, 이 지역 고대 건축물의 우수성이 다시 한 번 입증되는 계기가 되었다고 한다. 그 후 이곳의 잘 보존된 고대 문화유적과 잘 어우러진 자연환경과 조화된 아름다움을 인정받아 1997년에 유네스코 세계문화유산에 등재되었다.

그때 지진으로 인하여 일부 훼손되었던 건축물들은 전통양식 그대로 다시 복원하여 관리하고 있으며, 문화유산의 효율적 유지관리를 위하여 관광객들에게 80위안씩의 유지보호기금을 징수하고 있다.

리장 고성의 지붕들.

    따리와 리장의 고성은 많은 부분에서 상당히 비슷한 느낌의 모양새를 띠고 있지만 따리 고성은 리장에 비할 수 없을 정도로 규모가 작다. 따라서 아직도 리장에 비해서 때가 묻지 않고 상업주의가 조금은 덜 침투되어 고즈넉함을 더 느낄 수 있다. 다만 따리 고성은 큰 성곽으로 둘러싸여 동서남북으로 큰 대문을 통하여 성을 출입할 수 있도록 되어 있으나 리장 고성은 따로 성곽이 없고 동서남북 모든 방향에서 사통팔달 골목이 연결되어 있어 어디로든지 모든 골목이 출입이 자유롭다는 것이 색다르다.

    그래도 그중에 6개의 주된 넓은 골목을 중심으로 관광객의 이동이 이루어지고 가게들도 이를 중심으로 번성하고 있는데, 남문은 그중 터미널에서 가까우면서도 남쪽으로 출입할 때 주가 되는 루트라고 할 수 있다.

또한 리장 고성은 쓰팡지에四方街 광장을 중심으로 거미줄처럼 복잡하게 여러 갈래의 좁은 골목으로 이루어져 있고 골목들을 따라 흐르는 계류는 북쪽의 옥룡설산의 눈 녹은 물이 흑룡담 공원에 있는 용천샘에서 발원하여 주민들의 삶을 풍요롭게 해주는 젖줄이 되어줌과 동시에 300여 개가 넘는 돌다리와 어우러져 리장의 구석구석을 더욱 아름답게 만들어 주고 있다. 리장의 글자 뜻이 '아름다운 강'이라는 것과 함께 그 시가지를 흐르는 계류들과 계류들 사이로 난 작은 골목길 그리고 전통적인 가옥들이 얼마나 잘 어울리는 모습을 보여 주는지 직접 보니 알 것 같았다

언제나 물이 흐르는 리장 고성.

쓰팡지에는 명청明清시대부터 서북지역 차 무역의 요충이었고 지금도 상가들이 밀집해 있는 시장광장이다.

마을 건물은 한족漢族, 장족藏族, 백족白族 등 여러 민족의 민속을 융합한 나시족의 독특한 양식으로 형성되어 있다.

우물에서 빨래하는 리장 주민.

　골목 곳곳에서는 특유의 형태인 3단계로 물이 흘러넘치게 되어 있는 사각형으로 된 우물을 볼 수 있는데 제일 윗 우물은 식수를 긷는 곳이고, 중간 우물은 쌀과 야채 등 먹거리를 씻는 장소이고, 마지막 세 번째 우물은 빨래를 하는 곳이라 한다. 여기저기 골목을 지나다니다 보면 요즘도 아낙네들이 이 빨래터에서 빨래하는 모습을 심심치 않게 볼 수 있다.

　또한 골목길을 걷다 보면 몽골의 징기스칸 군대가 발견하여 말과 군사들에게 물을 먹였다는 우물도 볼 수 있다.

#️⃣ 반갑지 않은 이슬비가 반겨주는 리장 고성 거리

리장 커윈짠에 내리자 여행자에게는 반갑지 않은 비가 추적추적 내린다. 우리는 짐도 있고 비도 내리고 있을 뿐만 아니라 동서남북도 모르고 리장 고성까지 어떻게 갈 방법도 모르기 때문에 택시를 타고 가기로 세 사람 모두 쉽게 의견의 일치를 보았다. 터미널 앞에는 택시가 많이 있어서 택시를 잡는 것은 일도 아니었다.

쿤밍에서는 택시가 미터 요금으로 징수하는 데 여기서는 미터요금을 받지 않고 택시를 타기 전에 미리 가격을 흥정해서 가야 한다. 우리는 10위안으로 흥정해서 갔는데 10위안도 아까울 정도로 가까운 곳이었다.

택시를 타고 잠시 차창 밖을 구경하는 사이에 금방 다 왔다고 내리라고 한다. 택시를 내리자 당장 부슬부슬 내리는 비를 피하는 것이 급선무라 우선 급한 대로 근사하게 세워진 대문이 보이는데 이것이 남문인가 싶었다. 문 안으로 들어가니 바로 고성 안쪽 골목이 쭉 이어져 있다.

대문이라고 해야 좌우로 성곽도 없는 패방牌坊, 문짝이 없이 기둥과 지붕만 있는 중국식 대문이다. 리장 고성에는 따리 고성과 달리 성곽이 없는데 그 이유가 재미있다. 이곳 나시족의 주요 성씨가 목씨木氏였는데 목木자의 주변에 성곽을 두르면 곤란할 곤困자가 되어 그야말로 곤란해지기 때문에 성곽을 만들지 않았다고 한다.

문 없는 문을 들어서사마자 오른쪽 건물의 처마로 들어섰다. 다행히 문을 닫은 여행사의 처마 밑은 나그네의 비를 피하기에는 안성맞춤이다.

처마 밑에 세 사람이 트렁크를 올려놓고 잠시 비 오는 날씨를 걱정하며 이번 여행의 하이라이트라고 할 수 있는 호도협 트레킹을 비 때문에 지장이 생기면 어쩌나 하고 걱정을 하고 서 있었다. 처마 밑에서 비를 피하며 골목 밖을 내다보니 남문 밖 큰길 건너는 현대식으로 발달한 상권 지역이고 대문을 기준으로 고성 안쪽 골목을 따라서는 전통가옥들이 양쪽으로 쭉 늘어서 있는 것이 한눈에 보아도 고성의 초입에 들어선 것임을 알 수 있었다.

빗소리를 귓전으로 들으며 잠시 목을 빼고 두리번거리고 골목 구경을 하며 있노라니 마치도 내 어린 유년 시절 초가삼간 처마 밑에서 흙마당을 내다보며 듣던 낙숫물 소리가 귓가에 되살아나 들려오는 듯하다. 사치스러운 감상도 잠시. 당장 급선무는 밥때가 되었으니 배를 채우는 일과 이번 여행 중에 가장 오래 머물게 될 이곳 고성 안에 숙소를 정하는 일이었다. 일단은 점심을 먹고 나서 고성 내에 숙소를 구하기로 의견을 정리했다.

숙소는 고성 밖에서 정할 수도 있고 고성 내에서 정할 수도 있으나, 우리는 고성 안에서 숙소를 잡고 고성의 진면목을 심층 탐구 하는 것이 좋겠다고 의견을 모았다.

고성 밖의 숙소는 어떠한지 모르겠으나 고성 내에 숙소를 정한 것이 지나고 보니 아주 탁월한 선택이었다. 고성 내 전통 가옥의 양식도 직접 체험하고 고성 내를 자주 드나드는 데도 유리했기 때문이다. 그러나 고성 안쪽으로 너무 깊이 들어가면 울퉁불퉁하게 돌을 깐 바닥이 짐을 가지고 이동하기에 너무 불편하기 때문에 고성의 초입에 숙소를 정하는 것이 좋겠다. 고성 내에서는 차가 다닐 수 없기 때문에 일부 객잔에서는 손님의 편의를 위하여 짐을 수레나 전동차에 실어서 고성 밖 큰길까지 실어주는 서비스도 제공하지만 아무래도 직접 끌고 다니는 것이 부탁하는 것보다 편리하기 때문이다.

● 밥을 먹었으면 밥값은 주고 가셔야죠

밥때도 되었는데 우선 어디에 어떤 식당을 가야 하나 하고 주위를 살피니 바로 앞은 식당보다 기념품 가게가 더 많다. 그래서 비도 내리는데 셋이 몰려다닐 수 없어 김 형이 혼자 골목길을 들어가서 여러 식당을 정찰하고 와서 가까이 있는 하나를 골라 들어갔다.

좌우로 죽 늘어선 식당들은 무슨 동물원도 아닌데 하나 같이 가게 앞쪽에 작은 우리를 몇 개씩 두고 동물들을 키우고 있다. 토끼, 꿩, 큰 대야에는 물고기 등. 아니 저게 뭐지? 알고 봤더니 그것은 모두 식재료로 쓰일 처지의 동물들을 잠시 키우고 있는 것이었다. 주문이 나오면 그것들을 잡아다가 요리를 해오는지 아니면 그냥 손님 끌기용 볼거리를 위하여 내어다 놓은 것인지도 모르겠다.

우리는 나중에 그 식당 앞을 지나다닐 때마다 거기 있던 꿩이나 토끼가 사라졌는지 기웃거리면서 아직 잘 살아 있음에 안도하고는 했다.

야외에도 맑은 날 식사를 할 수 있게 테이블이 몇 개씩 놓여 있고, 의자들은 등받이에 표범 가죽 같은 모피를 걸쳐 장식을 하고 있었다. 안

남문 앞 식당들의 모습.

으로 들어가니 점심때인데도 손님들이 별로 없어 가게는 한적한 편이었다.

일단은 메뉴판을 달라고 하여 이것저것 음식을 주문하였다. 사실 밥은 뭘 먹었는지 모르겠다. 그다지 중요하지도 않다. 어차피 메뉴에 있는 것 보고 아무거나 찍은 거니까. 쩌꺼이꺼这个一个, 이것 하나 쩌꺼이꺼, 쩌꺼이꺼… 메뉴판이나 식당 벽에 그려져 있는 그림이나 그도 아니면 옆 테이블에서 먹고 있는 적당한 음식 접시를 가리키면 끝이다. 고민해서 답이 나오는 것도 아니고, 물론 호불호가 갈리는 것이라 사람마다 다르긴 하겠지만 현지의 중국음식은 어느 것을 시켜도 다 거기서 거기다. 크게 실패할 일은 없는 듯하였다. 그게 뭐든지 세 사람 다 맛있게 잘 먹었다. 반대로 중국음식이 구미에 맞지 않는 사람이라면 이러한 여행은 참으로 고역일 것이라 생각된다.

우리 셋은 모두 오빤 강남 스타일이 아니고 촌놈 스타일이니 먹는 것 하나는 군소리 없이 끝냈다. 아침에 미씨엔 한 그릇 먹고 왔으니 시장기가 돌기도 한 탓이리라. 중국음식 아무거나 다 오케이다. 시간이 지나면서 주문실력은 조금씩 발전한다. 고기 한 접시, 나물 한 접시 그리고 국 종류로 조합하는 요령을 터득하면서.

밥값은 116위안이 나왔는데 계산하는 과정에서 작은 소동이 벌어졌다. 이 형이 밥값을 지불 하러 가고 김 형과 나는 아직 테이블에 앉아 있는데 카운터가 시끄럽다. 종업원과 뭔가 옥신각신 시비를 하고 있었다. 뭔 일인가 해서 봤더니, 밥값을 줬네 안 받았네 하고 서로 입씨름을 하고 있는 중이었다. 어허 이것 참 난감한 일일세. 여기서 드디어 우리가 바가지를 쓰는 것인가 하는 생각이 들어 난감해 하고 있었다. 싸우는 내용을 들어보니 이 형이 120위안을 줬는데 종업원이 카운터에는 잔돈이 부족하여 집 안으로 들어가서 잔돈을 가지고 나왔는데, 와서는 다시 돈을 달라고 한다는 것이었다. 이 형의 말을 듣고 보니 참으로 황당하기 짝이 없다. 중국말은 안되지, 영어도 안 통하지…. 이 형과 종업원이 한동안 돈을 주었다거니 안 받았다거니 옥신각신하고 있는데 돈을 주고 받는 상황을 보지 못한 우리 두 사람은 뭐라 개입을 할 수가 없어서 그저 일이 돌아가는 꼴을 멍하니 지켜보기만 할 뿐 달리 어찌할 바를 모르겠다. 참으로 답답하기만 한 상황이었다. CCTV도 없으니 증거도 없고 또 달라면 줘야지 별수 있나…. 밥값을 두 번 치르게 생겼네 하는 난감한 생각을 하면서. 큰돈은 아니지만 중국에 와서 이렇게 당하는구나 생각하니 기분이 씁쓰름했다.

그렇게 말도 안 되는 말로 한동안 옥신각신하던 중 이 형이 불현듯 무슨 생각이 났는지 지갑을 꺼내서 지갑 속의 돈을 빼들고 꼼꼼히 들여다보더니 그제야 자기가 안 준 것이 맞단다. 그래서 종업원에게 다시 돈을 주고 이 형이 착각하여 미안하다고 하는 것으로 마무리를 하고 상황은 종료되었다.

이 형에게 어찌 된 영문인가 물어보니 이 형이 밥값을 지불 하고 나서 종업원이 잔돈을 가지러 안으로 들어가면서 받은 돈을 그냥 카운터 위에 두고 갔고, 이 형은 다른 사람들도 왔다 갔다 하는데 이 돈을 그냥 두면 안 될 것 같아서 무의식 중에 다시 지갑에 집어넣고는 기다리는 사이 잊어버렸단다.

그래서 서로 우기다가 혹시나 하는 생각에 다시 지갑을 꺼내서 돈을 확인해보니, 환전할 때 모두 깨끗한 새 돈이었는데 120위안이 따로 살짝 만진 흔적이 있는 모습으로 끼어 있어서 자기도 모르는 사이에 무심코 집어넣은 게 맞는 것 같다는 것이다. 그새 그만 깜박하고 준 것만 기억하고서는 그리 되었는가 보다.

하하하! 이제 우리 나이가 가끔씩 그렇지….

말도 안 통하는데 혹시나 이들에게 뭔가 바가지를 쓰면 어쩌나 하는 불안 심리가 우리도 모르게 작용한 탓 아닐까 생각해 본다. 이 일을 겪고 나서 생각해 보니 리장 일대의 소수민족들에게 까지 아직은 깍쟁이 같은 상업주의의 물이 들지 않은 것 같아 마음이 다소 푸근하게 느껴지게 하는 사건이었던 것 같다.

❋ 이제 숙소 구하기는 누워서 떡 먹기

밥을 먹고 나서 따리에서 그랬던 것처럼 김 형은 식당에 남아서 짐을 지키며 기다리고 있고 이 형과 나는 찌질하게 내리는 빗속으로 또 다른 수많은 사연을 가진 낯선 이국의 거리에서 오늘 밤 묵을 숙소를 찾아 나섰다.

지난번 따리에서 숙소를 정해본 경험이 있으니 이번에는 막연함이 다소 덜하지만 그래도 따리에서 두 시간을 헤매다 겨우 구한 숙소를 생각해 보니 은근히 걱정이 앞선다. 따리에서는 괜히 안내책자에 있는 한국인이 운영하는 숙소를 찾는다고 헤매다가 결국에는 찾기를 포기하고, 고성 안에 있는 여러 객잔을 기웃거리며 흥정을 하다가 겨우 숙소를 정하는 바람에 그리 되었던 것이다. 또한 야찐이라는 듣도 보도 못한 돈을 추가로 요구하는 바람에 더 헤맸던 것 같다.

이제는 한 번의 경험을 해 봤으니 특정 숙소를 찾으려고 고생할 필요도 없이 그냥 닥치는 대로 들어가 봐서 직접 우리 눈으로 가격과 시설을 확인하고 결정하기로 하였다. 역시 경험이란 참으로 소중한 것이다.

이번에 숙소는 식당을 나선 지 30분도 안 되어서 두 번 만에 보고 바로 정해 버렸다. 앗싸 가오리!

저렴하게 괜찮은 숙소를 구한 것은 따리에서의 경험이 큰 도움이 되었지만 이번엔 운도 좋았던 거 같다. 식당을 나서서 골목길을 따라 안으로 걸어 들어가자 골목길 양쪽은 모두 고만고만한 객잔 아니면 식당, 여행사, 기념품 가게들이다.

아직은 우기의 끝자락이자 비수기라 빈방이 많았다. 운남성의 우기가 8월까지라고 했는데 아직도 우기 중일까? 계속 빗속에 지내게 될까 그것이 조금 걱정이었다. 객잔들이 많기는 하나 그래도 성수기에는 방 구하기가 만만치 않다고 한다. 최근 들어서는 중국도 소득이 늘어나면서 관광이 붐을 이루어 주말이나 명절 휴일에는 도로도 장난이 아니거니와 표 파는 곳마다 장사진을 이루다 보니 구경하는 시간보다 줄 서는 시간이 더 오래 걸릴 지경이라고 한다.

중국 관광은 주말과 현지 휴일을 피해서 해야 함을 꼭 명심할 일이다. 중국의 중요 연휴는 우리의 설날, 추석과 같은 춘절과 중추절 그리고 10월 1일부터 일주일 정도 쉬는 국경절은 특히나 피해야 한다.

골목을 들어서서 이집 저집을 기웃거리다 보니 그 집이 그 집이고…. 객잔들은 모두 비슷비슷한 모양새를 하고 있다. 맨 처음 들어가 본 집은 간판에 국제유학생숙소라고 되어 있고, 그래도 그중 나름 깔끔해 보이는 집이었다. 아하! 저기면 당연히 영어도 통할 테고 학생 상대이니 가격도 괜찮겠다. 근데 일반인도 받아 줄지 모르지만 일단 부딪혀 보자 하는 셈으로 들어가 봤더니 웬걸 영어도 안 되면서 가격은 엄청 비싸다. 방 하나에 280위안 씩이었다.

엥? 뭐가 이리 비싸? 리장이라서 물가가 비싼가? 영어도 안 통하는데 굳이 여기에 있을 필요가 없다. 여긴 두 말 할 것 없이 패스, 또한 이미 골목 안으로 너무 깊이 들어간 듯도 하여 들어가던 골목을 되돌아 나오는데 골목을 들어갈 때 숙소를 찾는 것에만 몰두하여 아무 생각 없이 골목을 들어갔던 탓인지 나올 때는 정작 어디로 나가야 하는지 헷갈려서 엉뚱한 골목으로 잘못 들어갔다가 나오기도 했다. 물론 그 중 넓은 길을 따라서 갔는데도 골목길이 다 고만고만하고 미로처럼 얽혀 있다 보니 잠시 한눈을 팔면 길을 잃어버리기 쉽다. 이 길들도 나중에는 리장에 있는 동안 하도 뻔질나게 돌아다녔더니 여행이 마무리되고 리장을 떠날 때 쯤 해서는 고향집 골목 다니듯이 익숙해져 버렸다.

되돌아 나오면서 살피다 보니 들어갈 때 미처 보지 못하였던 괜찮은 집 하나가 눈에 보여 들어가 보기로 하였다.

"今天有空房진티엔여우콩팡 : 오늘 빈방 있습니다!"

객잔들은 입구에 나무로 된 입간판을 세워 놓고 손님을 기다리고 있는 중이었다. 하여간 객잔 안으로 들어가 보니 입구 한쪽에 책상 하나를 놓고 주인장이 자리에 앉아 있고 왼쪽에는 긴 소파 하나가 놓여 있어서 프론트와 로비 역할을 한다.

밖에서 빈방이 있다는 입간판을 보고 들어온 참이긴 하지만 그래도 뭐 달리 물어볼 말이 없으니 용건만 간단히.

"여우콩팡마有空房吗 : 빈방 있나요?" 당연히 "있다"는 대답이 들려왔다. "볼 수 있나." "물론이다. 따라와라."

이 대답은 눈치로 이해했다. 그리하여 주인장을 따라서 방 구경을 하러 가는데, 우리가 찾은 객잔 건물은 2층으로 되어 있었다. 리장 고성 내의 전통건물들이 대부분 비슷한 구조로 2층 목조건물에 지붕은 기와를 올린 형태를 이루고 객잔이나 상가로 이용되고 있었다.

건물은 마치 우리의 옛 전통가옥들의 형태와도 비슷하게 ㅁ자 형태를 띠고 건물이 둘러싸고 있고 가운데 공간의 정원에는 붉은색 대형 천막을 설치한 테이블이 있어 야외 휴식공간으로 사용되는 듯하였고, 한쪽으로는 빨래를 널 수 있는 빨래줄도 처 있었다. 2층에는 ㅁ자 형태 건물을 따라 회랑이 발코니처럼 마당을 향하여 둘러져 있어서 2층에서 마당을 내려다볼 수 있게 지어져 있었다.

주인장이 1층을 할 거냐 2층을 할 거냐 묻는데 생각해 보니 아무래도 내려다보는 전망이나 드나드는 사람들의 번잡스러움이나 다소간의 소란스러움을 감안 할 때, 오르내리는 불편함은 좀 있을지라도 2층이 나을듯하여 2층으로 하기로 하고 주인장을 따라 나무계단을 걸어서 2층으로 올라갔다.

계단과 회랑에는 모두 중국인들이 좋아하는 붉은 카펫이 깔려져 있고 2층에는 방이 여남은 개 정도 되어 보인다. 시끄럽고 번잡할까 걱정했던 것은 지나고 보니 기우였다. 이 집에 손님이 우리밖에 없으니 시끄러울 일이 아니었다. 물론 우리가 묵는 기간 동안 중국인 여행객 몇 팀이 들어오고 나가고 한 적이 있긴 했으나 거의 우리가 전세 내다시피 한 꼴이었다.

그래도 우리는 2층에 있는 이 방들을 우리가 리장에 묵는 내내 고수했다. 호도협이나 샹그릴라를 갈 때 아래층 창고에 큰 짐들을 보관시키고 다녔지만 한번 둥지를 틀었던 곳이 그래도 친숙감이 있어서인지 왠지 모를 편안함을 주었던 것이다.

3인실 방도 있었으나 가격대비 별로였고 좁기도 하여, 2인실 둘을 구했는데, 방 하나에 80위안 씩, 가격 좋고 시설도 좋았다. 방 두 개를 쓰고 여러 날을 묵을 거라 하니 거기서 또 깎아 준다고 한다. 그래서 방 두 개에 하루 150위안 씩. 하하하 알아서 깎아주기도 하네. 우린 촌놈 스타일이다. 그리하여 잡은 숙소는 고남문객잔古南門客棧이었다.

우리가 묵었던 고남문 객잔의 외부와 내부.

객잔客棧이란 여관의 중국 옛 표현인데 대부분 옛집을 손봐서 객잔으로 영업을 하고 있다. 우리의 장급여관 정도의 등급에 해당한다고 볼 수 있겠다.

고성 남문에서 그리 멀지 않은 곳에 남문을 이어주는 주 골목거리에 위치하여 나중에 이동할 때도 여러 가지로 편리한 곳에 위치하고 있었다. 역시나 위치는 잘 잡았다.

방 하나는 덩치 큰 김 형이 혼자 쓰고 표준체격(?)인 이 형과 내가 같은 방을 쓰기로 하였다. 방은 대부분 트윈룸으로 되어 있고 매트리스도 그리 나쁘지 않았다. 침대에는 전기매트가 깔려 있어서 밤에는 전기를 올리고 따뜻하게 잠을 잘 수 있었다. 이번 여행을 다니는 내내 느낀바 이 지방의 날씨는 낮에는 덥고 밤에는 약간 쌀쌀한 느낌이라 전기매트를 켜야 적당히 쾌적하게 지낼 수 있었다. 운남성이 위도 상으로는 남쪽이지만 해발 2,000미터가 넘는 고지대라서 그러한 것 같다. 숙소를 정하고 지내다 보니 김 형이 혼자 쓰는 방은 때에 따라 주방도 되고 회의실도 되고 노래방도 되고 라이브 카페도 되고 다용도 거실로 아주 유용한 역할을 하게 되었다.

방을 구할 때는 직접 방에 가서 수돗물이 잘 나오는지, 샤워 물살이 센지, 뜨거운 물도 잘 나오는지, 화장실 물은 잘 내려가는지, 와이파이 되는지 등 체크 해 봐야 할 것이 한 두 가지가 아니다. 그렇게 확인한다 해도 화장실은 막히는 경우가 종종 발생한다. 우리가 묵는 동안에도 화장실이 막혀서 주인 동생을 불러다 수리를 시키다가 종국에는 다른 방으로 옮긴 적도 있으니 말이다. 화장실에 별도로 휴지통이 있으니 용변 후 휴지는 변기에 넣지 말고 변기 옆에 따로 있는 휴지통에 넣어야겠다.

여행 중 숙소 어디에서든 와이파이는 잘 된다. 비록 패스워드는 항상 걸려 있지만 숙박객에게는 공개되어 있다. 방을 쉽게 구하고 보니 이제 별 걱정거리가 없어졌다. 샹그릴라와 쿤밍으로 가서 또 숙소를 구해야 하지만 이제는 그 까짓것 아무런 문제가 아니다 싶었다. 돈을 벌기가 어렵지 쓰는 게 뭐가 어렵나? 하긴 어찌 생각해 보면 돈을 잘 쓰기가 버는 것 보다 훨씬 더 어렵다고 볼 수도 있겠지만. 방을 구했으니 식당에서 혼자 우리를 눈 빠지게 기다리고 있을 김 형을 데리러 가야지.

식당으로 돌아가니 아마도 이번에도 족히 한 시간은 걸리겠지 생각하고 있었던 듯, 김 형은 반가우면서도 벌써 돌아오는 우리를 의아한 눈으로 바라본다. 방을 그리 빨리 구했다는 것이 믿기지 않으면서도 소란을 피웠던 식당을 빨리 벗어나게 되어 반가운 표정이다.

돌돌돌돌. 세 사람이 캐리어를 끄는 소리가 울퉁불퉁하게 돌로 포장된 골목길을 구르느라 요란하다. 돌로 포장된 고성 내의 골목길은 오랜 여행객의 발길에 닳고 닳아 울퉁불퉁 미끈미끈 비에 젖어 미끄럽다.

리장의 길바닥은 붉은색의 오화석五花石으로 되어 있어 비가 와도 발에 흙이 묻지 않으며 돌의 무늬로 아름다움을 더한다고 하는데 다만 약간 미끄러운 게 흠이다. 운동화나 구두를 신고 걸을 때는 조금 신경을 써야 한다. 특히 비 올 때는 말이다.

돌돌이 캐리어 가방을 끌고 다닐 때는 골목 안쪽으로 깊이 들어가면 돌로 포장된 바닥에 끌고 다니기가 여간 불편한 게 아니다. 처음 계획을 세울 때 가방을 캐리어로 하느냐 배낭으로 하느냐 고민했는데 짐을 끌고 이동하는 거리가 그리 멀지 않을 것으로 보고 캐리어로 결정한 것이 나쁘지는 않았다. 바닥이 고르지 않은 곳에서 이동이 좀 불편하고 부피가 커서 택시를 탈 때 트렁크에 짐을 싣기가 까다롭지만 어깨에 부담을 덜어주고 내용물을 정리하거나 필요한 것을 찾기가 좋은 점이 있다. 우리는 세 사람이어서 택시를 타는데 별 문제가 없었지만 네 사람이면 트렁크에 짐을 싣기가 만만치 않아서 짐을 줄이거나 아니면 하나 정도는 사람이 안고 타야 하는 불편을 감수해야 하지 않을까 싶다. 우리는 세 사람에다가 이 형이 캐리어 중에서도 좀 작은 것을 가지고 온 터라 택시를 타는 데는 아무 문제가 없었지만 셋 다 큰 캐리어 가방을 가지고 왔더라면 트렁크에 짐 싣기가 좀 어렵지 않았을까 싶기도 하다. 방을 구할 때는 네 사람이 효율적인데…. 항상 좋은 것은 없는 법이다.

짐을 풀어 놓고 일단은 주변을 둘러보러 나갔다. 이제 비는 거의 그쳤지만 나중에 돌아다니는 동안에 비가 올지 어쩔지도 모르고 해서 모두 미리 준비해온 일회용 비옷을 꺼내 입고 길을 나섰다. 리장은 차마고도의 물류중심도시로서 예부터 많은 보이차가 모이면서 돈이 모이고 사람이 모이고 도시가 이루어졌으리라. 이 차를 팔러 그 험난한 차마고도를 마방들은 무리를 이루어 산 넘고 물 건너 티벳까지 몇 달을 가서 말과 교역을 해 왔으니 그들의 고달픔과 삶의 애환이 그대로 묻어 있는 골목들이 아닐까 싶다.

가설극장의 추억

객잔을 나와서 골목을 들어가는데 얼마 가지 않아서 골목 한가운데 책상을 펴놓고 젊은 친구들 몇 명이 지나가는 사람들을 붙잡고 확인하고 있었다. 무언가 보니 고성유지보호비 납부영수증을 체크하는 것이었다. 우리는 얼른 오던 길을 되돌아서 다른 골목으로 들어갔다. 그 길 말고도 돌아서 갈 수 있는 곳도 많기에 그들이 체크하는 골목을 피해서 다른 더 좁은 골목으로 들어갔다.

사전 조사 시 리장에서 고성보호기금으로 80위안을 받는다는 것은 알았고 그것이 있어야 인근의 다른 관광지도 갈 수 있다는 것도 알았는데 그것이 며칠간 유효한지 어떤 곳까지 가도 되는 것인지는 몰랐다. 유효기간이 하루 이틀은 넘겠지만 최소 일주일 정도는 되어야 우리도 마음 놓고 인근 관광지를 돌아다니면서 움직일 수 있을 것 같았다. 우리는 리장을 베이스캠프 삼아 호도협, 옥룡설산, 샹그릴라에 다녀올 계획이기 때문에 보호기금을 내더라도 최대한 늦게 내어서 가는 날까지 한 번만 내고 버티기로 하고 우선 피할 수 있는 때까지 피해 보자고 했다.

들어간 골목은 조용했다. 입장권을 확인하는 사람도 없었다.

성공적으로 피해서 들어가서는 통행료 몇 푼을 아꼈다고 다들 철없는 초등학생 마냥 히히덕거리며 좋아했다. 그 돈이 몇 푼 되지도 않을 뿐더러 내어야 할 돈임을 알고들 있었다. 또한 해외여행을 하러 온 처지에 다들 그 돈을 아껴야 할 만큼 옹색한 처지가 아님에도 불구하고 자라온 환경 탓인지 잔돈푼 아끼는데 희열을 느끼는 소아적 본능을 즐기고 있는 중이었다.

그러나 이번 한 번 성공적으로 피했다고 전부가 아니었다. 고성 내에 다니는 곳곳마다 검표원들이 있었다.

어찌 되었건 첫 번째 티켓 검수원을 성공적으로 피한 우리 셋은 이미 어린애가 되어 그 옛날 촌 동네에서 누구나 그러했던 것처럼 천막 뒤 개구멍으로 가설극장에 숨어들던 그 어린 시절의 DNA가 되살아났다. 어쩌면 우리가 지금껏 살아오는 동안에 가장 즐거웠을 그 시절을 회상하는 즐거움에 흠뻑 빠져 들었다.

전기도 들어오지 않는 산골에서는 자연과 함께하는 것 외에 문화생활이라는 것은 애시당초 없었다. 그런 동네에 일 년에 한두 번 가설극장이 들어오곤 했다. 가설극장은 산골 사람들이 한 해 농사지은 잔돈푼을 긁어 가려는 의도로 가을걷이가 끝나갈 무렵에 달이 뜨지 않는 그믐에 즈음해서 들어왔다. 가을에는 그나마 산골에서 몇 푼이나마 현금이 있을 때이고 영화를 야외에서 상영하려면 어두워야 하니 그믐일 때가 가장 적절한 시기였던 것이다.

가설극장은 영사기와 천막 그리고 전기를 만드는 발전기 등을 소달구지에 싣고 와서 학교 운동장에 천막을 설치하고서는 달도 없는 깜깜한 밤에 마을 사람들을 불러 모아 돈을 받고 영화를 상영해주는 이동극장이었다. 가설극장이 오면 애나 어른이나 할 것 없이 동네 사람들은 다들 저녁에 가설극장에 영화를 보러 갈 생각에 들떠 있었다. 날마다 아무 변화도 없던 조용한 산골에 가설극장은 이런 분위기를 휘젓기에 충분했기 때문에 따로 홍보활동을 하지도 않았다.

누가 먼저인지 모르지만 입에서 입으로 전해져서 동네 사람들이 모두 알고 있는 빅 이벤트였으니 아무 변화 없이 조용하기만 하던 산골사람들 모두를 부산하게 들뜨게 한 것이다. 원체 어린 시절이었던 탓이라 입장료가 얼마였는지는 모르겠지만 현금을 보기가 하늘의 별 따기 보다도 어려운 시골이었으니 어른들도 쉽게 보러 갈 수 없었던 그야말로 그림의 떡이었다. 형편이 그러하다 보니 꼬맹이들이야 오죽했으랴. 또래 친구들끼리 낮부터 모여 어떻게든 공짜로 볼 궁리에 여념이 없었다.

저녁을 먹고 동네 어귀에 모여서 가설극장이 설치되어 있는 학교운동장으로 떼지어 몰려들 갔다. 여러 골짝 골짝에 흩어져 살고 있어서 평소에는 학교를 마치고 나면 다음날까지 서로 얼굴 보기 힘든 학교의 친구들도 그날은 거기서 다 만났다. 가설극장은 둘레에 말뚝을 박고 커다란 흰색 광목으로 된 천막을 둘러서 외부를 차단하고 천막의 한쪽 벽면이 그대로 스크린이 되는 구조였다. 돈이 있는 어른들이야 표를 사서 들어가지만 땡전 한 푼 없는 꼬맹이들이야 그 근처를 배회하며 어딘가 공짜구경 할 수 있는 헛점이 없는지 그것만 눈이 뚫어지게 찾느라 여념이 없었다. 당시 표를 받는 아저씨를 어디서 온 말인지는 모르겠지만 기도라고 불렀다.

그런 꼬맹이들의 속셈을 모를 리 없는 기도 아저씨가 무서운 눈을 부

릅뜨고 꼬맹이들을 내쫓는 통에 구경도 못하고 대부분 꼬맹이들은 무거운 발걸음을 돌릴 수밖에 없었다. 하지만 끈질긴 개구쟁이들은 그리 쉽게 집으로 발길을 돌리지는 못했다. 천막 밖에서 주변을 빙빙 돌며 안에서 흘러나오는 스피커 소리에 귀를 기울이다 보면 안에서 일어나는 일들이 점점 더 궁금해 져서 견딜 수가 없었다. 전기가 들어오지 않기 때문에 발전기를 돌리는 엔진의 시끄러운 소리 때문에 배우들의 대화는 무슨 소리인지 밖에서는 도대체 알아들을 수도 없었지만 한 번씩 요란하게 들리는 폭탄이 터지는 소리나 따르르르 울리는 따발총 소리는 그 천막 속이 궁금하여 죽을 지경이었으니 어찌 쉽게 발길이 떨어졌으랴. 그러다 보면 어느새 영화도 시작한 지 꽤 시간이 흘러서 어른들도 모두 사라지고 끈기없는 꼬맹이들도 지쳐서 하나씩 집으로 돌아가고 나면 몇몇 지극히 호기심 가득한 놈들만 아직도 미련을 못 버리고 천막 주변을 서성이고 있게 된다. 그쯤 되면 기도 아저씨도 더이상 출입문을 지키고 있을 필요가 없으니 문을 닫고 어디론가 사라진다. 그러면 이때야 말로 경계가 느슨해진 틈을 타 침투하기에는 두 번 다시 없는 절호의 기회였다. 각자 능력껏 재주껏 천막 틈새를 어찌어찌 신속히 날렵하게 들치고 들어가야 하는 것이다. 우물쭈물 어설프게 하다가 기도 아저씨에게 붙잡히는 날이면 구경도 못하고 그 깜깜한 데를 십 여리나 되는 먼 길을 혼자서 집으로 돌아가야 하는 것이니 이것은 구경만의 문제가 아니고 생존의 문제인 것이다. 드디어 어찌어찌 천막 틈새를 비집고 들어가는데 성공한다. 야호! 성공이다!

그렇게도 오매불망하던 가설극장 천막 속으로 드디어 들어가게 된 것이다. 안에 들어갔다고 해서 그것이 끝이 아니다. 천막 안은 이미 키 큰 어른들이 가득히 차지하고 있어서 그 사이를 비집고 시야가 확보되는 앞자리로 기어 들어가야만 비로소 주변도 보이도 화면도 보이기 시작한다. 구경꾼들이 털퍼덕 앉아 있는 바닥은 일부 짚과 새끼를 엮어 만든 멍석으로 깔아둔 곳도 있지만 그런 자리는 똥 꽤나 끼는 면장, 경찰지서장, 학교 교장이나 우체국장 같은 동네 유지들이나 일찍 온 사람들의 차지가 되고 그 외의 자리는 그냥 운동장 맨바닥이다. 화면에는 비가 주룩주룩 내리는 흑백영화가 한참을 돌아가고 있는 중이다. 그 빗속에서 남자와 여자가 이별을 아쉬워하고, 또 군인들은 전투를 하고 있었다. 이상한 것은 아무리 장면이 바뀌어도 비는 계속 하염없이 내리고 있었다.

심지어는 실내에서도 비가 내리고 있었다. 그 당시는 무슨 영문인지 알 수가 없었지만 나중에 알고 보니 그것은 낡은 필름을 하도 여러 번 상영하다 보니 영사기에 돌아가면서 여기저기 긁힌 상처의 흔적들이었다. 그러다 보니 낡을 대로 낡은 필름도 끊어지기 일쑤고 토오키가 고장나서 소리가 안 나오기도 하였다. 그리고 원래 영화가 끊어지지 않고 계속 상영이 되려면 영사기가 두 대가 있어서 필름 한 롤이 끝날 때가 되면 대기하고 있던 다음 롤이 바로 이어서 돌아가야 하는데 가설극장에는 당연히 영사기가 한 대 뿐이니 한 롤이 끝나면 다음 롤을 영사기에 거느라 한참을 기다려야만 했다. 어찌 되었든 사람들은 문제가 정리되어 화면이 다시 정상적으로 비추어질 때까지 불평 한마디 없이 얌전히 앉아 있었다. 하여튼 그때 난리를 치며 난생 처음 본 영화는 너무도 신기하여 상당히 충격적이었다. 그야말로 우리들의 씨네마 천국이었다.

우리도 그동안 앞만 보고 내달리다 보니 어느새 환갑을 넘기고 가끔은 마치도 낡은 흑백 필름이 되어버린 것만 같은 허망한 심정이었다. 더구나 직장생활을 다 마치고 자유로운 시간을 가진 몸이 되니 어디서 오라는 데는 없어도 가고 싶은 곳은 많았다. 이런 때 여행은 힐링을 해주고 충전을 해주는 좋은 기회가 된다. 또한 해외 자유여행이란 새로운 도전과 나를 시험해 보고 인생을 돌아보는 좋은 기회가 될 수도 있다.

고성유지보호비 징수원을 피하며 웃다 보니 어린 시절로 되돌아 간 듯하여 그 옛날을 회상해보며 잠시 어린애가 되어 보았다.

● 리장 골목 풍경

고성 골목 안으로 들어가게 되면 제일 먼저 눈에 보이는 것은 곳곳의 벽에 그려져 있는 동파문자. 나시족은 그들 고유의 글자인 동파東巴문자를 관광객의 눈길을 끌기 위해 벽마다 곳곳에 장식품처럼 벽화로 그려 놓았다.

동파문자는 1,000년 전부터 지금까지도 사용하고 있는 상형문자로 유네

동파문자 벽화.

스코 기록 문화로 지정이 되어 있다고 한다. 사물은 어찌어찌 형상으로 그릴 수 있다지만 생각과 추상의 개념은 어떻게 표현할까? 한 글자씩 들여다보면 고개가 끄덕여지기도 하고 때론 그게 그것 같이 비슷해 보이기도 한다. 비록 나시족 학교에서도 가르치고 있고 계속 사용하도록 권장하고 있다고 하지만 이젠 중국어에 묻혀서 거의 사라질 위기에 처하여 명맥만 유지하고 있지 않나 싶다. 골목을 돌아다니다 보면 고성 안에 있는 모든 가게들은 간판이 동파문자, 한자 그리고 영어로 세 가지 글자가 병기되어 있음을 볼 수 있다. 서점이나 관광상품을 파는 곳에 동파문자 해설집도 팔고 있다. 언젠가 사라져 버릴 처지인지 모르겠지만 동파문자를 유지 보존하려고 있는 그들의 노력이 가상하다.

골목을 따라 죽 올라가기만 하면 리장의 중심 광장인 쓰팡지에 도착한다. 가는 도중 곳곳에 관광객들을 끌기 위한 다양한 가게들이 골목 양옆으로 즐비하게 도열해있다. 보이차, 버섯, 은과 옥 가공품, 물소 뿔로 만든 빗, 양모 숄과 머플러를 파는 가게, 카페, 시장통의 간식용 다양한 먹거리까지. 금강산도 식후경이라고 전통음식을 파는 가게도 빠지지 않고 있다. 그중 유독 눈길을 끄는 것은 악기를 파는 가게가 많이 눈에 띄는데 이들의 전통악기인지 모르지만 조그마한 기타를 닮은 모양의 악기를 벽에 주렁주렁 걸어 놓고 있고 그 가게들마다 북을 치는 소녀들이 민속 의상으로 성장을 하고 열심히 장단을 맞추고 있어 북소리가 온 골목에 그득하다. 둥두두 둥두두 두두둥둥….
우리는 리장에 머무르는 동안 골목에서 계속 북소리를 들을 수 있었

으며 그녀들을 '북 치는 소녀'라고
불러 주었다.

또한 이를 배우고 싶은 사람도
많은지 배우고 가르치는 모습도
심심찮게 볼 수 있다. 꼭 아프리카
의 원주민들이 치는 북과 비슷하
게 생겼는데 위는 크고 아래는 잘
록한 모양으로 양다리 사이에 북
을 끼우고 양손으로 가볍고 경쾌
하게 북을 두드린다. CD도 팔고

악기점과 북치는 소녀.

있는데 별로 사고 싶은 그런 매력 있는 음악은 아니다. 그 북이 왜 여기
에서 인기인지 모르겠다. 김 형이 아프리카 원주민들의 북을 왜 여기서
팔고 있는지 모르겠다며 궁금해했다. 나 역시 아마도 여기 사람들도 전
통적으로 저런 악기를 연주해 왔던 것이 아닐까 그렇지 않다면 왜 저것
을 여기서 팔고 있는지가 설명이 안 된다고 각자 생각나는 대로 결론이
나지 않을 정리를 했다. 중국어가 안 되니 누구에게 물어볼 수도 없고
여기까지가 한계임을 절감한다. 우리의 짧은 중국어로는 더이상 궁금
해하지 않는 것이 정신건강에 좋다.

골목에서는 가끔씩 신기한 광경을 볼 수 있는데 어느 식당 앞에는
'일본인과 개 출입금지'라는 문패를 걸어 놓고 있어 말로는 들었지만 실
제로 눈으로 확인하니 참 황당하기도 하고 중국인들의 거리낌 없는 자

일본인과 개 출입금지 표시를 한 출입문.

기 의사 표현의 한 단면을 보는 것 같아 우리가 보기에도 충격적이었다. 만약 이것을 일본인들이 본다면 그 심사가 어떨지…. 그들의 조상들이 한 잘못에 대한 반성을 할까 아니면 이런 극단적인 표현을 대 놓고 하는 중국인들에 핏대를 세울까?

아마도 일본의 젊은이들은 그들의 선조들이 한국, 중국과 동남아 등지에서 일본 제국주의 시절에 한 만행을 학교에서도 잘 가르치지 않으니 개인적으로 관심이 있어서 따로 공부를 하지 않았다면 제대로 알 리가 없을 것이다. 잘못된 역사는 진정으로 반성하고 그 희생자들에 속죄해야 함이 마땅한 일임에도 감추기에만 급급한 그들을 볼 때 경제 선진국이라는 그들이 주변 국가에 대한 행태는 아직도 한심하기만 하다. 중국인들이 일본인들에 대한 감정이 안 좋은 것은 알고 있었지만 이 정도일 줄이야! 중국인들의 반일감정이 이토록 극단적으로 표출 되는 것은 최근 들어 조어도釣魚島, 일본명 센카쿠 영토 분쟁으로 인하여 감정이 더욱 격해진 때문이라고 한다. 이렇게 반일 감정이 격화된 때문인지는 모르겠으나 관광객도 일본인은 한 사람도 찾아볼 수가 없었다. 그들이 트레킹을 하면서 현지의 속살을 들여다보는 이런 스타일의 관광을 선호하지 않기 때문이기도 하겠지만 특히 중국의 남방지역에서 부는 반일 감정이 크게 작용한 탓이기도 하리라. 가끔씩 서양인 관광객들이 눈에 띄기는 하지만 아직까지 이곳은 서양에 그리 많이 알려지지 않은 것 같다. 대부분 관광객이 중국인이고 영어도 거의 통하지 않는다. 심지어 여행사에서도 영어가 되는 직원이 없다. 서양인들에게 많이 알려지고 배낭여행을 하기 편해지면 캄보디아의 앙코르와트처럼 동양의 문화유산에 대한 관심이 많은 서양인들의 사랑을 받을만한 충분한 여건을 갖추고 있는 곳인데 아직은 좀 때가 이른 것인지 여행하기가 불편한 탓인지 조금은 아쉽다는 생각이 들지만 그 덕분에 우리는 저렴하게 덜 북적거리는 관광을 할 수 있다고 본다. 머지않아 이곳도 서양인들로 붐비게 될 날이 올 것이고 골목 한쪽 카페에 앉아 고즈넉한 시간을 보내는 여유를 가지기도 어렵게 되지 않을까 싶은 생각에 이곳이 좀 더 오래 이렇게라도 옛 향기를 간직하고 남아 있기를 바란다.

지나가는 길목에는 우리네 재래시장에서처럼 군것질거리를 다양하게 팔고 있다. 점심을 먹은 지 얼마 되지 않은 터라 아직 배가 든든했지만 도대체 어떤 맛의 음식들일까 궁금하여 꼬치와 빵 종류를 몇 가지 사 먹어 보았지만 색다르다거나 특별히 맛있다거나 하지 않은 그저 그런 맛이었다. 어디로 가는지도 모르고 이리저리 기웃거리며 한동안 가다 보니 어느새 쓰팡지에 도착하였다. 쓰팡지에는 이곳저곳 골목을 따라 들어온 관광객들이 자연스럽게 모두 모이게 되는 곳이다 보니 비가 내리는 궂은 날씨에도 불구하고 언제나 사람들로 붐빈다.

고성 안의 먹자골목.

　　관광객은 우리 세 사람 외에는 모두가 중국 현지인들이라 중국말이
꽤나 분주하게 오간다. 여기 어디쯤 한국식당이 있다는 얘기는 들었던
터라 각자 두리번거리며 한참을 찾고 있는데 어디 있는지 도통 눈에 들
어오지를 않는다. 그러던 참에 어디선가 반가운 한국말 소리가 들리는
것이 아닌가. 그 주인공은 너덧 명의 한국인 관광객에게 한참 주변 설명
에 열심인 조선족 가이드의 목소리였다. 관광객들에게 얼마간의 자유
시간을 주고 몇 시까지 모이라는 말로 그들을 떠나보낸 가이드가 혼자
몸이 되자 우리는 기다렸다는 듯이 그에게 다가가 궁금한 몇 가지를 신
속히 물어보았다.

우선 한국식당이 어디 있냐고 물어보았다. 원체 중국 음식으로도 아무런 불편 없이 잘 먹고 지내고 있는 참이라 굳이 한국 음식을 꼭 먹어야겠다는 절대적 사명감 같은 것은 없었지만 그래도 또 언제 만날 수 있는 찬스일지도 모르는 한국 음식이 있는 곳이니 나중을 위해서라도 어딘지 알아는 두어야겠다 싶었던 것이다. 그가 알려 주는 곳은 어이없게도 바로 우리 등 뒤였다. 간판엔 SAKURA 라고 영어로 크게 써 있고 거기다가 활짝 핀 벚꽃 그림이 그려져 있는 데다가 '벚꽃 마을'이라고 작은 글씨로 한글로 써 있으니, 거기가 한국식당이라고는 전혀 생각지도 못하였고 한글로 쓴 간판도 작아서 보지 못하였던 것이다. 한국 사람이 하는 식당이라는데 외관상으로는 한국 식당의 이미지를 느낄 수 있는 분위기는 전혀 아니다. 오히려 일본풍의 분위기에 가깝다는 생각이 든다. 어떻게 이런 이미지를 설정했는지 조금은 황당한 느낌이다. 하여간 식당 사장은 일찍이 한식당으로 이곳 중심지에 자리 잡아 경제적으로 큰 성공을 거두었고 이를 기반으로 골목 안 다른 곳에도 많은 가게를 가지고 있는 유명인사가 되어 있다고 하니 우리가 그의 식당 외관 컨셉을 가지고 이러쿵 저러쿵 할 문제는 아닐 성 싶다. 아마도 그는 이렇게 말하지 않을까. "꿩 잡는 게 매다."

우리들의 두 번째 질문은 호도협 트레킹 관련하여 궁금한 것을 몇 가지 물어보았으나 그쪽은 이 친구도 잘 모르는 듯 했다. 특별히 의미 있는 정보를 얻지는 못하였다. 그 외에도 이것저것 궁금한 것이 너무도 많았으나 그도 많이 바쁜 듯하여 이쯤에서 그를 자유의 몸으로 풀어 주었다. 그는 헤어지면서 자기 전화번호를 알려 주었다. 우리가 무언가 어리버리 하니 불안해 보였던지 혹시 무슨 일이 있으면 자기에게 연락하라고 하는 친절을 베풀었다. 그의 마음이 고맙다. 우리도 나머지 고성구경을 위해 가볍게 좀 더 돌아다녔다.

리장고성유호비 공시 안내판.

이곳저곳을 다니다가 리장의 랜드마크라 할 수 있는 물레방아가 있는 곳에서 사진 몇 장 찍고 들어오려는데 영수증 점검원이 골목마다 지키고 있었다. 중심가에서 나갈 때는 잘 몰랐는데 들어오려니 확인을 하는 것이었다. 점검원을 피해 골목을 빙빙 한참을 돌아서 오다가 안되겠다 싶어서 그 친구에게 전화를 걸어서 물어봤더니 유효기간이 약 일주일 정도 될 거라고 한다. 그래서 그럼 이젠 보호기금을 정식으로 내고 편하게 다니자고 했다. 표를 사면서 물어보니 유효기간이 30일이란 다. 그러면 진작에 보호기금을 내고 편하게 다닐 것을 괜히 피해 다녔 다는 생각이 들었다. 영수증은 겉면에 광고가 있고 안쪽은 리장고성유 호비丽江古城维护费라고 써진 손바닥 보다 조금 큰 노란 색 종이였다. 거기 에 날짜를 스탬프로 콱 찍고는 이름을 쓰란다.

이 티켓은 고성을 드나들 때 수시로 골목에서 체크를 할 뿐만 아니라 나중에 옥룡설산을 갈 때나 흑룡담 공원을 들어갈 때도 체크하기 때 문에 여행 내내 휴대하고 다녀야 하며 리장 거리에서 사지 않아도 옥룡 설산이나 흑룡담을 들어가려면 거기서 사야 하는 것이고 유효기간이 30일이나 되니 피해 다니지 말고 처음부터 사는 것이 옳다.

비도 오락가락하는 날씨에다가 리장에 온 첫날이고 하니 오늘은 대 강을 둘러보고 내일을 위하여 일찍 쉬기로 하였다. 내일은 이번 여행의 하이라이트라고 할 수 있는 호도협 트레킹을 떠나야 하는 날이니 에너 지도 비축해야 한다.

마침 한참을 돌아다니던 참이라 다리도 아프고 배도 슬슬 고파지니 좀 이른 저녁을 먹으러 나섰다. 식당은 낮에 남문 근처에서 봐 두었던 훠궈火锅 전문식당들이 여러 집 모여 있는 곳에서 한 곳으로 들어가 중 국식 샤브샤브인 훠궈요리로 즐겁게 해결하였다. 식당에 들어가니 주 문서를 가져오는데 무언가 상당히 복잡하다. 여러 가지 음식 재료명과 함께 금액이 적혀 있었고 빈칸에 숫자를 표기하도록 되어 있었다. 운남 에 가면 훠궈 식당을 추천하는 사람들이 많았지만 마주하기는 처음인지라 뭔지도 모르고 두부, 다시마, 고기 약간과 야채 그리고 만두를 시켰다.

좀 있다가 나오는데 솥도 아니고 냄비도 아닌 것이, 가운데 굴뚝처럼 생긴 구멍이 난 채로 솟아 있는데 끓이도록 되어 있다. 흡사 우리나라 신선로 비슷한 느낌이 들었다. 국물과 함께 나온 닭인지 비둘기인지 모를 살은 별로 없고 뼈만 억센 고기가 들어간 요리였지만 그래도 맛은 괜찮았다. 우리가 한국어를 쓰고 먹는 방법을 어색해 하는 것을 눈치챈 종업원이 소스를 만드는 방법과 주문한 재료를 탕 속에 함께 넣어서 끓거든 건져서 찍어 먹으라고 알려 줬다.

내일은 이른 아침 차를 타고 호도협을 가기로 하였으니 내일을 위하여 일찍 잠자리에 들었다.

Episode 004
천상의 길 호도협

#️⃣ 버스예매를 무시하다가

새벽같이 일어난 우리는 첫차 시간에 맞추어 버스터미널에 가기 위해 부지런을 떨어야 했다. 객잔 주인에게 우리가 2~3일 일정으로 호도협 트레킹을 다녀올 터이니 캐리어 가방을 맡길 수 있는가 하고 이상한 ⑦ 중국어로 이야기를 했지만, 그들이나 우리나 이미 말보다는 눈치와 바디 랭귀지로 의사소통에는 지장이 없었다

주인은 일 층에 있는 빈방으로 안내하며 거기다가 짐을 두고 갔다 오라고 한다. 뭔가 보관 장소가 허술해 보이며 짐을 맡긴 확인서 같은 것도 없고 방을 잘 잠그지도 않는 것 같아 다소 미심쩍기는 했지만 특별히 무슨 귀중품을 두고 가는 것도 아니고 이 객잔도 가족끼리 운영하는 듯하여 믿고 맡기고 떠났다.

이 객잔에는 세 사람이 일하고 있는데, 가족 같은 분위기의 친근감이 보인다. 그래서 우리끼리 편하게 세 남매가 운영하는 걸로 지레짐작으로 가족관계를 설정하였다.

짐을 맡기고 가벼운 발걸음으로 1박 2일 트레킹용 작은 배낭 하나만을 매고 객잔을 나서니 맑은 날씨에 상쾌한 새벽공기가 우리를 반겨준다.

리장 고성의 새벽은 저녁의 유쾌하고 떠들썩한 즐거움이 언제 그랬냐는 듯 조용하고 상쾌한 공기와 함께 다소 고즈넉한 모습으로 다가왔다. 부지런한 노점상이 아침 식사를 해결할 간단한 끼니거리를 팔고 있는 손수레의 모습은 고성 민가와 어우러져 한 폭의 그림이었다.

아직 이른 아침이지만 하늘도 맑아 보여 트레킹 하기에는 딱 좋은 날씨였다. 돌로 만들어진 도로의 딱딱하고 차가운 질감이 아직 익숙해지지 않은 것인지 이른 아침이라 몸이 풀리지 않은 탓인지 걷기에는 다소 부담스러웠다. 어제 리장 도착할 때 확인해둔 버스 시간에 맞추어 조금 일찍 서둘러 호도협 트레킹을 시작했다. 아침 식사는 버스표를 구한 뒤 해결하기로 하고, 터미널까지 택시를 탔다.

다행히 매표창구는 우리 이외에 서너 팀만이 있어 붐빌 때 보다는 마음이 한결 편안했다. 호도협 입구까지 가는 7시 50분 티켓을 요구하였으나 없단다. 아! 이런 낭패가.

버스시간표에 있는 두 번째 차 시간도 아니고 그 다음인 9시 30분에 출발하는 티켓만 있다고 했다. 당황하여 예매를 지켜보던 나머지 두 사람은 표를 사는 이 형을 잠시나마 원망하고 있었다. 우리 두 사람이 이 상황을 오해한 것은 표를 사는 친구의 오지랖으로 파악했었다.

왜냐하면 호도협 입구까지 표 3장을 달라고 하면 될 것을 군이 서투른 중국어로 우리는 호도협 트레킹을 하겠다고 하면서 표를 달라고 하니, 친절한 매표원은 아마 9시 30분 출발차량은 우리가 가려는 '차오터우'보다 트레킹 출발지가 훨씬 가까운 곳(아마도 나시객잔 입구 마을)에 까지 바로 가는 버스이고 그래서 이를 추천하고 있구나. 그렇다면 우리가 가장 잘할 수 있는 방법으로 시도해 보는 것만 남았다. 바로 필담이었다.

박 형은 메모지에 '차오터우 7시 50분 출발 3장' 이렇게 쓴 다음 창구에 보여주었으나 돌아오는 대답은 마찬가지로 9시 30분에 있으니, 그걸 이용하라는 답변만 돌아왔다. 우리가 이번 여행의 백미이자 사실상의 목표인 트레킹을 위해 여기까지 왔는데, 버스표가 없어서 틀어질 수는 없지 않겠는가.

우리는 이상한 중국어와 영어를 섞어서 게시된 시각표에는 있는데, 왜 표를 주지 않는지를 바디 랭귀지와 영어를 섞어가며 따지자 매표하는 여자는 친절하게 메모까지 하면서 천천히 중국어와 다소 짧은 영어로 설명을 해 주었다.

우리가 이해한 것은 어찌되었든 호도협 트레킹을 하기 위해서 그 입구로 갈수 있는 차표는 9시 30분에 출발하고 그것을 티켓팅 하라는 것이었다. 서투른 중국어 실력으로 선택의 여지가 없는 우리는 결국 그 시간의 표를 확보할 수 밖에 없었다. 차표의 행선지에는 호도협진虎挑峽

鎭이라고 적혀 있었다. 리장 터미널의 차 시각표에는 교두 7:50, 호도협 08:30 이라고 분명히 적혀 있었다.

下关			下关			香格里拉	
902	08:30		907	16:20		911	08:50
124	09:00		141	16:40		603	09:30
126	09:30		142	17:00		920	10:00
127	10:00		143	17:20		604	10:40
128	10:40		144	17:40		918	11:00
909	11:00		905	19:00		605	11:30
129	11:30	兰坪	681	07:30		606	12:00
130	12:00		682	09:30		607	12:30
131	12:40		683	12:30		608	13:0
132	13:00		684	13:00		913	13:3
133	13:20	鹤庆	701-766	每隔10分钟发一班		609	14:0
134	13:40	维西	631	07:50		610	14:
135	14:00		632	09:30		921	15:
904	14:30	维西塔城	691	14:00		611	15:
136	14:40	桥头	641	07:50		930	16:
137	15:00	虎跳峡	645	08:30		612	16:
138	15:20	白水台	651	09:00		613	17

리장 버스터미널의 차 시각표.

"지금은 다소 비수기라 이른 아침 시간의 버스는 운행하지 않는가 봐."

"그러면 게시 시각표라도 고쳐 놓아야 사람들이 실수하지 않지."

아마 우리가 트레킹 도중 한국인 부부를 만나지 않았다면 우리는 지금도 그렇게 이해하고 있을 것이다. 부부의 이야기는 6시 30분 버스로 왔다고 하였고 표는 당연히 전날 예매를 하였단다. 그 시간대는 이용자들이 많아서 전날 예매는 필수라는 사실은 나중에 알았다. 그런데 6시 30분 차는 터미널 차 시각표에 없었는데…. 아! 우리는 중국을 너무 우습게 생각하고 과거 우리처럼 시골행 버스는 예매 없이 당일에만 표를 팔 줄로 알았고 매표소에 빨리만 도착하면 사는 줄 알았던 것이다.

갑자기 주어진 여유 시간 때문에 먼저 간단하게나마 아침 식사부터 해결하기로 하였다. 터미널 부근에는 조그만 식당이 두 개가 보여서 그 중 아무 곳이나 골라 들어갔다.

원래 터미널 부근 식당이라는 곳이 어느 나라나 특별한 음식이나 별 미집이 있지는 않다는 걸 알기에 그냥 토종닭 국물로 만든 미씨엔과 만두를 주문하고 트레킹 중 필요한 물품에 대하여 이야기했다.

미씨엔은 나와 박 형은 같은 것을 시켰는데 이 형은 다른 것을 시켰다. 먹기 전에 서로 맛이 어떻게 다른가 하고 맛보려고 이 형이 그릇을 밀다가 쏟았다. 어째 이번 여행 중 가장 중요한 오늘이 시작부터 버스 표에 이어 쏟아져 버린 국물까지 불길하게 시작하지? 할 수 없이 한 그 릇을 새로 시켜 먹었지만 이건 우리의 트레킹에 닥쳐올 나쁜 일이 더는 생기지 않게 하려는 액땜으로 하자고 누가 먼저인지 모르게 말이 나왔다. 우리의 기원처럼 다행히 사고 없이 트레킹은 잘 끝났다. 물론 앞으로 쓰일 내용처럼 다소간의 실수는 있었지만. 계획과는 바뀐 일정 때문에 오늘은 어디까지 가서 잠은 어디에서 잘 것인가를 이야기하다가 내린 결론은 우리가 꼭 계획대로 진행할 필요가 있느냐는 것이었다. 또한 갈 수 있는 곳까지 가다가 해 떨어지기 전에는 무조건 숙소를 정하자는 것이 그날의 결론이었다.

아침 식사 후 가게에서 초코렛, 사탕, 빵 등 트레킹 중 유용한 비상 식품과 음료를 구입했다. 식사를 할 때도 물건을 살 때도 최대한 천천히 시간을 보냈음에도 아직도 많이 남은 시간 때문에 괜히 터미널 주변을 어슬렁거리기도 했지만 아직 출발 시간은 여유가 있었다. 그래, 이럴 때는 대합실 의자에서 잠자는 게 최고다.

대합실로 가기 위해서는 보안 검색대를 통과하여야만 하였다. 비행기도 아닌 버스 터미널에 이런 엄격한 보안 검색이 어찌 보면 철저한 안전의식일 수도 있겠지만, 우리가 보기에는 고용 창출 효과가 더 목적이 아닌가 할 정도로 윈난성 곳곳에 이런 시스템이 보였다.

예를 들면 리장에서 호도협 입구마을인 '차오터우'까지 가는 동안에 목격한 안전 점검 시스템(다른 목적이지만 우리가 잘못 이해한 것일 수도 있음)으로는 리장 시내를 벗어나기 직전에 도로변의 조그만 초소에 차량 운행신고 비슷한 것을 반드시 하였다.

그냥 무슨 보고서를 내밀고 단지 확인하는 절차로, 쿤밍에서 처음 차 탈 때부터 하는 것을 계속 보았지만 무슨 의미인지는 아직도 모른다. 추측컨대 또 다른 주요 교통수단인 '빵차'를 효율적으로 관리하는 방안인지는 알 수 없었다. 우리는 이 구간을 통과하는 빵차는 한 번도 이용하지 않아서 모르겠다.

또 다른 하나는 호도협 가기 전에 중간 마을에서 차량 밑을 한번 확인하여야 한다. 아마도 옛날 그 길이 비포장이고 험해서 돌부리 등에 차량이 망가진 상태로 운행하는 것을 예방할 목적으로 만들어진 제도라면 이해는 되나 대부분의 길이 포장된 지금에도 없애지 못하는 건지,

안 하는 건지 알 수 없는 시스템이었다.

"그래도 5~6명 정도는 확실하게 고용하는 제도이지 않나?"

구조조정, 투자 대비 수익, 원가절감만 평생 신봉하던 우리는 지지할수 없지만 비효율도 고용창출에는 효과적이라는 점만은 씁쓸하게나마인정하고 있었다. 우리도 고용증대 측면에서 다른 비효율보다는 안전을 확보하는 비효율은 충분히 검토해볼만한 가치가 있지 않겠는가? 그런데 우리가 지적하고 싶은 핵심은 그 검사가 아무리 봐도 그냥 습관적이고 형식적인 것처럼 보인다는 데 있었다.

우리가 타고 갈 차는 중파였는데 시골 방향이라서 그런지 다소 초라하고 80년대 우리의 시골 버스 같은 느낌을 주었다. 앞 창문에는 리장에서 백수대白水臺까지 가는 차라고 표시되어 있었다. 근데 백수대행 버스 시각표는 09:00라고 적혀 있었는데….

승객의 절반은 호도협 인근에 살고 있을 것으로 생각되는 현지 부족인 나시족으로 추정되고 다행히 배낭 차림의 젊은 중국인 남녀 7~8명이 타고 있었다. 그중 몇 명은 얼마간의 영어가 가능한 수준으로 자기들도 호도협 트레킹을 하려고 왔으며 시작지점은 우리와 같지만 종료지점은 우리가 끝내려는 지점과는 달리 따쥐大具를 지나 옥룡설산의깊은 마을까지 2박 3일 일정으로 트레킹 할 거라고 이야기했다. 아마저들에게도 호도협을 포함한 이곳 어딘가의 오지는 흥미로운 트레킹지역인가 보다.

"우리는 저 친구들 내리는 지점에 따라서 내리면 될 것 같은데."

"쟤네들도 여기는 처음이라지만 우리보다는 말이 통해도 나을 테니, 따라가 보자고."

우리는 믿음직한 가이드를 만난 것처럼 기쁘고 든든한 마음으로 여행을 출발했다.

저기 호도협이 보인다

버스가 리장 시내를 벗어나면서 곧 '납시해拉市海, 라쓰하이'라는 호수가 우측에 보였다. 호수는 주변의 높고 낮은 산들을 조용히 품고 있었고 호수가로는 나시족 고유의 형태로 지어진 집들로 가득 찬 제법 큰 마을들이 있었다. 납시해는 리장 지역의 또 다른 관광 명소이며 '자연생태습지보호구역'이다.

버스는 옥룡설산에서 떨어져 나온 일부 산자락을 끼고 만들어진 고갯길을 힘들게 올라갔다. 커다란 고개길을 넘으니 산 아래로 까마득히 마을과 실낱같은 강줄기가 보였다. 호도협을 향해 가는 동안 길옆에서 같이 갈 '진사강金砂江'이다.

가는 길가에는 대부분 옥수수를 재배하는데, 간혹 대규모 담배밭도 보였다. 중국의 윈난성은 브라질, 아프리카의 짐바브웨 등의 나라와 함께 대규모의 담배 생산으로 자국 내 소비는 물론 세계 각국으로 수출도 하는 주요 농작물이다.

한국에서도 이 지역 잎담배가 일부 수입되어 사용되고 있는 것으로 알고 있다. 직장 다닐 때 잎담배 수입을 담당하는 직원들이 윈난성으로 자주 출장가는 것을 옆에서 지켜보았기 때문이다. 이들로부터 획득한 토막 상식은 이번 여행에서 얼마간 도움이 되기는 했지만 귀 기울여 듣지 않아서 대가를 치르기도 했다.

"중국 대부분이 그렇지만 특히 윈난성에서는 영어로 의사소통을 한다는 것은 거의 기대하지 않는 게 좋을걸요."

그들이 조언했음에도 불구하고 중국의 다른 도시에서의 경험과 세계적으로 알려진 유명 관광지가 설마 영어로 의사소통이 되지 않을 리는 없을 거야 하고는 애써 무시했었다. 중국어를 모르면 안된다는 조언을 무시한 결과가 결국은 우리를 힘들게 하기도 했지만 즐거운 추억거리를 무진장 제공한 원천이 되었다.

또 다른 조언 중 리장 고성 안에서 커피를 마시면 그 가격에 놀랄 거라고 미리 경고하였음에도 계산서를 보고서야 그 뜻을 이해했었다. 여러 조언을 해준 그들로부터 막상 가장 필요한 호도협 트레킹에 대한 정보는 구할 수 없었다. 하긴 그들이 업무차 출장을 온몸으로 트레킹을 할 수는 없었을 테니까.

버스가 쉬는 지점은 다른 관광버스들이 정차하는 곳이 아닌 다소 초라하게 보이는 휴게소에 차를 세웠다. 이 길에는 여기 말고도 크고 잘 꾸며진 휴게소가 두서너 곳이 보였는데 거기는 주로 관광객을 태운 버스나 승합차가 주차하고 우리가 이용한 버스는 무엇 때문인지 오갈 때 모두 이 휴게소에 정차하였다. 휴게소 앞 큰길에 긴 막대기를 든 아주

머니가 소 몇 마리를 몰고 가는 여유 있는 모습이 이제 시골길로 들어
선 것임을 알게 해 준다.

휴게소에서는 승객 전체를 하차시킨 뒤 호스로 물을 뿜어 세차를 했
다. 그리고는 버스 엔진 부위에 물을 채워 넣는데, 이게 냉각수 역할을
하는 건지 무슨 용도인지는 그때나 지금이나 의문점이다. 냉각수로는
너무 많은 양이고, 엔진이 증기 기관은 더더욱 아닐 텐데 말이다.

물을 채워 넣고 있는 버스.

"여기 화장실이 기가 막혀!"

"나는 아직 화장실 가고 싶은 생각은 없는데."

나로서는 수차례나 중국을 왔었지만 이곳 윈난성에 와서야 말로만
듣던 중국식 화장실을 처음으로 체험했다. 주로 출장차 도시 지역이나
저명한 관광지 위주로 다니면서 정말로 서민층이 쓰고 있는 재래의 화

장실은 나에게는 그냥 전해 들은 이야기가 전부였다.

윈난에서는 대도시의 유료 화장실마저 소변보는 바로 뒤편의 낮은 칸막이 아래로는 큰일(?)을 해결하는 사람의 머리를 볼 수 있었다. 처음에는 그런 형태를 오늘에야 처음 보았나 하였는데 그게 아니었다.

"여기 화장실은 큰일 보는 아래로 산에서 내려온 물이 계속 흐르고 있어."

아마도 로마 유적지인 터키의 '에페소'에서 본 공중 화장실과 같은 시스템인 모양이다.

하지만 로마시대 유적지는 돌로 만들어진 좌변식 모델인데다 현재는 사용하지 않는 과거형이지만 여기는 누군가 사용 중이고 그것이 물 위로 떠내려 오는 현재 진행형이라 하지 않는가?

화장실은 그냥 상상만 하고 가보고 싶지는 않았다. 이 형이 "나는 벌써 쿤밍 터미널에서 경험했어" 하고 웃는다.

휴게소를 지나고부터는 길옆의 진사강 너머로 옥룡설산 자락에 나시족들이 띄엄띄엄 촌락을 이루고 있는 모습과 함께 그 주변의 가파른 경사면을 계단식으로 만들어 농사짓는 풍경이 우리의 옛 모습과 매우 닮아 보였다.

두 번째 다리를 건너면 샹그릴라 지역이다. 버스가 드디어 호도협 입구 마을인 차오터우진桥头镇/橋頭鎮,교두진에 도착한 모양이었다. 리장에서 2시간 20분 걸렸다.

터미널에는 '샹그릴라호도협경구유객중심'이라고 써있다. 그런데 호도협 입구인 차오터우진 마을은 생각보다 훨씬 넓었다. 인터넷을 보면 호텔과 마을이 조금 있고 여행객들의 지형지물로 학교를 찾으면 된다는 정도로 생각했는데 다리를 건너고 마을이 한참동안 이어져 있어서 어디가 어딘지 분간을 할 수 없을 정도였다.

대부분의 나시족 현지인들이 하차하고 버스에서 한 사람이 올라와 호도협 입장료(1인당 65위안)를 받고 있었다. 앞자리에 앉아 있는 젊은 친구들의 대화로 짐작할 때 학생은 할인이 되는가 보다. 학생증을 미처 챙겨오지 못한 친구를 타박하는 모습을 보고 있으니 우리의 젊은 시절이 생각나서 미소를 지었다.

또 다른 젊은 친구 하나가 타서 뭐라고 열심히 떠들었다. 그냥 알아들을 수 있는 이야기는 말을 타라는 것과 200위안이라는 정도였다.

그런데 그것보다는 빨리 결정할 일이 생겼다. 우리가 수집한 정보로는 첫차가 도착하면 호도협 입구에서 나시객잔까지 가는 '빵차'를 타면 얼마간 돈을 주고 갈 수 있다는 내용이었다.

우선 여기가 차오터우가 확실한가? 그리고 지금 시간에도 그 빵차가 있을 것인가? 결정을 내리기도 전에 버스는 출발했으나 다행히도 젊은 중국인 배낭족들도 타고 있으니, 저들과 같이 행동한다면 별 문제는 없을 것이다.

버스는 채 5분도 못 간 듯 했는데 민가 하나 없는 산 입구에서 정차를 하고 배낭족들이 내리고 있었다. 그리고 친절하게도 기사마저 우리

보고 내리라는 손짓을 하였다.

뭐라고 말도 못하고 우리가 내리니, 버스는 남아 있는 현지인 몇 명과 함께 저 멀리 사라져 갔다. 아니, 여긴 누가 보아도 빵차가 기다릴 위치가 아닌데! 젊은 친구들은 신발끈을 조이며 본격적인 트레킹 준비에 나서고 있었다.

"아까 지나쳐 온 곳이 차오터우인 것 같아. 거기까지 다시 가서 나시객잔까지 가는 빵차가 있는지 알아볼까?"

"거기까지 가는 것도 문제지만, 만약 빵차가 없으면 더 곤란하니 그냥 걸어가자."

아까 터미널 근처에서 빵차들이 몇 대 있는 것을 본 것도 같았지만 그것들이 무슨 차인지 알 수 없었다. 우물쭈물 하는 사이 젊은 친구들은 벌써 떠나고 우리도 허겁지겁 뒤쫓아 길 건너 오르막으로 된 비포장 도로를 올라갔다.

❶ 젊은 마부의 협상력

조그만 모퉁이 언덕 위에는 말 몇 마리와 버스에서 보았던 젊은 마부를 포함하여 세 명이 우리를 기다렸다는 듯 다가와서 나시객잔까지 200위안이니 말을 타고 가란다.

우리는 처다보지도 않고 길가에 앉아서 등산화 신발끈을 묶고 스틱 길이를 조정하면서 말을 타지 않고 트레킹을 할 것이라고 무언의 시위를 해 보였다.

"너희들이 겉만 보고 우습게 생각한 모양인데 우리는 네팔 안나푸르나 어라운드 트레킹도 작년에 하고 온 사람들이야!"

우리가 어떤 마음이든 그들도 상관하지 않고 우리를 앞서거니 뒤서거니 하면서 산을 오르고 있다. 길을 잘못 들어서면 바른길로 안내까지 하는 여유를 보였다. 가끔은 "200위안"하고 소리치며 타고 가라고 하기에 농담으로 "100위안이면 탄다"고 하면 절대 안된다고 손사래를 쳤다.

그러나 다음에 알았다. 여행객들과 농담 하면서 끝까지 따라붙어서 결국은 말을 탈 수밖에 없도록 하는 비법을 가지고 있다는 것을.

비법이란 다름 아닌 급경사를 오를 때 말 두 마리가 교묘히 한 사람을 중간에 샌드위치를 만들고는 약간은 위험한 절벽 쪽으로 슬쩍 밀거나 일부러 질척거리는 진흙이나 말똥이 수북하게 쌓여있는 쪽으로 발을 딛게 하여 사람을 지치게 하였다. 게다가 말은 콧김을 일부러 사람의 얼굴 부위로 푸푸 거렸다. 말을 피해 가려고 쉬면 말도 같이 멈추고 가면 말도 같이 움직였다.

우리가 말 안 탈 테니 그냥 돌아가라고 해도 젊은 마부는 "그냥 가시라고, 우리도 그냥 갈 테니 신경 쓰지 마시고" 하는 표정으로 싱글싱글 웃어가면서 내 엉덩이에다가 말을 바짝 갖다 붙인다.

도중에 작은 언덕을 오르니 평지가 나타난다. 저 멀리 오르막이 보이기 시작할 때 쯤 100위안 하자니 150위안이면 태워 준다고 협상이 들어온다. 아니 그 금액으로는 안 타지 아직 걸을 만 하단 말이야 하고 박 형은 오르막을 계속 걸어서 올라가려면 더울 것 같다며 다시 가벼운 옷으로 갈아입었다.

말 탄 마부가 뒤따라 오는 모습.

급경사 두 개 정도를 오르니 언덕에는 말을 탄 다른 팀들도 쉬고 있고 빈 말도 몇 필 있었다. 아마 여기까지 힘들게 올라와서 더 높은 언덕을 보면 말을 탈 것으로 보고 미리 와서 진 치고 있는 마부들로 보였다. 흡사 사고 많은 도로에서 렉커차가 와서 대기하고 있듯이. 여기서 또다시 흥정이 시작되었다. 우리를 따라 온 마부가 우선권이 있는지 대기하던 마부들은 구경만 하고 있었고 그 셋 중에도 제일 젊은 마부가 우리와 대화하고 흥정도 하였다.

더이상 말로 싸우는 것이 의미도 없고 날씨도 후덥지근하고 점점 피곤해져서 100위안에 하자고 하니 그제서야 오케이란다. 그래도 이 형

팅부동 운남여행

은 말을 탈 의사가 없다는 듯이 못들은 체하며 자꾸만 앞으로 가려고 했다. 그런데 두 명이 타더라도 300위안이라 한다.

짐작컨대 세 명의 마부들이 있으니 두 명만 이용하면 남는 한 명의 마부가 빈손으로 돌아가게 될 것이고 누구를 탈락시키기도 애매한 모양이다. 그러니 어떻게 하든지 세 명 모두가 타야 서로가 만족하는 결과이다. 이 형에게 300위안에 두 사람은 타고 가는데 이 형이 타더라도 같은 가격이라고 하니 마지못해 이 형도 말에 오른다. 비용을 책임지는 총무를 맡은 입장에서 한 푼이라도 아끼려 노력하는 이 형이지만 이건 경제성 원리에 비추어도 뻔한 선택이었다.

이 형은 정말로 말의 도움 없이 호도협 트레킹을 했으면 하는 모양이었다. 두 사람은 트레킹이 끝난 후 말을 안 탔더라면 너무 힘이 들었을 것이라고 이야기했어도 이 점에서는 결코 동감을 나타내주는 일은 없었으니까.

나는 말을 탈 것이었으면 처음부터 탔으면 될 것을 그나마 급경사 언덕 두 개를 등반하였으니 반값으로 깎았다고 위안이라도 해야 하나 생각하고 있었지만. 이 형 말로는 따리에서 만난 사람들이 짐을 우리 배낭보다도 더 큰 것을 싣고도 150위안을 줬다고 하는데 우리도 깎을 만큼 깎아야지 했다. 그러나 실제는 그 사람들은 여기서부터 말을 탄 게 아니고 다음의 28밴드에서 탄 건데 우리는 지금부터 말을 타게 된 것이었다.

어릴 적 시골에서 자라 가끔씩 소를 탄 적은 있지만 말은 타 본 적이 없었다. 말을 오르는 것도 처음에는 생각처럼 쉽지 않았지만 말 위가 그렇게 높게 느껴질 줄은 몰랐다. 다행히 처음 시작하는 곳은 경사도가 완만하여 마부의 손짓, 발짓으로 말타기에

말 타고 가는 모습.

익숙해 질 때쯤 본격적인 경사길에 접어들었다. 말 타기는 언덕을 오를 때는 탄 사람도 무게중심이 앞으로 가도록 숙여주고 내려갈 때는 뒤로 젖혀주어야 한다는 것도 눈치껏 알게 되었다.

경사가 심한 길은 말도 힘들지만 탄 사람도 힘들긴 마찬가지다. 아래로는 까마득한 절벽인데 말 높이만큼 위에 있으니 절로 무서움이 배가 되어 본인도 모르게 몸이 반대편으로 기울게 된다. 차라리 걸어가면 자기 의지로 위험한 곳을 피할 수 있을 텐데 그냥 말에 내 몸을 맡기고 있자니 불안감이 온몸으로 느껴졌다.

오르막길에서 앞으로 몸을 바짝 붙여 주는 건 그래도 괜찮았지만 내리막길에서는 말이 뒷다리를 굽히고 앞발 내디딜 곳을 찾는데 지탱하고 있는 나머지 앞다리가 떨리는 것을 느낄 수 있을 정도였다. 한 손은 고삐와 안장 앞쪽을 잡고 또 한 손은 안장 뒤쪽을 잡고 누르며 허리를 힘껏 뒤로 꺾어줘야 한다. 내리막길을 갈 때는 나도 모르게 살짝 식은 땀이 나기도 했다.

말이 가끔씩 발을 헛디딜 때면 저절로 눈이 감겼다. 몽고 초원에서 말을 타 본 경험이 있다는 박 형은 이내 안정을 되찾고는 말 위에서 잘도 사진을 찍고 있는데 나중에 그 사진을 보고 우리는 한참이나 웃을 수밖에 없었다.

왜냐하면 본인들은 말 위에 똑바로 앉아서 가고 있다고 생각했는데 사진 속에 찍힌 모습은 절벽이 무서워 반대편으로 거의 30도 정도씩이나 기울어진 모습으로 타고 있었으니까.

중간에 작은 휴식장소가 있었다. 좁은 산길에 천막으로 거우 비를 가릴 정도로 해 놓고 옥수수 등과 음료수 약간과 차 정도를 팔고 있었는데 그 옆에 말을 매어 놓고 잠시 쉬었다. 물건 팔 생각도 않고 그들도 사 먹거나 우리에게 사 달란 말도 하지 않는 가운데 주인은 마부들과 이야기하고 우리도 그들도 아직 서로 익숙하지 않아 자기들끼리만 이야기하고 있었는데 어디선가 작은 호두를 몇 개 주워 오더니 까먹으라고 준다.

"호두가 크기도 너무 작고 무엇으로 깨트리지?"
호두를 깨트리려고 주변의 적당한 돌을 찾으려 하니 마부가 이로 깨트리는 시범을 보여주었다. 괜히 호두 먹으려다 치아가 다칠까 염려되었지만 한 번 깨물어 보았더니 의외로 잘 깨진다. 가을이라 지금 막 익어 떨어진 것이어서 아직 딱딱하게 굳지 않아 껍질이 물렀던 것이다. 이 호두는 우리가 흔히 알고 있는 호두의 반 정도 크기였지만 속도 꽉 차있고 고소한 맛이 입안에 계속 남아있었다. 대륙의 것답지 않게 크지 않고 앙증맞은 게 공깃돌 보다가 조금 컸다.

길은 대체로 경사가 심하지만 얼마간은 완만한 오르막이어서 그 구간에서는 잠깐 동안이라도 말을 탄 것이 괜한 선택이라는 생각이 들기도 하였지만 그런 구간은 아주 짧았다.

"우리나라에서는 이 돈으로 이 만큼 말을 탈 수는 절대로 없지. 잘한 선택이야"

한 시간 정도의 오르막길과 숲길이 끝날 때쯤 마부가 말에서 내리라고 손짓을 한다. 한참 아래로 마을이 보이는 데까지는 너무 심한 내리막 급경사여서 말을 탈 수 없어 걸어간다고 하였다. 하긴 내리막길은 오르막길보다 말을 타기에는 더욱 위험했던 것을 경험했기에 말을 타지 않고 걷는 것이 안전하게 생각되었다.

곧이어 나시객잔으로 들어가는 마을 길은 우리의 옛 시골 마을처럼 정겨운 모습이었다. 우리가 도착하자마자 버스에서 같이 내렸던 중국 젊은이들은 먼저 와 있다가 이미 볼일들을 다 마쳤는지 서둘러 떠날 채비를 한다. 우리는 여기서 점심을 먹고 가려 하는데 그들은 준비해온 간편식을 가면서 먹으려는지 들고서 떠나 버리고 나니 객잔은 우리 셋과 마부들만 남아서 일순간 고요해졌다.

객잔은 말리고 있는 옥수수를 걸어 놓은 노란 색과 정원에 가꾸고

나시객잔 한쪽 벽을 점령한 옥수수.

있는 연보라색 꽃들로 색의 잔치를 이루고 있는데 맞은편은 옥룡설산이 이제 막 안개가 물러가면서 웅장한 모습을 언뜻 속살을 드러내고 있었다.

나중에 발견한 사실이지만 우리가 샛노란 옥수수가 아름다워 찍은 사진 구도가 리장을 소개하는 관광 사진 안내 책자에도 비슷한 구도로 실려 있어 이 객잔에서 옥수수를 일부러 연출한 것이 아닐까라는 느낌을 받았다.

하지만 이 산골에서 옥수수를 말리는 것은 생활의 일부일 텐데 일부러 연출할 필요는 없을 것이다. 사람의 손이 닿았지만 너무 아름다우면 연출이 아닌가 할 때가 있는데 나는 곶감을 말리기 위해 널어놓은 것을 볼 때마다 그 느낌으로 보았는데 이곳의 옥수수를 보면서 똑같은 느낌을 받았다.

신선한 공기와 적당히 따뜻한 온도에 나른한 기운이 느껴질 때 우리를 태워 준 젊은 마부가 주문한 음식을 같이 서빙 해주었다.

"이 객잔이 저 마부의 집인 것 같아. 그리고 나머지 마부들은 저 젊은 친구와 일종의 고용 관계가 아닐까?"

"그래. 아까부터 길도 제일 앞에서 가고, 가격협상에도 혼자 결정하는 걸로 봐서 그런 것 같아 보이는데."

우리가 생각하고 있는 것이 맞는지를 물어볼 만큼 중국말을 하지도 못하지만, 그보다는 그 사실이 궁금하지도 않았다. 설령 갑을관계라기 보다는 네가 가장 젊고 눈치도 빠르고 인상이 좋으니 외국 여행객과의 협상은 주도적으로 하라고 할 수도 있지 않겠는가.

우리가 다소 늦은 시간에 식사를 하여서인지 차를 더 달라고 하여도 주인 여자는 어디로 갔는지 보이지도 않고 저만큼 떨어져 있던 젊은 마부가 부엌에 들어가더니 찻물을 가져주었다.

처음 계획대로 빵차를 타지 못했으니 이제 서둘러야 차마객잔까지 도착할 수 있을 것 같았다.

마을 뒤로 솟아 있는 합파설산 중턱을 넘어가기 위해서는 28밴드를 거쳐야 한다.

젊은 마부는 애초부터 우리가 말을 타고 28밴드를 갈 것이라고 판단 하고 200위안 달라고 가격부터 이야기하고 있었으며, 우리 또한 무리 해서 체력을 낭비하면 호도협 트레킹 자체를 망칠 수 있고 이 구간은 말을 타고 오르려고 계획하고 있었다.

하지만 저들이 달라는 대로 다 줄 이 형이라면 애초에 총무를 맡기지 도 않았으리라. 우리보고 그냥 걸어가란다. 아니, 200위안이 그렇게 비 싸 보이지는 않는데….

어쩔 수 없이 따라가는데 300m쯤 가는데 150위안으로 협상이 되었 다며 말을 타라고 하였다. 이번에는 다행히 서로가 버티지 않고 협상이 빨리 되었다. 구간 요금을 통상보다 더 주는 것은 다음 여행객에게 영향을 미치기 때문에 적은 금액이라도 올려주면 안 된다는 것이 이 형의 주장이고 옳은 말이다. 대신 말에서 내려 그들과 헤어질 때 요구는 없었지만 약간의 돈을 팁으로 주었다.

마을을 벗어나자 이내 가파른 급경사가 나타난다. 말 위에 앉아 있을 때도 산을 보고 갈 때는 무섭지 않지만 산을 옆으로 끼고 돌 때면 까마득한 발아래 절벽 풍경이 끔찍이도 무섭다.

길은 다소 질척거리기도 하고 때론 바위 위로 지나기도 하면서 갈지자 형상으로 끝없이 이어진다. 말들도 지쳐 가다 서다를 반복하는데, 마부들은 그 험한 길을 용케도 걸으면서 말을 인도해 나간다. 걸어서 가면 힘들고 말을 타더라도 마부가 없다면 도저히 갈 수 없을 것 같은 길의 연속이었다. 말들이 선 채로 잠깐 쉬는 시간에 내가 한마디 했다.

"이래서 걸으면 말 타고 싶고 말 타면 경마 잡히고 싶다고 한 말이 이해가 되는군."

이 구간의 오르막이 막 시작하는 곳에 간이매점 비슷한 곳이 있었다. 아마 방목하는 염소들의 임시 막사 비슷한 용도로 이용하는, 소박한 건물로 우리 나이 정도의 여성이 운영하고 있었다. 여기가 바로 28밴드가 시작되는 곳이다. 벽에는 28밴드가 시작되니 에너지 보충하고 힘내라는 친절한 글귀를 써 놓았다.

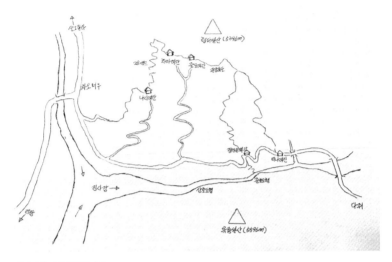

간략하게 그린 호도협 지도.

28 밴드 초입의 가게와 벽면에 적힌 친절한 글귀.

팅부동 운남여행

마부들이 그 위치에 쉬어간다 하니 말에서 내린 우리도 이번에는 그냥 있기가 부담스러워 그들에게 약간의 간식거리를 권하였고 그들도 과하지 않을 수준으로 적당한 먹을거리를 골랐다. 물건이 많지는 않지만 신기한 것들도 있었다. 예컨대 옥수수 등 현지생산 농작물과 약간의 음료, 간식거리 술, 담배 등 당연하다고 생각되는 것들 외에 종교 용품, 담배 파이프, 칼, 목걸이 그리고 골동품 비슷한 것들과 약초처럼 생긴 것들도 한쪽에 보였다.

우리가 출발하려 하니 가게 주인도 점포 문을 닫는 것으로 보아 더이상의 손님은 없는 것으로 판단하고 아랫마을로 내려가려 하였다. 아마 이 산을 올라오는 오늘의 손님들로서는 우리가 마지막 여행자인 것으로 판단한 모양이다. 하루에 얼마의 벌이가 될지는 알 수 없으나 아무리 계산해도 별 수익이 날 것 같지는 않은데 그 먼 길을 오고 간다는 것이 이들에게는 일상일지 모르나 나그네의 눈에는 왠지 짠해 보였다.

그분을 보면서 돌아가신 할머니가 생각이 났다. 우리가 어렸을 적 그 시대의 농촌생활이라는 것이 거의 비슷한 모습이었다. 나의 초등학교(그때는 국민학교라고 불렀다) 시절에 부모님은 인근 도시에서 직장을 다니고 계셨다. 나는 부모님과 떨어져 시골의 할아버지와 같이 살고 있었다.

일제 시대에 징용을 갔다 오신 할아버지는 술을 좋아하셨다. 특히 장날이면 꼭 장에 가셨다가 막걸리로 배를 채우시고 지게에 간고등어를 매단 채 취한 걸음으로 석양과 함께 웃으면서 돌아오셨다. 없는 살림살이에 술 마시는 것을 낭비라고 싫어하시던 할머니께서는 결국 집

앞이나 밭두렁에서 수확한 야채와 곡식을 직접 장에 내다 파셨다. 장날 갖고 간 것들을 다 팔았을 때와 못 팔았을 때의 기뻐하시고 속상해 하시던 그 모습이 떠올랐다.

산을 내려가는 저분도 오늘의 판매 금액이 적더라도 살림에 보탬이 되었길 빌어 본다.

약 한 시간 만에 그 길고 지루한 28밴드도 어느덧 막바지에 다다른 모양이다. 꼬불꼬불 오르락내리락 하던 길도 지나고 급경사를 한참 오른 뒤 다소 넓은 길과 마주치는 커다란 암벽 아래서 우리는 마부들과 작별을 하였다. 역시 그들은 우리를 처음 만난 호도협 입구마을인 차오터우까지 내려간다고 했었다. 그때 시간으로 보아서는 날이 어두워져야 도착할 것 같아 염려의 말을 했더니 그들은 후렛쉬도 있고 길이 익숙하니 걱정 말라며 웃으면서 내려간다. 28밴드 정상인 여기는 해발고도 2,700m쯤 된다. 그들 덕분에 편히 트레킹 할 수 있어서 고맙기도 하면서 우리가 타고 온 말들의 수고스러움에 괜히 미안한 마음도 들어 우리끼리 한마디씩 했었다.

"아마도 말을 타고 산을 올라가는 것은 동물보호 단체에서는 반대할 텐데."

"당연히 반대하겠지만 주민 입장에서는 중요한 생계수단 아니냐? 덕분에 우리도 편하고."

"말은 예부터 운송수단으로 사육되었는데, 이를 하지 말라고 하면 말 자체를 안 키우겠지. 그러면 저 말은 이 세상에 태어나지도 않았을 텐데."

그래도 우리는 할 말 있었다. 비록 두 번이나 말을 탔지만 나시객잔까지 차를 타지 않고 차오터우에서부터 시작한 사람들은 별로 없었을 것이라는 것을. 나는 껄끄러운 문제에는 언제부턴가 자기 합리화로 피해가곤 했다.

28밴드는 깔딱고개이고 힘들다고들 하지만 평소에 등산을 자주하고 체력이 어느 정도 되는 사람이라면 큰 무리 없이 갈 수 있을 정도로 보였다. 아까 앞에 갔던 여자들까지 포함된 젊은 친구들이 말 탄 우리보다 빨리 지나간 것만 보아도 알 수 있다. 그 친구들도 트레킹이라기보다는 놀러 온 것 같은 복장들이었는데.

천상의 길을 걷다

"내가 말 위에서 세어 보았는데 정확하게 28번을 돌면서 올라왔어."

아. 대단한 사람이어라. 그 흔들리는 말 위에서 지그재그 커브를 세고 왔을 박 형의 호기심에 마음속으로 박수를 보냈다.

웃으면서 암벽 사이를 올라가는 순간, 예상하지도 않은 무언가가 있었다. 다름아닌 이 꼭대기 부근에서 우리를 반겨주는 것은 염소 세 마리였다!

어서 오라는 듯 '메에'거리는 염소로 보아서는 인근에 민가가 있어야 하나 우리의 시야에서는 보이질 않는다. 아마도 이 산 어디엔가 꼭꼭

숨어있는 한 두 채의 집에서 기르는 것일 터다. 이들은 맛있는 풀을 찾아 꽤 먼 거리까지도 원정 다니는 염소계의 미식가들인가.

이제부터는 시야도 넓게 트이고 특히나 안개가 걷히면서 호도협 계곡 건너편 옥룡설산의 웅장한 자태가 손에 잡힐 듯 보였다. 말 그대로 본격적인 트레킹의 시작이라고 할 수 있었다.

호도협 트레킹 코스는 예부터 차마고도의 일부였다고 한다. 차마고도는 중국 남서부에 위치한 윈난성과 사천성에서 출발하여 티벳을 거쳐 길게는 인도 북부지역에 이르는 무역 교역로였다. 이 교역로의 유래는 우리가 익히 알고 있는 실크로드보다 더 오래된 옛길이라 했다.

중국에서는 따뜻한 곳에서 자란 차나무 잎을 쪄서 발효시킨 제품이 주요 교역상품이었다. 그중에서도 윈난성 '푸얼普洱,보이'이라는 지역에 생산되는 차는 특히나 유명하여 오늘날까지 우리에게도 흔히 '보이차'라고 불리는 제품이다. 차는 채소가 자라기 어려운 환경인 티벳 유목민에게 비타민을 얻을 수 있는 필수적 상품이었다 한다.

반면 티벳에서는 고원지대의 넓은 초원에서 자란 질 좋은 말들이 교역 상대 물품이었다. 옛날에 말은 이동수단일 뿐만 아니라 군사용으로 더 큰 가치를 지닌 중요한 상품이었을 것이다. 주요 교역물품인 차와 말에서 차마고도라는 이름이 유래되었다. 차마고도는 그 전체의 길이가 약 5,000km이며 평균 해발고도 또한 4,000m에 이르는 길로서 마방들이 한번 오고 가는데 길게는 약 6개월이 소요될 만큼 먼 거리였다고 했다.

마방들은 이 차마고도를 30여 회 왕복하는 것으로 한평생을 보냈을 것이다. 이 길 위에서 먹고 자는 일이 그들의 일상이었을 것이며 찬 서리와 비바람이 길동무였다. 길은 고원의 평원지대를 지나기도 하지만 상당 부분의 길이 험준한 산악을 끼고 돌아가는 위험한 구간도 많았다.

차마고도의 구간 중 일부이기도 한 호도협 트레킹 코스는 마방들에게는 험준하기도 하겠지만 그 주변 풍광만은 잠시나마 지친 삶의 위로가 될 만큼 황홀했을 것이라 믿고 싶다.

방금 전 우리와 헤어진 마부들이 쉬는 동안 옥룡설산의 안개를 가리키며 뭔가 이야기하다가 환하게 웃는 모습이 생각났다. 아마도 매일 힘들게 오르내리겠지만 잠시 쉬면서 바라보는 저 산의 풍경이 그들을 웃게 할 힘의 원천이 아니었을까?

오르막과 내리막이 반복되지만 고도 차가 심하지 않아 기분 좋게 걷기에는 딱 좋은 길이었다. 길은 어떤 곳은 두 사람이 손을 잡고 걸어도 좋을 만큼 넓기도 하지만 그런 구간은 잠깐이고 대부분은 한사람이 다니기에 적당한 넓이의 오솔길이다.

트래커들이 주로 다니는 호도협 대협곡은 16km 길이이며 평균 해발고도는 2,300m이다. 해발고도 5,396m의 합파설산의 중간 부분 정도에 산허리를 감고 돌아간다. 길의 진행방향 오른쪽은 급경사를 이루며 진사강으로 달려간다. 강은 협곡을 이루고 흘러가는데 트레킹 구간 중 가끔씩 까마득한 절벽 사이로 붉은색에 가까운 강물이 눈에 들어왔다. 강 건너편에는 5,596m의 옥룡설산이 소리치면 들릴 정도의 가까운 거리에 있다. 건너편의 설산을 이처럼 가까운 거리에 두면서 트레킹 할 수 있다는 것이 말로 할 수 없는 벅찬 감동이었다.

호도협 계곡 천상의 길 위에서 본 옥룡설산.

강 아래로 길이 보이고 주차장이 보인다. 뭔가 하고 내려다보고 거기가 '상호도협'이라는 것을 알았다. 주차장에서 아래로 내려가는 계단도 보이고 강물은 물보라를 튀기며 힘차게 흘러가고 있었고 강 가운데 호랑이가 건너뛰었다는 바위가 하나 버티고 있는 것도 보였다. 선명하게 보이는 것을 보니 그렇게 먼 거리는 아닌 것 같다. 요란한 물소리가 여기까지 들린다. 바로 저기가 계단이 많아 가마 타고 내려갔다가 올라오는 곳인가 보다 했다.

흔히 어떤 풍경 중에는 실제 보다는 사진이나 TV 영상이 한결 더 좋아 보이는 곳이 있다. 더러는 그림으로 그린 것이 더 감동적일 수 있으나 호도협 트레킹은 실제로 그 길을 걸어가면서 보아야만 그 진가를 알 수 있다고 감히 주장한다.

트레킹 길에서 내려다본 상호도협.

나는 취미로 가끔씩 한국화를 그리곤 한다. 여행 후 호도협에서 바라본 옥룡설산을 그리려고 아무리 노력해 보아도 그 느낌, 감동과는 너무나 거리가 멀었다.

걸으며 구경을 하다 보니 길옆의 나무와 야생화가 눈에 들어오기 시작하는데 말 위에서부터 확인하고 싶었던 꽃이 있었다. 가는 길목 곳곳에서 우리의 잔대와 똑같이 생긴 보라색 꽃이 보여서 나중에 걸으면서 자세히 확인해 보니 비슷하긴 하지만 아니었다.

그 중 유독 많이 보이는 식물은 '에델바이스'였다. 내가 처음으로 본 뮤지컬 영화는 '사운드 오브 뮤직'이었다. 당시 이 영화는 우리에게는 생소한 뮤지컬 장르임에도 불구하고 꽤 인기가 있었으며 나는 이 영화 때문에 알프스를 동경하게 되었다. 또한 영화에 나오는 '도레미송'이나 '에델바이스' 노래는 굉장히 유행했었다.

노래에 나오는 에델바이스라는 꽃이 알프스의 높은 산 눈 속에서 피는 줄로만 알고 있었는데, 소백산에서도 있다고 하여 이를 찾으러 갔었다. 우리말로 '솜다리꽃'인 에델바이스는 그때 소백산의 비로봉에서 국망봉으로 가는 능선에서 쉽게 볼 수 있었다. 그 당시 소백산은 국립공원으로 지정되기 전이었으며 지금과 같은 자연보호개념이 희박한 시대였다. 지금이야 당연히 하지 말아야 할 일이지만 나는 에델바이스를 채취하여서 책갈피에 넣어 압화로 만든 뒤 자랑스럽게 다른 사람에게 선물하기도 했었다. 지천으로 깔린 에델바이스를 보니 옛 추억이 떠올랐다.

콧노래도 흥얼거리며 소나무 사이로 불어오는 상쾌한 바람을 맞으며 걷다 보니 전선이 보이기 시작했다. 인근에 마을이 있다는 신호로서 차마객잔이 가까워진 모양이었다.

산모퉁이 하나를 돌고 나니 산 중턱에 마을이 보이기 시작

트레킹 도중에 만난 에델바이스.

했다. 45도는 더 되어 보이는 가파른 경사지에 옥수수밭을 개간하고 터전을 잡은 나시족의 전통 마을이 우리를 맞이했다. 몇 채의 전통가옥

사이에서 가장 현대적으로 지은 '차마객잔'은 한눈에 바로 찾을 수 있었다.

차마객잔 앞에서 안주인이 포즈를 취해 주었다.

상호도협이 보이던 곳에서 한 시간을 더 가서 객잔에 도착한 시간은 5시 50분이었다. 아침의 계획은 이곳을 지나서 중도객잔에서 잘 계획이었지만 지금 시간에는 가기에는 너무 늦을 것 같고 머물기에는 좀 여유 있는 시간이었다.

"랜턴도 있지만, 무리해서 가다가 위험할 수도 있으니, 여기서 숙박하고 내일 떠나자."

우리가 머물기로 한 뒤 서양인 두 명이 중도객잔까지 간다며 출발하는 것을 보았지만 머물기로 한 우리의 선택이 옳았음을 금방 알 수 있었다. 산속의 저녁은 해가 떨어지자 마자 날이 금방 어두워졌다.

#별을 가까이 보려 하니

객잔은 우기가 막 끝난 시기라 그런지 우리 세 사람밖에 없었다. 사전 예약도 없이 도착하여 혹시라도 빈방이 없으면 어쩌나 한 것은 기우였다.

이 객잔은 여러 가지로 우리를 편안하게 했다. 주인아주머니의 영어 회화 실력은 우리가 이번 여행 중 처음으로 마음에 들었다. 하긴 우리가 너무 현지인처럼 먹고 자고 이동하고 다녀서 언어 능력자를 못 만난 것일 수도 있겠지만 이번 여행에서 의사소통은 최고의 난제가 아니었던가? 아주머니의 어휘력은 박 형의 말로는 '영업에 필요한 언어만 잘하는 수준'이라는데 그 정도면 만족도 최상이었다.

우리는 의사소통된다는 것 때문에 저녁 주문에 다소 흥분했다. 닭과 나물 요리만 시켜도 충분한 수준이었지만 메뉴판에 김치를 보고는 김치볶음을 추가하였다. 세 사람의 식성은 중국 현지인의 음식에 아무런 거부감이 없는 수준이기 때문에 굳이 한식을 찾지는 않았다.

나온 음식 맛은 완벽하였으나 김치만은 우리가 예상한 맛은 아니었다. 김치를 어떻게 숙성시켰는지 너무 시어서(장기간 서서히 발효되어 나오는 깊이 있게 잘 삭은 맛이 아니라 성급하게 익어서 나오는 강한 신맛) 도저히 다 먹을 수는 없었다. 하긴 중국의 이 오지 산속에서 한국의 정통 김치맛을 기대한 우리가 잘못이었다.

실패를 교훈 삼아 다음 날 아침 예약은 무조건 '미씨엔'으로 시켰더니 역시 대만족이었다. 무슨 음식이든 우리가 좋아하는 것보다 그들이 잘하는 것을 시켜야 결과가 만족스럽다는 것을 다시 한 번 깨닫는 계기가 되었다. 앞으로는 어설픈 한식보다는 가능하면 현지식 위주로 먹자고 다짐했다.

　객잔의 시설은 가격대비로 볼 때 대체로 만족스러웠다. 여주인은 우리에게 가격대가 차이가 있는 두 종류의 객실이 있다고 말했다. 우리의 행색을 보고 지레짐작한 주인은 낮은 가격대의 객실부터 안내했고 우리는 크게 주저하지 않고 오케이였다.

　우리가 객실을 보는 기준은 크게 3인실이 있느냐와 침대 상태, 난방용 전기장판이 있느냐 정도만 해결되면 가격이 가장 우선이었다. 거기에 온수도 마음껏 사용할 수 있고 화장실 변기 상태에 이르기까지 안내 받은 객실은 모든 기준에 완벽했다.

　더구나 문만 열면 옥룡설산이 눈앞에 있다는 것은 우리에게는 최고의 축복이었다. 우리가 침대 위에 놓여 있는 난방용 전기장판의 전기 코드와 콘센트가 잘 접촉이 되지 않는 것을 발견한 때는 밤늦은 시간이었다. 어디에 있는지도 모르는 주인아주머니를 찾는 것보다는 억지로 끼워 맞추어 사용하는 게 속 편할 것 같아서 접지 부위를 얼추 구부려서 사용한 것만이 우리가 느낀 불편의 전부였다.

　"세상이 참 빨리 변해요. 더구나 중국의 변화속도는 경이로운 수준이고!"

　와이파이를 이용하면서 박 형이 과거 중국의 출장 경험을 이야기했다. 해외 수출 업무를 주로 담당했던 박 형은 중국의 개방 초기부터 지켜보던 곳이라 더욱 감회가 남다르리라.

　"개방 초기 북경의 무역전시회에 참가했을 때 회사로 업무 연락도 얼마나 힘들었는지. 국제전화 부스에서 길게 줄 서서 기다렸는데. 결국은 호텔로 가서 연락하는 게 더 쉬웠으니까."

　이 깊은 산속의 객잔에서 좀 전에 찍은 사진을 자유롭게 가족에게 보낼 수 있게 되었으니 말이다.

　여행 중 나라나 장소마다 숙소를 부르는 명칭이 때로는 흥미롭다. 윈난雲南 성의 따리나 리장에서는 고성 안에 있는 전통 모습의 숙소를 '객잔'이라는 다소 고풍스러운 명칭으로 부르고 있었다. 나의 기억 속에 처음으로 각인된 객잔은 '용문객잔'이라는 중국 무협영화로부터다. 아마도 사막이 시작되는 초입에 위치한 객잔을 중심으로 여러 등장인물들이 무협을 펼치는 영화로 기억된다.

　지금의 윈난성 객잔들은 약간의 차이는 있으나 대부분이 건물 가운데 정원을 둔 ㅁ자 모양의 2층 구조로 방 앞으로는 길게 복도 회랑이 있는 영화 속에 그려진 객잔과 거의 유사한 전통성을 지키고 있었다.

　객잔은 우리로 치면 '주막'이 그러한 역할을 하였으리라. 낙동강 상류인 예천에는 1980년대까지 실제로 운영했던 '삼강주막'을 복원시켜 놓은 곳이 있다. 중국의 객잔 규모에 비해 우리의 주막이 초가로 만들어진 단층의 다소 초라한 구조인 것은 그 당시 나라의 경제력 차이도 있겠지만 우리나라는 자급형 농경사회로 지역 간 이동이 왕성하지 않았던 이유도 있을 것이다. 이 이야기를 들은 다른 친구는 우리의 나그네 중 상위계층 즉 관료나 명망 있는 학자 등은 주막을 이용하지 않고 그 지역에 여유 있는 양반집의 사랑방을 이용하였다고 말했다. 따라서 주막은 보부상이나 과거보러 가는 가난한 선비 등 서민층이 주로 이용하는 숙박시설이기 때문에 크고 화려할 필요가 없었다고 했다. 그 말도 맞는 것 같다. 수요는 공급을 창출한다는데 나라가 작고 사람도 적으니 유동 인구도 적어서 중국처럼 커다란 객잔이 불필요했을 것이다.

"지금 보이는 저 풍광을 그대로 담을 수 있을까?"
"카메라 성능 때문에 쉽지는 않겠지만 한번 해 봐야지."
해거름이 되자 사진 찍기를 좋아하는 박 형은 황혼에 깃들인 옥룡설산을 카메라 렌즈에 담기에 열중했다. 이번 여행에 짐을 줄이려고 좋은 카메라를 가져오지 못하고 휴대하기 편한 소형 카메라가 눈앞에 보이는 경치 앞에서는 못내 아쉬운 모양이다.
우리는 어둠 속으로 사라져 가는 웅장한 설산의 잔영을 바라보고 있었다.
마침내 아무것도 보이지 않는 거대한 어둠 속에 놓여 있었다.
우리는 오랫동안 보이지도 않는 설산을 마치 보이는 것처럼 쳐다보고 있었다.
태초에도 하늘빛은 그러했으리라.

나는 밤하늘에 별을 보는 것을 아직도 좋아한다. 어릴 적 시골에서는 사과 농사를 지었다. 사과는 그 당시에도 가을에 수확하면 바로 파는 것 보다 설 명절 전인 겨울에 파는 것이 한결 이득이었다. 그래서 그 마을에서는 집은 초가집이어도 사과를 저장하는 저장고는 콘크리트로 튼튼하게 만들었다.

마당 끝에 있는 저장고는 여름밤에는 한낮의 열기 때문에 바닥은 따뜻하고 위에는 바람이 불어 동네 친한 친구들과 함께 잠을 자는 놀이터 겸 침실이었다. 밤에 자다가 깨어 보면 까만 밤하늘에 박혀 있는 별을 본 기억은 지금도 잊지 못할 추억이다. 밤하늘에 은하수가 보이기 시작하면 여름도 깊어져 이불을 덮어야 춥지 않다는 것도 그때 알았다.

한동안 별 보는 것을 잊고 있다가 몇 해 전 강원도 고성의 친구 집 잔디밭에서 술을 마시다가 우연히 바라본 밤하늘의 별을 보고는 기억이 되살아났다. 별은 항상 그 자리에 있었는데 도시의 불빛 때문에 보이지 않는다는 것을….

이번 여행 며칠 전에도 딸이 내게 말했다.

"아빠. 사막여행은 모든 게 불편한데 밤하늘에 별은 너무 아름다워! 정말 별이 쏟아져 내려온다는 표현을 실감할 수 있거든"

그래서 이번 여행 중 빛 간섭이 가장 적은 호도협 트레킹 중 객잔에서 별을 제대로 볼 수 있으리라 큰 기대를 했는데, 어두워지자 하늘을 보니 별이 보이긴 하는데 띄엄띄엄 성글게 보인다. 흐린 날씨 때문에 밤중에 세 번씩이나 별을 보러 나왔어도 마음에 차지 않았다. 별을 제대로 보려면 사막에라도 가야 하나 보다. 아! 오늘이 음력으로 8월 초 하룻날인데 달도 없는 제일 깜깜한 밤하늘에 별이 가장 잘 보일텐데 흐린 날씨가 그저 원망스러울 뿐이다.

천하 제일풍경의 화장실은

오늘은 '다쥐'까지 가서 1박을 하려면 좀 서둘러야 했다. 하지만 리장으로 가기에는 시간 여유가 있어 가면서 결정하기로 했다. 객잔 아주머니로부터 3시 30분에 티나객잔에서 리장 가는 버스가 있다는 귀중한 정보를 입수하였으니 그 차를 탈 수만 있다면 최고의 결과일 텐데.

미리 주문한 아침을 맛있게 먹고는 등산화를 조이고 출발했다. 어제 늦은 만큼 오늘은 제대로 가야 한다는 생각이 들었다. 날씨도 적당하고 길도 생각보다는 평탄하게 이어져 있었다.

네팔의 안나푸르나 어라운드, 뉴질랜드 밀포드 트레킹과 함께 중국의 호도협 트레킹은 세계 3대 트레킹 코스 중 하나로 알려져 있다. BBC에서는 안나푸르나 대신 페루의 마츄픽추 트레킹을 세계 3대 트레킹 코스라고 소개한다. 영국의 공영방송인 BBC는 오지랖 넓게 별의별 기준을 제시하기도 하는 모양이다.

아마도 네팔 트레킹이 일반인 기준으로 볼 때 너무 힘든 일종의 전문가 영역이라고 본 때문이 아닐까 생각한다. 아니면 대륙별 안배 차원일 수도 있고.

평소 세계 3대 트레킹 코스를 가보는 것이 꿈이었던 나는 조금이라도 나이가 젊을 때 가장 힘들다는 안나푸르나부터 마치는 게 좋을 것 같다는 생각을 갖고 있었는데 2014년에 좋은 기회가 있어서 다녀온 바 있었다. 하지만 이때의 힘든 경험(추위에 충분히 대응하지 않은 미숙함이 초래한 어려움 등) 때문에 나머지 트레킹은 절대로 하지 않겠노라고 선언하고 있었다.

그러나 이번 여행은 다른 여행을 추진하다 여의치 않게 되어 출발 2주 전에 세 사람이 갑자기 의기투합하여 추진하게 되어 정보가 부족함이 많았다.

결과를 미리 말하자면 호도협 트레킹은 고산병만 주의한다면 우리의 지리산 종주보다 훨씬 수월한 코스로 느껴졌다. 그 때문인지 호도협 트레킹이 끝나자마자 네팔의 어려움은 잊어버리고 남아있는 뉴질랜드의 밀포드 자료를 찾고 있는 중이니까.

오늘은 구름이 많다. 우측에 보이는 옥룡설산이 3분의 1 이상은 구름 속에서 숨바꼭질한다. 산허리에 구름을 걸치고 보이는 산도 마냥 운치가 있고 멋있었다. 30여 년 전에 들었던 산울림의 신나는 노래인 "산할아버지 구름 모자 썼네, 나비같이 훨훨 날아서. 살금살금 다가가서, 구름 모자 벗겨 오지…" 하는 노래가 생각이 나서 흥얼거리기도 했다.

구름과 함께 보이는 옥룡설산.

　한 시간 정도 지난 곳에서 조그만 부락(집이라야 다섯 채 정도다)이 나타났다. 다소 이른 아침이지만 젊은 여인이 등에 이곳 전통의 대나무로 만든 바구니를 지고는 옥수수밭으로 가는데 다섯 살 정도 되어 보이는 사내 녀석이 그 뒤를 따라 간다. 아마도 집에 있는 것이 심심하여 엄마를 따라나선 것 같은데 그 모습에서 나의 어릴 적 모습이 오버랩 된다. 엄마는 길 아래에 있는 가파른 비탈밭에서 옥수수를 수확하고 있는데 아이는 길 위에 서서 엄마를 기다린다.

　"박 형. 배낭 안에 초코렛이나 사탕 없나요?"

　아이에게 과일맛 사탕을 하나 까서 먹여주고는 나머지를 봉지채로 주자, 유난히 검은 눈을 가진 아이는 수줍게 손을 내밀더니 받아서 집으로 뒷걸음질하며 돌아간다. 고맙다는 말도 못할 만큼 내성적인 아이인 것 같은데, 우리를 계속 쳐다보는 것이 고맙다는 표현이리라.

경제적으로 어려운 나라에 여행할 때 만나는 아이들에게 조그만 선물은 항상 고민이다. 캄보디아에서는 어딜 가나 노골적으로 손을 내미는 아이를 볼 때마다 이들에게 선물은 '일하는 것 보다 구걸하는 것이 편하다'는 거지 근성이 생길 것 같아서 철저히 외면하곤 했다.

네팔 여행 안내책자에는 트레킹 도중 들리는 마을에 선물을 건네는 것을 삼가달라는 것이 정부의 방침이라고 쓰여 있었다. 교육의 영향인지 십여 일 이상이 소요되는 트레킹 도중 한 번도 먼저 손을 내미는 사람을 만난 적이 없었다. 다만 트레킹이 끝난 후 포카라의 페와호수 근처 산속에서 한 아이가 다가와 내 손을 잡고 살며시 당기더니 내 귓가에 누가 들을세라 수줍게 말한 적이 딱 한 번 있었다. "초코렛!"
패키지여행이 아닌 자유여행에서는 늘 부딪히는 이 상황이 언제나 어렵다. 더욱이 이는 옳고 그름의 문제가 아니므로 정답도 없고 하여 나 나름의 기준을 만들어 보았었다.
'먼저 구걸하면 주지 말자. 그들에게 거지 근성만 키울 테니까. 그러나 내가 정말 주고 싶은 마음이 생길 때는 어떻게 하지?'

저 멀리 중도객잔이 있는 마을이 보이자 과거에서 갑자기 현대 문명 사회에 진입한 기분이다. 길도 현저히 넓어지고 차가 이 높은 산까지 올라올 수 있어 어떤 집에는 지프 차가 주차해 있고, 새로이 객잔을 지으려 하는지 산 중턱 한곳을 포크레인이 땅을 고르고 있었다.

마을 규모도 제법 크고, 우리가 당초 묵으려고 한 중도객잔 이외에도 몇 개의 객잔이 더 있는데 규모는 작아도 외관상으로는 오히려 한결 더 마을과 조화를 이룬 모습이었다.

중도객잔은 트레킹 코스 바로 아래편에 위치하고 있어 우리는 휴식을 겸해서 잠시 들러 가기로 했다. 제법 큰 규모의 객잔은 우리 일행 이외에 두 팀 정도만이 머물고 있었다.

계절적으로 아직 성수기가 아닌 탓도 있겠지만 아마 어제 머물던 사람들도 우리처럼 서둘러 떠났으리라.

"마실 것은 사 가지고 갈 테니 뭐 더 필요한 것 없나요?"

이 형이 객잔 내 매점으로 향하면서 우리보고 먼저 전망 좋은 옥상 전망대로 올라가 있으란다.

전망대는 소문 그대로 건너편 옥룡설산의 풍경이 그림처럼 보이는 명당이었다. 낡고 초라한 의자지만 걸으면서 바라보던 풍경보다 앉아서 바라보니 새롭게 보이는 걸 보니, 역시 사람은 몸이 편안해야 주변이 제대로 보이는 모양이다. 좋은 경치를 비록 휴대폰 카메라이지만 열심히 찍었다. 오늘 저녁 와이파이가 되는 곳에 머물 수 있다면 지인들에게 사진이나 전송해 주어야겠다.

중도객잔 천하제일 화장실.

"천하제일 풍경이라는 화장실은 한번 들렀다 가세요, 기대 만큼은
아니지만 궁금할 테니까."

이 형은 중호도협을 직접 보러 가기 위해 먼저 출발하면서 한 마디하
고 떠났다.

많은 여행 후기에서 중도객잔 화장실 창 사이로 보는 풍경이 천하제
일이라고 하는데, 이 형 말로는 지금 이 전망대에서 보는 게 한결 낫단
다. 하긴 여기 옥상이 화장실보다 더 높은데 거기서 보는 풍경이 어떻
게 더 좋을 수가 있을까?

아마 누군가가 볼일을 보는 중에 화장실 창 사이로 보이는 풍경으로

팅부동 운남여행

는 천하제일이 당연할 수 있을 것이고 더욱이나 달이라도 휘영청 밝은 밤이면 금상첨화라는 생각이지만, 아직은 소변 볼 시간도 아닌데 군이 화장실에서 바깥 경치를 볼 필요야 없을 것 같아서 그만 두었다.

어떤 풍경이나 사물을 볼 때 느끼는 감정만은 다분히 주관적이다. 그 주관이라는 것에는 알고 있는 지식, 그를 대하는 태도, 현재의 본인 상태에 따라 달리 느껴지는 게 당연하지 않겠는가?

나의 40대에 유홍준 님의 「나의 문화유적 답사기」는 여행의 바이블과 같았다. 지금도 어떤 지역에 여행을 간다면 책에 있는 내용을 다시 한 번 읽어 보기도 한다. 책의 저자가 느끼는 것처럼 나도 의도적이나마 느껴보려고 노력하였고 대부분 내용에 적극 공감했었다.

하지만 아직도 전혀 공감이 이루어지지 않는 대목이 있다. 부석사 앞의 과수원의 사과나무를 묘사한 대목이다. 나는 부석사가 위치한 영주에서 자랐으며, 지금도 부모님을 비롯하여 형제들이 그곳에 산다.

부석사는 친구나 친척들이 영주를 들릴 때마다 소개하는 곳이었기에 수도 없이 가 봤던 곳이다. 그보다는 어릴 때 마을 어른들로부터 들은 전설과 같은 많은 이야기 가운데 상당 부분은 부석사에 관한 것이었다.

일례로 사실관계 여부는 알 수 없지만 부석사에 한때 욕심 많은 주지가 있었다고 한다. 이 주지가 부석사 앞 십여 리나 되는 절 소유 땅을 팔아서 자기 욕심을 채웠다고 했다. 그 결과 대부분의 사찰들이 절 앞에 갖고 있는 우거진 소나무 숲이 부석사에는 없고 개인 경작지로 변했다고 하였다. 부석사를 가 보기 전 어렸을 때부터 들었던 이 이야기 때문에 과수원을 처음 본 순간부터 나에게는 절 앞에 있는 사과나무가 마치 욕심의 화신처럼 보여졌다.

군대를 가기 전 어느 겨울날에 이번 여행을 함께한 이 형과 부석사를 간 적이 있었다. 그때는 지금처럼 부석사까지 가는 차편도 없을 때여서 면 소재지에서 십여 리를 걸어서 절까지 갔었고, 절 바로 아래에서도 지금과 달리 과수원을 피하여 빙 돌아야만 갈 수 있었다.

부석초등학교에 선생님으로 있던 친구 한 명이 우리와 동행하였고 절 구경을 마친 뒤 마을의 작은 식당에서 부끄러운 모양의 과수원에 대하여 이야기하고 있었다. 그런데 유홍준 님의 답사기에서 부석사 앞 사과나무의 건강성과 조화에 대한 찬사의 표현을 읽으면서 나로서는 동의할 수 없었다.

아마 지금도 누군가 부석사를 찾으면 그 큰 절 규모에 비해서 입구가 너무나 안 어울린다는 생각을 할 수 있을 것이고 실제 나와 함께 동행했던 많은 사람들도 여기 과수원이 어떻게 절 바로 코 앞까지 와 있지? 하는 의문을 했었으니까.

어떤 사람들은 절에서 인근 주민들에게 나누어 줬는가? 라고 말하는 사람들도 있었다. 결국 같은 것을 보더라도 느끼는 것은 사람마다 다른 주관임을 이해해야 한다. 누구에게는 천하제일의 화장실 풍경이지만 이를 눈앞에 두고 보지 않고 온갖 핑계를 찾았다.

아직도 마방의 후예는 살아있다

마을을 지나 산모퉁이를 돌자 저만치 앞에서 이 형이 가고 있다. 또 다른 한 굽이를 돌아도 계속 그만큼의 거리를 유지 하는 것처럼 보인다. 저런 속도로 가면 호도협을 내려갔다 오는 시간이 될 수 있으려나 하는 마음은 들지만 소리쳐서 들릴 거리는 아니었다.

빨리 가라고 손짓을 해 보려 해도 이쪽으로는 쳐다보지 않으니 소용이 없는데, 한번 보는 것 같아서 손짓을 해도 아무 반응이 없다. 아마 못 본 것이거나, 그냥 좋다는 의미로 안 것인가.

작은 폭포가 하나 보여서 관음폭포인가 했는데 나중에 자료를 찾아 보니 용동수 폭포라고 하였다. 산 쪽으로 조금 들어가 있고 길에서 약간 떨어져 있었다. 바위 사이를 이리저리 돌면서 내려와서 폭포의 시원한 맛은 별로였지만 숲이 우거진 바위 계곡은 동굴처럼 보이기도 했고 좀 으스스한 느낌이었다. 이름이 용동수龍洞水이니 그 계곡에는 옛날에 용이 살았는지도 모른다.

15분 정도를 더 가서 산 굽이를 돌아서니 멀리 은빛의 관음폭포가 눈에 들어왔다. 거기서부터의 길은 바위 경사면을 다듬어 만든 암반 길이었는데 물기가 있어 미끄러웠기 때문에 걷기에 다소 불편했다. 바닥을 보며 조심해서 걸어야 함에도 눈은 자꾸만 저 멀리 있는 폭포를 향해 있다. 트레킹 도중 만나는 가장 멋진 폭포로서 TV에서 방영될 때의 모습은 작은 물줄기로 기억되는데 이건 기대 이상의 규모이다. 우기

끝난 직후에 찾아 온 우리에게 주는 선물인 모양이다.

관음폭포는 합파설산에서 내려온 만년설 녹은 물에 우기의 빗물이 더해져 수량도 풍부하지만, 보통의 폭포는 절벽에서 바로 떨어지는 경우가 대부분인 형태와 달리 경사면이 급한 암벽면을 타고 흐르고 있었다. 그러고도 길을 넘쳐서 아래로도 한참 모습을 보여 준다. 즉 폭포 한가운데를 길이 가로질러 통과하고 있는 모습이다. 그 때문인지 몰라도 멀리서 보면 고운 비단 실타래를 풀어 놓은 모습이었다.

폭포가 가까워지면서 보니 이 형 이외에도 두 사람이 더 보인다. 이 형은 빨리 갈 생각이 없는지 서로 사진을 찍어 주고 있다가 우리의 모습이 보이자 두 사람과 헤어져 급히 떠난다.

폭포에 도착하여 통과하려 하니 이또한 만만한 일이 아니다. 박 형은 준비해온 우의를 입고 통과했으나, 배낭의 우의를 꺼내기도 귀찮은 나는 다소 옷이 젖는 일을 감수하고 그냥 통과했더니만 예상보다는 더 젖어서 나의 게으름을 반성하게 했다.

옥구슬 같은 폭포의 물방울이 좋아서 몇 번의 근접촬영을 했는데 여행후에 보아도 그때의 느낌이 다시 생겨

멀리서 보이는 관음폭포.

팅부동 운남여행

서 즐겁다.

폭포를 지나고 약 5분쯤 가자 계곡처럼 물이 내려오는데 길 위에 제법 큰 돌들이 물에 밀려 내려오고 흘러내린 흔적도 있다. 그 위를 물을 피해 돌들을 밟고 통과해야 하는데 아마 비가 많이 오는 우기에 이곳을 지나려면 쉬운 일은 아닐 것 같다. 잠시 균형을 잘 못 잡으면 그대로 위험한 상황이 될지도 모르는 길이었다. 호도협에서 1년에 몇 명씩 불상사가 생긴다는데 바로 이곳과 관음폭포 아래, 그리고 말 타는 도중 아닐까 하고 생각이 드는 게 갑자기 머리가 쭈뼛해진다.

이곳에서 등산화를 벗기 싫어 돌멩이로 생긴 징검다리를 아슬아슬하게 건너다가 실수하여 결국은 등산화가 일부 젖는 불상사가 생겼다. 또 한 번 반성했다.

곧이어 나타난 높다란 바위 절벽 아래에서는 산신각인지 뭔지 절간 비슷한 건물의 지붕과 함께 샹그릴라나 네팔에서 자주 보이는 '타르쵸 (Tharchog)'도 보였다. 타르쵸는 티벳이나 네팔 등에서 볼 수 있는 깃발이며 색색의 사각형 깃발 안에는 불교의 경전 내용이 쓰여 있는데 특히 바람이 많이 부는 곳에서 쉽게 볼 수 있었다.

나는 불교 신도는 아니지만 타르쵸를 볼 때마다 신비로움과 함께 일종의 경외감이 들었다. 나중에 타르쵸의 의미를 알고 나서는 종교 행위에서 시적인 느낌을 받았다. 타르쵸는 티벳이나 네팔 사람들 중에는 글을 읽지 못하는 문맹자가 많아서 바람이 지나가며 이들을 대신하여 불교의 경전을 읽어준다는 의미라 하였다. 또한 스쳐가는 바람이 그들의 소원도 날라 준다니 얼마나 아름다운 한 편의 시인가!

"저것은 사금을 채취하는 방법 아닐까요?"

이름 모를 한 마을을 지나다 본 광경이다. 마을 뒤에서 내려오는 물빛깔은 여태까지 본 맑은 계곡물이 아니고 누런 흙탕물이었다. 그 흐린 물을 계단식으로 만들어진 인공 구조물을 통과하면서 흘려보내는데 무슨 용도인지 지금도 모른다. 그냥 흙탕물 정수용 구조이거나, 정말 사금 채취용인지.

트레킹 도중 마을마다 호두나무가 많았다. 가을이라 잘 익은 호두가 길 위로 수북히 떨어져 있어서 어제 마부들에게 배운 대로 입이 심심할 때마다 하나씩 깨트려서 먹으며 트레킹을 하였다.

"호도협은 호랑이가 건너 뛰었다는 계곡이 아니고 호두나무가 많은 계곡이란 뜻일 거야."

뻔히 틀린 줄 아는 내용이지만 쉰 소리를 주고받는 것도 여행의 맛이 아니던가. 어느 경치 좋은 곳에 위치한 바위에 걸터앉아 간식으로 허기를 해결하였다.

출발하자마자 우리가 온 반대편에서 한 무리의 트레킹 인원이 다가온다. 중국인 가이드 한 명이 안내를 하는 가운데 남녀노소가 섞여 있는 대규모 서양인 트레킹 그룹이었다. 30여 명 정도나 되는 대규모 인원이 서너 명씩 떨어져서 가고 있으니 가다가는 비켜 주기를 반복할 수밖에 없었다.

"오늘 어디에서 출발하였나요?" "티나 객잔에서 출발한 지 두 시간 정도 됩니다."

"어디서 숙박할 예정인지?" "차마 객잔까지 가야 합니다."

반대편으로 가고 있어서 구체적인 대화를 나눌 수는 없었지만 물을 때마다 영국, 호주, 핀란드 등 국적이 제 각각이었다.

이들은 아마 리장의 여행사에서 현지 모집한 인원으로 소위 연합군인 모양이다. 출발점이 우리보다는 높은 고도에서 시작하니까 체력적으로 볼 때는 저들의 코스가 더 바람직한 방법으로 보였다. 그런데도 구성원 중 일부는 벌써부터 굉장히 지쳐서 이 상태로 트레킹 완주는 결코 할 수 없을 만큼 불안해 보였다.

그런데 그들 일행 중에 분명히 가족이나 친구 사이로 보이는 사람이 있는 것 같은데 어느 누구도 손을 잡아 부축하거나 짐을 나누지는 않았다. 그것이 자기가 선택한 일에 스스로 책임진다는 그들의 개인주의 혹은 불간섭주의 문화인지 모르겠지만, 힘들고 지칠 때 따뜻한 손을 내밀어 주는 것이 가족이고, 동료고, 이웃이 아니겠는가? 보면서 지나가는 우리로서는 융통성 없는 사람들처럼 보였다.

이 형이 먼저 하산한 장 선생 객잔 코스와의 갈림길을 지나 얼마를 더 가니 시야가 넓어지면서 본격적인 하산 코스가 나타났다. 관음폭포에서 멀찌감치 앞서가던 남녀 두 사람의 모습도 앞에 보인다. 우리가 매우 느리게 왔는데도 저 사람들이 바로 앞에 있는 걸 보니 의외로 빨리 걸었나 했다.

"안녕하세요! 한국분이시지요."

예상은 했었지만 우리 또래의 한국인 부부였다. 이 코스에서 우리 연령대의 동양인이라면 거의 99% 한국인이다. 네팔 안나푸르나 어라운드 코스 중에도 푼힐전망대를 지나고부터 '묵티낫'으로 향할 때도 똑같은 경험을 했다.

"지금부터 만나는 동양인은 네팔 현지인을 빼고는 백 프로 한국인일 것이다."

그때도 만난 두 팀은 모두 한국인이었다. 이러한 해외 트레킹 코스를 탈 수 있는 동양인은 경제적 수준으로 볼 때는 일본인이 절대적으로 많을 것 같지만, 우리 연령대의 일본인은 중국 여행 자체를 꺼리고 설혹 온다 하더라도 트레킹과 같은 여행 형태는 거의 즐기지 않는 것 같다.

중국인도 일부 젊은이들만 트레킹을 할 뿐 아직까지는 우리처럼 대중적이지는 않은 것 같다.

"어디로 가세요?" "우리는 티나객잔까지 가서 차편이 여의치 않으면 다쮜로 가서 하루 쉬거나 가능하다면 늦더라도 리장으로 가려 해요."

"아 그렇다면 중도객잔에서 티나객잔 출발 리장행 버스표를 예매 하는데, 그걸 모르신 모양이네요. 우리는 어제 거기서 숙박하면서 예매했어요. 3시 30분 출발이니 지금 재촉하시면 티나객잔에서 차표 있을 것 같겠네요."

지금으로 봐서는 시간은 충분하다. 첫째 좌석이 있느냐가 문제이고, 둘째는 중호도협으로 내려간 이 형이 그 시간까지 도착할 수 있느냐다. 우선은 티나객잔으로 빨리 가는 게 중요했다.

부부와 객잔에서 만나자고 인사하고 출발하려는데 10여 마리의 말 무리가 다가오고 있었다. 말등에는 짐이 잔뜩 실려 있고, 마부 두 명이 인솔하고 있었다.

이런 행운이! 차마고도에서 관광객을 싣고 다니는 말이 아니라 생필품을 싣고 가는 마방馬幇의 후예들이 실존하고 있음을 확인하는 순간이다.

흥분하여 좋은 사진을 찍으려고 하니, 마부가 무어라고 우리에게 소리친다. 지나가는 길을 충분히 확보하지 못한 말들이 우리를 피해 험한 바위 쪽으로 가려 하는 위험한 상황이었다.

트레킹 길에서 만난 마방의 후예.

순간 미안한 마음에서 길을 재빨리 피해 주었지만, 좋은 각도에서 사진을 찍지 못한 아쉬운 마음이 드는 것은 어쩔 수 없는 욕심이다. 언제 이런 기회가 오겠느냐며, 뒷모습이라도 열심히 담으려 했으나, 말무리는 애석하게 산모퉁이를 돌아 이내 사라져 버렸다. 저 사람과 말들이 어디서 어디까지 가는 것인지는 몰라도 아마도 마방의 후예일 것이라는 확신은 할 수 있을 것 같다.

하산하는 길은 경사도 심하지만 우기 직후라 그런지 진흙땅이 물기를 머금어 미끄러웠다. 스틱을 잡고 있어도 다리에 힘이 풀렸는지 결국 엉덩방아를 찧고 말았다. 뒤따라오던 박 형이 자기가 앞장서겠다더니 마찬가지로 엉덩방아를 한번 찧었다.

다행히 두 사람 모두 가벼운 엉덩방아로 비록 옷에 흙은 묻었지만 웃으면서 하산할 수 있었다. 목축을 위해 조성된 풀밭과 비탈진 옥수수밭 아래로 드디어 포장된 길을 만났다. 몇 채의 건물과 함께 길 건너편에는 현대식으로 지어진 꽤 큰 규모의 객잔이 있다. 제발 리장으로 가는 버스표를 구할 수 있어야 할 텐데.

⊕ 소통의 오류란?

객잔 인근 길가에는 버스 두 대가 정차해 있었다. 우리가 알고 있는 출발 시간보다 약 2시간이나 여유가 있는데 차량 앞에는 리장 행, 또 다른 버스는 샹그릴라 행이라고 목적지를 표시해 두고 있었다. 혹시 출발 시간이 달라진 것이 아닐까라는 생각 때문에 급해진 우리는 서둘러 버스 매표 하는 곳을 찾아보니 식당 안에서 파는 것 같았다.

"리장. 세 사람."

식당 카운터에 있는 여주인이 친절하게 계산기까지 보여주며 매표를 해준다. 이 형에게 매표 사실을 알리고 출발 시간 전까지 이곳으로 올 수 있느냐고 메시지를 보내려고 휴대폰을 여는데, 장선생 객잔에서 3시 30분 출발하는 리장 가는 버스표를 매표했다고 메시지가 와있다.

우리는 한 사람은 장선생 객잔에서 타려고 한다고 하니 무조건 매표는 여기에서 한다는 것이었다. 말도 잘 통하지 않으니 서로의 의사소통도 어렵기 짝이 없다.

이미 안주인 뿐만 아니라 버스 기사(기사라는 사실도 버스를 탄 뒤에 알았다)도 합세하여 열심히 설명하는데 혼란만 가중시킨다. 아니 어차피 가는 길목인데 왜 여기까지 와야 차를 탈 수 있다는 건지, 이미 장선생 객잔에서 샀다는 버스표는 무엇인지?

그때 우리는 트레킹 중 만난 한국인 부부의 말이 떠올랐다. 중도객잔에서 예매하는 티켓은 버스표가 아니라 일종의 예약확인증이고 그 티켓은 티나객잔에서 정식으로 버스표와 교환한다는 말이 떠올랐다. 그래서 이 형이 거기서 산 것도 예약확인증일테니 이곳으로 와야 한다고 생각한 우리는 재차 이곳까지 시간 내에 오라고 메시지를 보냈다.

주변을 둘러보니 식당 겸 대합실에는 우리 이외에 3명이 여유롭게 식사를 하고 있었다. 리장행 표는 지금으로는 이 형의 합류 가능 여부를 확인한 뒤에 매표하는 것이 정상일 것 같아서 표를 일단 반납하고 식사부터 하였다.

메뉴판을 보니 가장 먼저 '칭따오 맥주'가 우리를 자극한다. 우리가 이번 여행 중 그토록 찾았으나 이곳 윈난성에서는 식당, 슈퍼 어느 곳에서도 도수가 낮아 밋밋한 맛의 따리 맥주만 있고 칭따오는 찾을 수 없어서 아쉬움이 컸는데 이런 오지에서 만나다니 가격이 다소 비쌌지만 한 병! 식사는 토마토와 계란이 들어 있는 덮밥과 비슷한 것을 주문했다.

금방 나온 음식은 매우 훌륭한 모습이었다. 계란도 풍성하게 많았지만 잘게 썬 토마토의 붉은 빛은 식감을 자극하기에 충분했다. 중간에 약간의 간식으로 허기는 달랬지만 늦어진 식사시간 때문에 뭘 먹어도 맛있을 것 같은데 비주얼도 금상첨화였다.

맥주의 시원함으로 우선 입가심을 하니 행복함이 밀려온다. 식사를 시작하자 맛이 뭔가 이상하다. 맛이 없다고 할 수는 없지만 토마토와 계란, 밥알이 묘하게 부조화를 이룬 느낌이다.

"지금 먹고 계신 메뉴의 맛이 어떤가요?"

트레킹 도중 만났던 한국인 부부가 조금 전 도착하여 우리가 먹고 있는 토마토 계란밥에 흥미를 가진다.

"한국에서 닭고기온반을 맛보셨다면 그 밥 위에 토마토를 올렸다고 생각하시면 비슷한 맛일 겁니다. 토마토를 좋아하신다면 괜찮을지 모르겠네요."

우리는 이번 여행 중 처음으로 식사를 남겼다. 지금까지 어떤 음식도 가리지 않고 바닥을 비우고야 말았으나, 이번 음식은 두 사람 모두가 허기를 채우는 데 만족해야 했다.

부부는 우리와 똑같이, 심지어 칭따오 맥주까지 같은 메뉴로 주문했다. 그들 부부가 식사를 시작하기 전에 밖으로 나왔기 때문에 알 수는 없지만 부디 그들 입맛에는 맞았으면 좋겠다.

이 형에게 어디쯤이냐고 하니 이제 강가에서 올라가기 시작하고 있어 장선생 객잔까지 가는데도 한 시간이 소요될 것이라는 통보가 왔다. 우리가 이해한 상황을 설명하고 무조건 티나객잔으로 3시 20분까지 도착할 수 있느냐고 하니 불가능하단다.

"이런 상황이면 메시지로 서로 간 의사소통은 너무 힘들어요. 비용의 문제는 다음이고 전화로 정확하게 의사전달을 하자구요."

지켜보던 박 형의 권고에 따라 전화통화를 하면서 내린 결론은 어찌되었든 각자 노력하여 리장까지 가서 만나자는 것이었다.

우리는 버스 출발 후 한 시간 정도가 지나서야 이 모든 상황이 이해되었다. 우리의 상식으로는 이해되지 않지만 차로 10분 정도 거리에 위치한 두 객잔에서 같은 시간에 리장으로 가는 버스가 배차되어 있다는 것이 오해의 출발점이었다. 이를 이해 못 한 우리는 장선생 객잔을 지나칠 때 이 형이 우리가 탄 버스에 탈 줄 알았는데 그곳을 그냥 지나치는 것을 보고 뭔가 잘못되어 가고 있다고 판단했다. 하지만 그 시간에 이형도 다른 버스 타고 우리보다 약간 앞서 가고 있었다.

아니 하루에 회사별로 한 두 번 밖에 다니지 않을 오지의 버스노선을 배차시간 일부만 조정하여 통합운영 하는 것이 버스운영자나 이용자 모두에게 이익일 텐데. 뭔지는 모르지만 참으로 이상한 시스템이다.

우여곡절은 있었지만 리장행 차표도 확보하였고 식사도 마쳤으니 여유 시간이 생겼다. 객잔 앞쪽에서 옥룡설산을 보면 웅장하고 가파른 산줄기가 거대한 속살을 드러내며 계곡 쪽으로 쏟아져 내려가고 있다. 그 아래 까마득한 협곡 끝에는 진사강이 좁아진 강폭 때문에 급류를 이루며 아우성치고 흘러가고 있는 절경을 연출한다. 우리는 가파른 협곡보다는 쉽게 접근할 수 있는 합파설산 방향의 폭포로 향했다.

"우리는 핀란드에서 왔어요."

폭포로 가는 다리 위에 키 크고 늘씬한 여자애들 세 명이 도로를 점령하고는 누워 사진을 찍고 있어서 잠시 기다려 주다가 지나가니 밝게 웃으며 인사한다. 우리 보고는 어디서 왔냐고 묻지도 않는 걸 봐서는 중국인으로 알고 있는 눈치이다. 하긴 우리가 서양인을 볼 때 다 같아 보이는데 그들 눈에는 우리가 당연히 중국인으로 보이겠지.

도로에서 300m 쯤 떨어진 폭포로 가는 길은 작은 계곡 옆의 바위를 다듬어서 만들어 놓았다.

하지만 어떤 구간의 바위는 때로는 아슬아슬하게 매달려 있어 매우 위험해 보였지만 그 틈새에 난 풀을 뜯어 먹는 한 무리의 염소들이 있었다. 염소들을 아주머니와 개 한 마리가 천천히 따라가고 있었다. 목가적인 풍경을 놓칠 리 없는 박 형은 카메라에서 손을 떼지 못한다.

합파설산의 눈 녹은 물.

팅부동 운남여행

신천대교와 뒤로 보이는 옥룡설산의 웅장한 위용. 다리 옆으로 티나객잔이 보인다.

풀을 뜯고 있는 염소들 사이로 뚫고 지나가기가 망설여져 서서히 따라가고 있는데 아주머니가 빨리 지나가라고 수줍게 손짓한다.

가까이에서 본 폭포는 바위 사이에서 힘차게 떨어져 호도협 계곡 쪽으로 가파르게 내려가고 있다. 폭포에서 바라본 협곡으로는 아치형 모양의 다리(신천대교)가 걸려있고 그 뒤편으로는 옥룡설산이 버티고 있는 또 다른 장관이 연출된다. 우리는 힘차게 흘러가는 계곡물을 근접촬영하면서 계획에도 없던 여유 시간이 생겨 여기를 볼 수 있게 된 것도 행운이라고 했다.

폭포에서 돌아오는 길에는 방금 전까지 있던 염소 무리는 어디로 갔는지 보이질 않고 개만 우리를 따라오고 있다. 이 개는 염소를 지키는 일보다 외지인을 따라다니는 것에 더 흥미가 있는지 따라오지 말라고 손짓해도 한동안 우리 주변을 서성인다.

버스 정류장에는 두 대의 버스가 출발 시간을 기다리고 있었다. 한 대는 우리가 탈 리장 행, 다른 한 대는 샹그릴라 행. 나중에야 안 사실이지만, 우리처럼 샹그릴라도 가려는 여행객은 이 버스를 이용하면 많은 시간과 비용을 절감할 수 있었다는 것을.

호도협 계곡은 리장에서 샹그릴라로 가는 중간 지점에서 약간 비켜나 있었지만 이곳에 오는 관광객들은 거의 두 곳을 모두 보는 사람들이기에 그렇게 연결 운행하는 노선이 있는 것 같았다.

⊕ 이상한 버스를 타고서

리장 행 버스는 3시 30분이 되자 정확하게 출발했다. 버스는 우리 둘과 한국인 부부, 그리고 중국인 네 명이 전체 승객이다. 잠시 뒤 장선생 객잔이 있는 중호도협을 내려다 보며 가는 길에 정차는 하지 않고 그대로 지나쳤다. 이 형에게 연락해보니 지금 버스를 타고 이동 중이라고 한다.

지금 버스가 가고 있는 이 길은 합파설산의 가파른 경사도가 진사강으로 내리꽂히는 하단부에 위태롭게 걸쳐 있다. 버스는 지그재그로 구부러진 길을 속도도 별로 줄이지 않고 달린다.

우기가 끝난 시점이라 도로 위에는 굴러 내린 돌들이 제법 많았다. 협곡을 잘 보려고 왼편 창가 좌석에 앉은 것을 처절하게 후회하고 있었다. 돌을 피할 때마다 내 바로 옆은 까마득한 절벽이 그대로 보여 금방이라도 천길 계곡으로 떨어질 것 같은 스릴감을 만끽하고 있었다. 그 구간이 끝난 뒤에 박 형에게 말했다.

"아까 호도협에서는 무서워 죽는 줄 알았어요."

"나는 무섭지 않았는데. 그냥 보이는 경치가 좋기만 하던데요."

내 바로 옆에 앉았는데도 계곡 아래쪽은 잘 보이지 않아서 전혀 무섭지 않았던 모양이다. 두려움은 보이지 않으면 느끼지 못한다. 공포영화가 싫으면 안 보면 되는데.

'낙석주의' 이 경고판의 뜻을 정확하게 이해한 것도 이 구간에서다.

나는 우리나라에서 운전할 때 가끔 보이는 낙석주의 경고판을 비웃고 있었다.

"아니, 돌이 떨어지는 것을 주의하라니. 그럼 이 구간은 돌이 떨어질 수도 있으니 빨리 운전해 통과하라는 거야, 가지 말라는 거야 뭐야?"

경고판에 쓰여 있는 낙석주의란 떨어지는 돌(진행형)이 아니라 떨어진 돌(과거형)을 주의하여 운전하라는 뜻임을. 이제 와서 오해한 이유를 짐작컨대 나는 운전 중 한 번도 길 위에 떨어져서 방치되어 있는 돌을 본 적이 없었기 때문이었다. 어쨌거나 중국에 비해 우리의 완벽한 도로관리 상태에 고마움을 느꼈었다.

우리가 내렸던 차오터우를 지나, 버스는 올 때 쉬었던 휴게소에 정차한다. 이 형이 나누어 준 경비가 다소 남았기에 우리의 여행 중 드물게 군것질로 입을 호사했다. 하긴 점심으로 시킨 토마토 밥을 남겼기에 다소 출출하기도 하여 아이스콘으로 당을 보충하면서 우리가 타고 온 버스의 세차가 끝나기만 기다리며 이 형에게 현 위치를 알려 주었다.

"지금 버스 안인데 이상하게 온 길이 아닌 샹그릴라 쪽으로 가고 있는 것 같아."

이 형은 우리보다 앞선 곳에서 같은 시간에 이미 휴게소를 들렀다가 출발한 줄 알았는데 뭔가 불길한 예감이 드는 문자를 보내왔다. 그러나 우리가 휴게소를 출발한 지 10여 분이 지나자 이 형이 다른 길로 해서 오면서 휴게소에 도착했다고 알려 왔다.

버스는 납시해가 보이는 고개를 넘었다. 이제 조금만 더 가면 리장이다. 납시해 주변에는 복숭아 과수원 밭이 아주 많았다. 우리는 복숭아가 초여름에 주로 생산되는데 이곳 리장에는 우리의 가을에 해당하는 지금이 주 생산시기인지 나무마다 탐스럽게 달려 있었다.

과수원 주변 길가에는 복숭아를 파는 원두막이 있었고, 가끔 지나가는 트럭이나 승용차가 복숭아를 사는 모습도 보인다. 우리의 버스는 주차장도 아닌 길가에 차를 세우고는 알아듣지도 못하는 중국어를 떠들고는 운전수가 내려 버린다. 아마 소변이 급하거나 원두막 아주머니가 아는 친인척인가 보다 하고 버스에서 바깥을 보았다.

잠시 뒤 기사는 커다란 비닐봉지에 복숭아를 담아서 차에 탔다. 중국의 시골에서는 버스 기사가 운전 도중에 사적인 일(예를 들면 승객을 기다리게 하고 복숭아를 산다는 등)을 아무런 부담 없이 한다는 것은 이후에도 보았다. 하긴 우리의 시골 오지 버스도 그럴지 모르지만.

나중에야 잠시 머문 그 시간이 우리에게 축복이었음을 알았다. 그것은 버스가 리장 시내에 들어올 때 처음으로 옥룡설산의 만년설을 선명하게 보게 되었다. 설산의 풍경은 이삼 분 정도 짧은 시간만 모습을 보이고는 곧 구름 속으로 사라졌다. 그 후로도 여러 날 리장에 머물렀지만 설산은 우리와 숨바꼭질을 하듯이 홀연히 나타났다가는 이내 사라져 버리기를 몇 차례나 반복했다.

이 버스의 이해 못 할 이상함은 시내에 접어들어서도 계속 진행형이었다. 어느 길가에서 수십 명의 학원생(탄 승객의 차림새나 연령층으로 보아 학생 같지는 않아서)을 태우는데 승차 요금을 받는 것 같지도 않았다.

곧 얼마 안 가서 한 곳에 정차하더니 말없이 복숭아를 들고 내린다. 아마 자기 집에 방금 산 복숭아를 두고 오거나, 누구의 부탁으로 사다 주는지 알 수는 없지만.

하여간 기사는 제 맘대로다. 승객을 위한 배려나 안내 멘트 한 마디도 없다. 제 볼일이 끝나고는 운전석에 올라 뭔 일 있었느냐는 듯이 또 달리기 시작이다. 학원생(?)들이 가끔씩 내리고 나니 어느새 우리와 한국인 부부만 남아 있는데, 버스 터미널이 아닌 낯선 곳에서 우리보고도 내리라고 손짓한다. 잠깐 의아한 표정을 지었지만 말도 통하지 않는 상황에서 달리 방법이 없었다. 내려서 숙소 입구까지 택시라도 타지 뭐, 라고 생각을 했다. 다행히 도로변에 있는 지도를 보니 우리가 내린 곳은 터미널 근처이고 리장 고성도 몇 정거장 되지 않는 것 같다.

버스에서 내리자 그 부부는 우리의 다음 여행지는 어디냐고 해서 샹그릴라를 간다고 말했다.

"우리도 샹그릴라를 가려 하는데 함께 빵차를 이용하는 게 어떠세요?"

부부의 제안에 헤어진 일행 한 명의 의견을 알 수 없음을 핑계 삼아 거절을 했다. 우리는 가능하면 현지인이 이용하는 대중 교통수단을 타자는 게 애초의 계획이었다. 빵차 비용을 사람별로 나누면 가격이 얼마인지도 알지 못하고 있었지만 설혹 버스와 비슷한 가격이라 할지라도 우리의 선택은 같았을 것이다. 후에 샹그릴라를 가는 버스에서 경치 좋은 곳이 보였을 때 빵차를 이용했으면 저기쯤에서 사진을 찍을 수도 있었겠다고 아쉬워하긴 했다.

숙소까지는 택시보다는 걸어가기로 하였다. 방금 전에 트레킹을 마쳐서 도시의 딱딱한 포장길이 다소 부담이 되었다. 하지만 우리는 곧바로 생기가 되돌아왔다. 가던 길에 우연히도 시장을 만난 것이다.

터미널 근처에도 바로 옆에 재래시장이 하나 있고, 고성 근처에도 충의시장이라는 또 다른 재래시장이 눈에 뜨인다. 시장 안을 들어가 보고 싶은 욕망을 우리의 피곤한 체력이 막아 주었다. 나중에 숙소에 들러 짐 풀러 놓고 다시 와서 재래시장 탐색을 해 보기로 했다. 여기도 송이가 많이 나는 곳이라고 하니 혹시나 송이버섯이라도 건질 수 있지 않을까 하는 막연한 기대를 가져 보았다.

시장 위치도 숙소에서 아주 가까운 곳에 있음을 알고 나자 이내 우리 눈앞에 익숙한 고성 남문이 있었다. 객잔에 돌아오니 주인집 아들이 반가이 맞아 준다. 역시나 집에 돌아온 것 같은 푸근함이 들었다.

이제부터 호도협 트레킹의 성공축하 파티로 적당한 식당이나 찾아야지.

장선생 객잔과 중호도협

차마객잔에서 아침 먹으면서 8시에 출발하기로 했었는데 꾸물대다가 30분 늦게 출발 하였다. 3시 30분 차를 타야 할 티나객잔 까지 가는 시간은 넉넉했기 때문에 바쁠 것이 없었다. 천천히 여유있게 걸으면서 중도객잔에 두 시간이나 걸려서 10시 30분에 도착하였다.

중도객잔 화장실이 천하제일화장실이라고 한국까지 소문이 나 있던데 봐야지 하고 매점에 가서 물어서 객잔 입구로 나와서 좌측으로 돌아내려갔다. 저만치 화장실이 보이고 거기 기둥에 '천하제일측소天下第一廁所'라고 써 놓았다. 그리고 화장실 바로 10m 쯤 못 미쳐 아래쪽 숙소의 복도가 보이는데 제법 규모가 크다. 호도협 트레킹 중에는 여기 객잔이 가장 크고 한국 음식도 맛있다고 알려져 있어 한국인들이 많이 묵는다고 한다. 우리도 어제 아침에 버스만 일찍 탈 수 있었다면 아마도 여기서 묵었겠구나 하는 생각을 하고는 화장실 문을 열어 본다.

창문도 없이 네모나게 뚫린 화장실 벽 아래쪽으로 호도협 계곡이 훤히 보이면서 경치는 좋았다. 그러나 경치구경을 화장실에서 한다는 것은 좀 우스웠고 우리가 오면서 본 것들에 비하면 기대 이하라고 생각되었다. 아직 배도 고프지 않고 사먹을 것도 별로 없어서 물을 두 개 사면서 벽에 적힌 와이파이 비밀번호를 알아서 두 사람에게 알려주었다. 두 사람은 나보고 빨리가서 중호도협을 내려 가봐야 하지 않느냐고 한다.

어제 밤부터 박 형과 김 형은 나를 자꾸 충동질했다. 처음에 나는 말을 타지 않겠다고 했는데 말을 탔으니 힘이 남아돌아 갈테니 뭔가 좀 힘든 코스를 하나 해야 할 거라고 슬슬 구슬렀던 것이다. 나는 꼬여 넘어가지 않으려고 걱정 마라 생각 없으니 힘이 남아도 그냥 같이 간다고 했는데 사실은 티나객잔까지 가는 시간이 여유 있기도 했고 중호도협이 궁금하기도 했다. 산으로만 가는 트레킹도 좋겠지만 여기까지 와서 호도협의 물을 직접 보고 그 흐르는 물소리도 듣고 싶었던 것이다.

자료조사 할 때 티나객잔 가는 길에서 30분이면 중호도협까지 갈수 있다고 했으니 구경하고 다시 트레킹 코스로 올라오는 시간까지 포함해서 왕복 두 시간 반 정도면 가능할 것 같았다. 두 사람은 계속 가보라고 하고 몇 번의 농담이 오고 가는 사이 그러면 한번 가볼까 하고 운을 떼니 적극 권유한다. 혹시 어떨지 몰라 점심값을 여유 있게 주고 조금 앞서 중도객잔을 출발하였다. 가다가 시간이 안 될 것 같으면 다시 트레킹 코스로 올라오기로 하고, 11시에 혼자서 먼저 중도객잔을 출발했는데 가면서 한국인 부부를 만나 사진도 서로 찍어 주는 사이 뒤에 오는 두 사람이 저 멀리서 보였다.

　시간을 자꾸 지체하면 안 될 것 같아 조금 빨리 걸으니 12시 정각에 중호도협 내려가는 갈림길에 서게 되었다. 그냥 갈까 내려갈까를 잠시 망설이다가 내려가기로 마음을 먹었다. 두 시간 반 만에 다시 올라와서 티나객잔까지 한 시간에 갈 수 있을지 시간이 좀 빠듯할 거라는 생각도 들었지만, 가다가 도저히 안 될 것 같으면 중간에 올라오기로 하고 경사가 제법 심한 길을 속도를 높이며 뛰다시피 내려갔다.

　작은 마을도 지나고 20분 이상을 내려가서 조금 앞에 집이 보이고 포장된 도로가 보이는 데에 약간의 경사가 있고 한글로 바위에 아래쪽을 화살표로 가리키면서 '미끌'이라고 누군가 매직으로 써 놓았다. 거기를 피하려면 몇 발짝 돌아서 가야 하기 때문에 스틱을 믿고 그냥 가기로 하면서, 그래도 혹시 하며 신경을 쓰면서 발을 디뎠는데 아뿔사 그냥 미끄러졌다. 심하진 않았지만 엉덩방아를 찧고서야 경고를 무시한 것을 후회했다. 주의를 했는데도 미끄러졌으니 아무런 경고 없었을 때에는 얼마나 많은 사람들이 미끄러졌을까? 다행히 장갑도 끼고 있어 손을 짚었는데도 이상 없었다.

　그런데 신기한 것은 이 길을 한국인 보다는 중국인들이 훨씬 더 많이 다닐텐데 어찌 한글로만 써 놓았는지, 중국인들은 다른 사람이 무슨 일을 당하던 간섭하지 않고 모른 체 하는 것에 길들여져 있어서 남이야 넘어지든지 자빠지든지 신경 쓰지 않아서 그런가 하는 생각이 들었고 그렇게 우리 한국 트레커들이라도 넘어지지 말라고 표시 해 놓은 그 누군가의 친절한 마음이 참으로 감사하게 느껴졌다. 나는 비록 그 경고를 무시하다가 미끄러졌지만 다른 분들은 중호도협 내려갈 때 주의하여 절대로 미끄러지는 일이 없었으면 좋겠다.

5분 쯤 더 내려가니 큰 도로가 길을 막고 아래로 물 흐르는 소리가 더욱 요란하게 들린다. 길 건너 아래쪽으로 집들이 몇 채 보이고 넓은 마당에 차가 몇 대 주차되어 있고 사람들이 보인다. 도로는 좌측에서 우측으로 내려오는 경사로였다. 좌측으로 찻길을 따라 100m 이상을 가니 마을로 내려가는 소로가 보인다.

소로를 따라 들어가니 우측으로 건물에 '장선생張老師, 장로사객잔'이라고 크게 써있고 그 한쪽 벽에 리장 가는 버스 3시 30분이라고 써 있다.

도중에 트레킹 길로 되돌아가야 할 시간이 걱정되어 포기하고 올라갈까 하고 몇 번을 생각하면서 내려오다가 아래로 큰길이 보이면서부터 안되면 길에 서 있으면 어떻게든 리장으로 가는 버스를 탈 수 있을 것으로 생각하고 끝까지 내려 왔었는데 바로 여기에서도 리장 가는 버스가 있다니 너무 잘 되었다

'여기서 타고 가면 티나객잔까지 힘들게 갈 필요 없이 리장서 만나면 되겠구나' 하고 매표소를 찾는데 어딘지를 모르겠다. 식당 쪽을 기웃거리다가 앞으로 가로질러 가니 저쪽 마당 한쪽에 서서 아래쪽의 화장실로 내려가는 관광객들에게 돈을 받는 사람이 있었다. 마당에는 빵차 몇 대와 20여 명의 사람들이 놀고 있었다.

장선생 객잔.

그 돈 받는 사람에게 차표 매표소가 어디냐고 물어보니 따라오란다. 식당으로 들어가더니 자기가 표를 끊어준다. 근데 이 차표가 황당하다. 영수증이라는 의미로 인쇄된 표(收款收据, 수관수거)에 "9월 14일, 1인, 차비, 55원, 3시 20분 도착"이라고 써 준다. 목적지가 없다. 미덥지 않아서 리장 간다고 다시 이야기하니 이거 갖고 타면 된단다. 그리고 배낭은 무거울 테니 자기에게 맡기고 가란다. 순간 맡겨도 될까 하는 걱정이 생겼지만 빨리 내려오느라 지친 몸이 그냥 맡기라고 지시를 해서 반병 남은 물과 돈 가방만 꺼내고 맡겨 버렸다. 이 친구 배낭을 받더니 식당 카운터 밑에 오가는 사람들이 다 보이는 곳에 그냥 쑤셔 넣는데 좀 불안한 생각이 들었지만 도로 달라고 할 수도 없어 내려가는 길을 물었다.

식당에서 카톡이 되어 일단 두 사람에게 여기서 리장 가는 차표를 끊었으니 따로 가기로 한다는 카톡을 보내고 내려가다가 카톡은 와이파이가 되는 곳이라야만 볼 수 있다는 생각이 들어 문자를 다시 보냈다. 그런데 그게 제대로 소통이 안 되어 나중에 큰 혼선을 빚게 되었다.

시간도 1시 가까이 되어서 배가 살짝 고픈데 식당에서 밥을 먹고 내려갈까 하다가 밥 먹으면 조금 힘들 것 같아서 그냥 내려가기로 하고 길을 찾아 객잔 아래로 내려가니 관광객들이 나 말고도 제법 되었다. 조금 가니 작은 가게가 있고 입장료 15위안이라고 써 있는데 사람이 보이질 않는다 잘 되었다. 그냥 내려가자 하고 가는데 가파른 길의 중간중간 콘크리트로 계단을 해 놓은 곳, 낭떠러지 옆으로 떨어지지 말라고 로프를 설치 해 놓은 곳도 많고, 길은 좁은데 가는 사람과 오는 사람들에 밀려서 진도가 나가질 않는다. 차표는 비록 끊어 놓았지만 빨리 내려갔다가 와서 밥 먹어야 하는데 답답하다. 이럴 줄 알았으면 밥을 먹고 내려오는 건데 잘못 했나 하는 생각도 들었다.

내려가는데 40분이나 걸렸다. 다 내려가니 저 멀리 강 바닥에 집채보다도 더 커다란 바위가 보이고 거기로 올라가는 흔들다리가 있다. 그 입구에 판자와 천막을 조합해서 지은 가게가 하나 있고 그 가게를 통과해야 흔들다리로 갈 수 있다. 또 왼쪽으로 산길로 더 갈 수 있는 길이 나 있는데 역시 가게 앞으로 가야 되도록 장애물을 설치해놓았다. 가게를 들어서니 입장료 15위안을 달라고 한다. '아하 여기서 입장료를 받으니 저 위에는 입장료 있다는 표시만 해 뒀는데 괜히 공짜로 통과했다고 좋아했네' 하며 15위안을 줬다. 왼쪽 산길을 가더라도 여기서 입장료를 내어야만 갈 수가 있게 되어 있다. 정보에는 10위안으로 알고 왔는데 그 사이 5위안이 올랐는가 보다. 장선생객잔에서 중호도협으로 내려가는 이 길은 관광객들이 다닐 수 있도록 장선생이 오랜 기간 동안 직접 길을 닦아서 만든 것이라서 그 사람들이 출입료를 받는다고 한다. 내가 알고 있었던 30분 거리는 트레킹 코스에서부터 내려오는 시간이 아니라 객잔에서 강 바닥으로 내려오는 시간이었던 것이다.

중호도협 강속의 큰 바위.

바위는 호도협 강 가운데에 있으면서 객잔에서 내려오는 쪽으로 가까이 있는 작은 바위섬이다. 이쪽에서는 강바닥으로 직접 내려가기가 용이하지 않은 것 같았다. 널빤지 바닥으로 된 흔들다리를 건너서 들어가니 강바닥으로 내려갈 수 있도록 바위 아래쪽으로 깎아 만든 계단도 보인다. 작은 나무도 몇 그루 살아 있는 그 바위는 속리산 문장대 꼭대기 바위보다도 더 크다는 느낌이 들었다. 몇 명의 사람들이 여기저기서 강을 내려다보거나 좌우의 산을 올려다보면서 구경하고 있다. 중호도협 비석을 찍고 다른 관광객에게 부탁해서 비석에 손을 얹고 기념 사진 한 장을 찍었다.

중호도협 표시석.

나는 고향은 안동이지만 어린 시절을 줄곧 봉화에서 자랐다. 봉화 읍내를 관통하고 흐르는 물길이 내성천乃城川이다. 내성은 봉화읍의 옛 이름이었으나 내성면은 없어지고 지금은 내성천의 이름만 남아있다. 하긴 나도 내성초등학교 출신이다. 내성천은 천정천天井川이다. 천정천은 알다시피 강바닥에 오랜 기간 동안 퇴적물이 쌓여 주변보다 높아져서 물이 넘치지 않게 둑을 만들어 놓아야 하며 장마철이면 그 물이 밖으로 넘쳐 수해를 입기도 한다.

그런데 여기 와서 호도협을 보니 둑은커녕 좌우로 5천 미터가 넘는 산 아래 깊은 계곡에서 상류보다도 강이 훨씬 좁아져 겨우 30~40m 쯤 되어 보이는 협곡을 만나니 또 다른 세상을 보는 것 같은 신기한 느낌이 든다. 얼마나 깊은 계곡인지 길에서부터 30여 분을 내려와야 할 정도니 말이다.

우리는 내성천을 '거랑'이라고 불렀다. 거랑은 경상도 지방에서 사용되는 강의 사투리 말이다. 강 보다는 좀 작고 개울 보다는 좀 큰 물길을 그렇게 부르는 것으로 알고 있다. 그 거랑의 바닥은 완전히 모래로 되어 있고 속도도 빠르지 않고 물도 맑은데 깊이도 가슴높이까지 밖에 되지 않았으므로 아이들도 여름 한 철 뛰어 노는데 아무런 지장이 없었던 여유롭고 인자한 품 같은 물이었는데 이 좁고 깊어진 강과 탁하고 빠르게 흐르는 물을 보니 너무나 대조적이고 현기증이 날 지경이다.

또한 내성은 5일장이 인근에서 제법 규모가 크다고 알려져 있다. 작가 김주영의 소설 「객주」를 보면 울진 홍부장에서 봉화 내성장까지 '십이령' 열두 고갯길을 포함한 200리가 넘는 가파르고 험난한 길을 등짐 지고 평생을 넘어다니는 보부상들의 이야기가 나온다. 우리나라 보부상들의 행로도 고단한 삶의 길이었겠지만, 여기 몇 개월씩 걸려 국경을 넘나드는 마방들의 5천 km나 된다는 엄청난 행로는 한마디로 비교가 불가할 것 같다. 요즈음 십이령 고갯길이 트레킹코스로 개발되어 있다는데 십이령이나 호도협이나 그 옛날 먹고살기 위하여 목숨을 담보로 다니던 길을 이제는 힐링을 하기위하여 다니게 되다니 세월의 변화와 함께 많은 것을 느끼게 한다.

진사강 좁은 물길

진사강은 중국 대륙의 남서부를 흐르는 큰 강으로 상류 지역은 멀리 티벳에서 발원하여 내려오는 통티엔하通天河, 통천하로 되어 있다. 진사강의 하류는 창장長江, 장강이며 그 끝은 상하이上海, 상해가 있는 양쯔강陽子江, 양자강이다. 창장은 바로 삼국지연의에 나오는 적벽대전이 있었던 강이고 지금은 세계제일의 댐인 싼샤댐三峽 dam, 삼협댐이 있는 강이다. 지도에는 사천성泗川省 청뚜成都, 성도 아래쪽에서 민강岷江과 만나는 곳까지 진사강으로 표시되어 있고 그 아래로 창장이라고 표시되어 있다. 이 강은 전체 길이가 6,300km에 달해 중국에서 가장 길뿐 아니라, 세계에서도 세 번째로 긴 강이다. 큰 강인 만큼 유역이 워낙 크다가 보니 그 외에도 수많은 지류가 있어 지류마다 다른 이름으로 불린다. 하지만 서양 선교사들이 양쯔강이란 명칭을 사용한 뒤 오늘날 중국 이외의 지역에서는 일반적으로 양쯔강이 창장 전체를 나타내는 말로 쓰이고 있다.

다소 누런색이면서 회색을 띤 흙탕물은 저 멀리 티벳에서부터 내려오는 빙하가 녹은 맑았던 물이 이곳까지 내려오면서 수많은 것들을 거두어 품으며 색깔이 저리 변했으리라. 강을 좀 더 가까이서 보려고 돌계단을 내려가서 흐르는 물소리를 들으며 물가에서 동영상을 찍는데 소리가 우렁우렁하고 바위들에 부딪히는 물살이 힘이 넘친다. 건너편 산이 손에 잡힐 듯 좁다. 그러니까 바로 여기가 호랑이가 강 가운데의 바위를 딛고 건너뛴 곳이라는 후탸오샤虎跳峽를 말하는 곳인데 호도협은 여기 말고도 어제 트레킹 길에서 내려다 보았던 상호도협과 티나객잔에서 내려가 볼 수 있다는 하호도협이 또 있다. 호도협이 세 군데나 된다는 것은 실제로 호랑이가 건너 뛰었다기 보다 중국인들의 허풍과 상술의 작용이 아닐까 한다.

중호도협 계곡.

수천 리를 흘러내려 오면서 자연스럽게 넓어졌던 강이 이곳 호도협 계곡으로 들어오면서 엄청 좁아졌으니 강물의 깊이는 짐작만 할 뿐이지만 물살의 빠르기와 부딪히는 힘을 조금만 과장하면 폭포수와 같을 정도였다. 아마도 그 호랑이가 건너뛰다가 떨어졌다면 이 물살을 헤엄쳐 나오지 못했을 거라는 생각도 들었다.

여기까지 자의 반 타의 반으로 힘들게 내려왔지만 호도협을 가까이에서 보고 중호도협 비석을 만져 보았으니 힘든 보람이 있었다. 호도협 트레킹을 하면서 정작 강을 가까이하지 못한 박 형과 김 형에게 자랑할 거리로는 충분했다. 흔들다리를 다시 건너와서 가게를 지나 산길 쪽으로 좀 더 가니 왼쪽으로 깊은 골짜기가 있고 그 끝 까마득하게 높고 먼 곳에 작은 아치형 다리가 보인다.

중호도협 좌측으로 보이는 깊은 계곡,
멀리 다리가 보인다.

아마 찻길에 만들어진 다리일 것이다. 그 아래로는 여기까지 호도협 좌측으로 흘러들어오는 또 다른 계곡이다. 객잔에서 한참을 내려 왔으니 그 높이와 거리가 짐작이 된다. 좀 더 계곡을 올라가면 저 멀리 호도협 본류 아래쪽으로 갈 수 있는 작은 다리와 길이 있어 눈길로 한참을 따라가니 산 아래 사람들이 옹기종기 모여 있고 전망대 같은 것이 보인다. 그리고 그 밑으로 이곳 바위처럼 강 가까이 내려갈 수 있는 큰 바위가 있고 거기는 강폭이 이곳 보다도 더 좁게 보인다.

중호도협에서는 거기가 제일 강폭이 좁은 곳으로 짐작되었다. 바위로 가는 출렁다리가 보였으나 그 바위는 평퍼짐하지 않고 경사가 심한 탓인지 바위 위에는 사람들이 보이질 않고 강기슭 쪽에 붙은 바위 아래에 옹기종기 모여서 강을 내려다보고 있다. 아까 이쪽 바위 위에서는 강 가운데의 큰 바위만 보였으나 여기까지 오니 사람들도 보였다. 갈까 말까 망설이다가 참기로 했다. 여기보다도 좀 더 높은 곳까지 올라갔다가 돌아 내려가야 하는 길이라서 왕복하기에 시간이 빠듯할 것 같다.

여기까지 내려온 1차 목표는 이루었으니 더이상 무리하지 말자는 생각이 들었다. 그리고 무엇보다 배도 고팠고 내려올 때 사람들에 밀려 40분이 걸렸는데 올라갈 때 걸릴 시간이 걱정되었다. 또 내려올 때 트레킹 길에서부터 급하게 내려오느라 에너지도 많이 썼다는 느낌이 부담스러웠다. 아쉬운 물소리를 뒤로하고 올라가는데 내려올 때와는 딴판으로 조용하다. 내려오는 사람들도 별로 없었다. 몸은 좀 지쳐 있었지만 남은 물을 조금씩 마셔 가면서 올라 오는 데는 40분이 조금 더 걸렸다.

중호도협 아래의 또 하나 큰 바위.

2시 반 좀 지나서야 잔뜩 갈증이 난 상태로 겨우 객잔까지 올라 왔다. 올라오는 도중에 김 형한테서 몇 차례나 문자가 온다. 빨리 티나객잔으로 오라고, 나는 '못 간다. 지금 찻길까지 올라가지도 못했는데 어떻게 가?' 하고 답장을 보냈다. 여기서 차표 따로 샀다는데 거기까지 가는 차편도 모르는데 왜 오라고 하는지, 또 빨리 오라하고 나는 여기서 그냥 간다는데 왜 거길 가냐는 식의 문자가 오가다가 전화가 왔다. "거길 왜 가냐고 따로 차표 끊었는데" "뭐라고 따로?" 하더니 이제야 알아들었다고 전화를 끊고 이해했다고 문자가 왔다.

리장에 도착해서 저녁 먹으며 그것 때문에 한참을 서로 열을 올렸다. 내가 처음 카톡 보낼 때 두 세 개를 한꺼번에 날렸는데 마지막에 "짜이찌엔再見 티나" 라고 쓴 것이 있었는데 이것 때문에 오해했단다. 티나객잔에서 보자는 것으로 받아들였는데 왜 안 오냐는 말이다. 근데 나도 그 문자를 보고 그때 그걸 왜 그렇게 보냈지? 왜 그랬을까 잘못 보냈었나 하고 이상하다 생각 했는데, 나중에 다시 생각해 보니 당시에 바쁜 와중에 다 생략하고 "티나객잔 팀 이따가 봅시다"라는 뜻으로 보낸 것이었다. 그리고 처음 보낸 카톡에 따로 간다고 분명히 써 놓았으니 그것만 봐도 알았으리라 생각했는데 이건 또 두 사람이 '따로'라는 표현을 제대로 못 보고 탈 수 없는 데서 엉뚱한 차표를 끊었다고 생각하고 이해가 안 되었단다.

아마도 말도 잘 통하지 않는 객지에서 동료가 잘못될까 봐 엄청 걱정했었던 모양이었다. 결국 내가 표현을 잘못했다고 인정하고 다음에 따로 이동할 경우가 있을 때 급변사항 있으면 '계획 조정'이라는 말을 먼저 쓰기로 하고 끝냈다.

아침에 조금 일찍 출발하고 중도객잔까지 혼자라도 먼저 갔었다면 아마도 호도협 계곡에서 올라와서 다시 티나객잔까지 갈 수 있는 여유가 있었으리라 생각된다. 그리고 호도협 계곡에서 위를 쳐다보았을 때 보였던 아치형 다리가 티나객잔 인근에서 김 형이 찍었던 사진 신천대교神川大橋의 모습과 비슷한데 그게 맞는지 확인을 할 수 있었으면 좋았을 텐데, 사실 그때도 조금만 여유 있었으면 강에서 장선생 객잔에 올라왔을 때 티나객잔까지 찻길로 거리가 얼마나 되는지 물어서 가볼까 하다가 너무 피곤하여 그냥 쉬었었다. 트레킹 산길이 16km이고 아래의 찻길도 약 25km 정도이고 거의 끝 부분이었으니 남은 거리가 걸어가기에도 멀지는 않았을 것으로 짐작만 한다.

장선생 객잔에 다시 올라와 식당에 가니 배낭이 그대로 있다. 일단 다행이었고 밥 시간이 한참 지났으니 식당은 조용했다. 사람을 찾아 밥을 주문하겠다니 주방으로 끌고 간다. 냉장고에 고기를 보여 주면서 뭐 먹을 거냐고 한다. 고기? 지금 그걸 어떻게 먹어 숨이 차고 씹을 힘도 없는데, 신선한 채소나 부드러운 것이 먹고 싶어서 메뉴표를 달라고 하니 메뉴표는 없고 다른 사람들이 먹었던 계산서를 보여준다. 휘 갈겨 쓴 계산서를 몇 장 넘기니 하나의 메뉴에 황과黃果, 채菜, 난卵 자가 들어온다. 황과는 누런 과일이고 채는 야채, 란은 계란이니 정확히 뭔지는 몰라도 재료의 조합은 좋아 보였다. 가격도 20위안이면 이 골짜기에서 나쁘지는 않은 것 같았다. 우선 그것과 밥을 함께 주문했다.

내가 목이 몹시 마른 걸 알았는지 차를 2리터는 됨직한 통째로 갖다 준다. 우선 따라서 약간 식힌 뒤 벌컥벌컥 마셨다. 녹차 같았는데 구수 하고 맛이 좋았다. 갈증이 다소 가신다. 밥도 나오기 전에 두 잔을 마셨 다. 그리고 밥 먹으면서도 조금씩 식혀서 빈 물통에 반을 채워 놓았다. 잠시 기다리니 밥이 가득 든 둥근 나무통과 반찬이 한 접시 나오는데 반찬은 부추를 주재료로 하여 살짝 볶은 뒤 그 위에 토마토를 썰어 넣 고 계란을 풀어 넣은 뒤 다시 볶은 것이다. 다행히 국물도 좀 있어서 조 금 맛을 보니 짭조름 시큼털털하다.

씹어 먹을 기운도 없을 정도인데 부추는 몹시도 질기다. 그래도 약간 있는 국물이 짭짤해서 먹을 만했고 거부감도 없었다. 의도치는 않았 지만 사람들 몸에 제일 좋다는 재료만 세 가지 모아서 만든 반찬이었다. 완전히 지치기 직전에 먹는 밥이 정말 꿀맛 같았다. 천천히 음미하며 먹 었다. 배고프고 지쳤다고 급하게 먹다가는 체할 것 같은 생각이 들었 다. 밥을 최대한 천천히 씹어서 계란도 골라 먹고 토마토 조각도 먹고 나니 좀 정신이 든다.

힘들었지만 중호도협까지 내려가 보길 잘 했다는 생각이 들었다. 어 제 출발하면서 말 타기 전까지만 땀을 조금 흘리고 오늘 중도객잔까지 는 땀 한 방울 흘리지 않았는데 여기 내려오면서부터 땀을 엄청 흘렸다.

그런데 밥 먹으면서도 황과라면 노란 색 계통이어야 하는데 토마토가 어떻게 황과일까 하는 생각이 들었다. 나중에 사전을 찾아보니 토마토는 씨홍스西紅柿, 서홍시라고 되어 있다. 서양에서 전해진 붉은 감이라는 뜻인데 왜 그 집 계산서에는 황과라고 되어 있을까 이상했다. 사전을 잘 찾아봐도 황과라는 과일은 없었다.

밥 먹고 나니 살만하고 시간 여유가 있어 객잔을 이곳저곳 구경하고 아래쪽에 있는 화장실도 다녀오고 했는데 이 화장실에서 내려다보는 전망이 물소리도 우렁차게 들리고 힘차게 흐르는 강물도 보이면서 중도객잔 화장실에서 보는 것보다 훨씬 더 나은 것 같았다. 나에게 표를 팔았던 그 친구는 나를 보고 구경 잘 했냐고 여기서 기다리면 된다고 식당 앞마당에 있으란다. 그러고는 자기는 화장실 가는 사람 있으면 돈 받고 없으면 관광객들과 공을 가지고 놀고 있다.

3시 20분에 도착한다는 차가 오질 않는다. 차표 팔던 그 친구를 쳐다보니 여기서 그냥 기다리면 차 올 테니 걱정 말라고 한다. 그 사이 어디선가 한두 명씩 차를 타러 몇 명의 사람이 모였다. 그럼 버스가 있는 것은 확실하구나하고 안심이 되었다. 세시 반이 조금 지나서야 티나객잔 방향에서 중파가 한 대 왔다. 기다리던 사람들과 올라타니 서양인 아가씨들이 선그라스를 끼고 상의를 반 나체로 한 채 뒤쪽에 서너 명이 타고 있고 앞에 지역주민으로 보이는 중국인 몇 명 타고 있었다. 나는 강이 좀 더 잘 보이도록 좌측에 앉았다.

차는 어느덧 우리가 트레킹하기 위해 내렸던 곳을 지나고 호도협 터미널을 지나 강을 좌측에 둔 채 계속 달린다. 호도협은 상류인 차오터우 인근에서 두 강이 합류하는데 그 하나씩도 호도협 계곡보다 강폭이 훨씬 넓다. 서울의 한강 보다는 좀 좁지만 넓은 두 개의 강이 합쳐서 그렇게 좁은 물길을 만들었다니 다시 한 번 호도협 계곡의 깊이와 물살이 눈에 보이는 것보다 더 대단할 것이라고 생각되었다.

버스는 이제 차오터우를 지나 첫 번째 다리를 건너서 조금 내려오는데 김 형 쪽에서 어제 아침에 갈 때에 들렀던 그 휴게소에 쉬고 있다는 문자가 왔는데 내가 탄 차는 아직 어떤 위치인지 알 수가 없었다. 차는 조금 후에 갑자기 우측 언덕 위쪽 도로로 올라간다. '아니 올 때는 계속 큰길 따라 왔는데 이거 어디로 가는 건가?' 약간 걱정이 되었다. 고지대를 한참 올라가서 몇 개의 작은 마을들을 가면서 사람들이 몇 명 타고 내린다. 김 형은 문자로 잘 가고 있다고 연락이 오고 내가 탄 차는 아직 고지대를 벗어나지 않고 있다. 중간에서 작은 휴게소에서 잠깐 쉬고 계속 달리니 어제 호도협으로 가던 길이 다시 나타났다. 아마도 이 차는 도중에 다른 마을들을 돌아가도록 허가가 난 것 같았다.

그리고 리장 시가지 외곽에 들어와서 어느 주유소에서 주유를 했다. 돌아오느라 시간은 더 걸렸겠지만 곧 도착할 것 같았다. 그런데 주유하고 출발하던 차는 50여 m 가더니 도로가에 세운다. 그리고 어딘가에 전화를 한다. 기사가 차에서 내리지도 않고 시동도 세운 뒤에 끈 것을 보니 고장은 아닌 것 같은데 뭘까. 이해할 수 없는 상황이다. 운전석 뒤에 앉은 아줌마가 뭐라고 묻고는 기사와 한참을 떠들더니 조용해진다. 10여 분이나 지겹게 기다리니 관광객을 실은 다른 대형버스가 오고 우리 모두 내려서 그 차를 바꿔 타란다. 도대체 뭔지 모르겠다. 리장 시가지에 들어오면서 버스가 남문 근처로 통과하여 가는데 차도 세워 주지 않고 아무도 내릴 생각도 않는다. 그리고 곧 버스터미널에 도착한다.

그럼 고성이 여기서 멀지 않다는 것인데 걸어서 가볼까 생각했다. 좀 피곤하지만 짧은 거리는 걸을 수 있을 것 같았다. 가면서 시장이 어디 있는지 살펴도 볼 겸. 지나가는 사람에게 길을 물어 고성으로 가고 있는데 김 형 쪽에서 자기들도 걸어서 남문 입구에 도착했다는 문자가 왔다. 그래, 나도 걷고 있고 곧 도착한다. 몸은 피곤했으나 호도협 트레킹을 의미 있게 마쳤으니 다리는 가벼웠다.

나중에 들으니 김 형과 박 형 탄 차도 이상하게 터미널까지 들어가지 않고 입구에서 내려 줬다고 한다. 버스가 기사 마음대로 터미널을 들어가지 않는다는 것은 있을 수 없는 일 아닐까? 그럼 우리가 탄 차들은 터미널로 들어갈 수 없는 차들이었던가? 그렇담 아마도 호도협 지역의 객잔이나 시골 지역에서 관광객들의 편의를 위하여 독자적으로 운행하는 버스인지도 모르겠다. 더구나 호도협 들어갈 때는 1인당 24위안이었는데 리장으로 올 때는 장선생 객잔이나 티나객잔 모두 55위안이었다는 것은 가격적으로도 너무나 맞지 않는다. 하여튼 호도협 트레킹은 무사히 잘 마쳤으나 외국인에겐 알쏭달쏭하고도 어려운 교통 시스템이었다.

여행 속의 여행 옥룡설산

옥룡설산 패키지 관광

호도협을 다녀온 이틀 뒤, 드디어 옥룡설산으로 당일 관광 떠나는 날, 여행 속의 여행이라 또 다른 묘미가 있다. 마치 집에서 여행을 떠나는 기분이었다. 불안한 마음으로 새벽 같이 일찍 일어났더니 남문 앞에서 7시에 버스를 타야 한단다. 주인네 동생의 안내를 받아 서둘러 따라가니, 벌써 부지런한 사람들로 남문 앞은 야시장처럼 붐비고 있다. 아침을 못 먹은 사람들을 위한 아침 시장. 음식을 만들어 파는 사람, 사먹는 사람, 동료들 찾느라 허둥대는 사람 등.

우리도 아침을 해결해야지 싶었다. 이리저리 둘러보니 길가에 리어카에서 파는 중국식 샌드위치가 맛있어 보인다. 밀가루 부침개에 계란 후라이와 야채를 넣고 둘둘 말아서 만든 것이다. 객잔 친구도 사 주려고 먹으려나 물어보니 안 먹는다고 해서 부침개 세 개와 콩 음료를 샀다.

역시 탁월한 선택이었다. 하긴 뭔인들 안 맛있으랴. 식성들이 이젠 아예 중국 식성으로 바뀌었나 보다. 주문을 하면서 돈을 미리 줬는데 가만히 지켜보니 우리 앞서 손님들이 몇 명 있어서 음식이 늦어진다. 버스 시간이 임박해 와서 마음이 조마조마했는데 마침 우리 차례가 되어서 마지막 것을 손에 잡자 객잔 친구가 버스가 왔다고 타라고 한다. 이렇게 아침 일찍 일어나 서비스를 해주니 낯설고 물설은 배낭여행객에게는 더할 나위 없이 고맙기 그지없다.

그런데 이 친구는 사실 나올 때 빈 짐수레를 끌고 왔다. 아침에 내리는 손님을 받아서 들어가려고 한 모양이었는데 그랬으면 좋겠다.

버스는 대파. 쾌적하고 우리가 타고 나서도 서너 곳을 더 들러서 모두 20여 명이 일행이 되어 타고 간다. 그런데 또 문제가 발생했다. 문제는 중국인 가이드였다. 완전 중국인민해방군 전사가 온 것 같았다. 뭐라뭐라 안내를 하는데 도통 알아들을 수는 없지, 시끄럽기는 호떡집에 불난 것 모양으로 시끄럽지, 우리 어리버리 삼총사는 뭔지 모르고 그저 멍하니 그녀의 입만 쳐다볼 뿐이다. 그녀도 우리의 존재가 골칫거리임을 직감한 것 같다. 단체 관광이 늘상 그러하듯 일행을 몇 명 단위로 묶어서 조를 편성하였고 우리는 한궈런韓國人조였다. 옆의 젊은 중국인 팀에게 우리를 챙기라고 부탁을 하고 우리들 보고는 그 팀을 꼭 따라다니라고 신신당부를 한다. 하나도 알아들을 수 있는 말은 없는데 그래도 어찌 되었던 나름대로 잘 알아들었다. 가이드 눈빛에는 저것들을 오늘 하루종일 어떻게 끌고 다니나? 하는 걱정이 역력해 보인다. 일행을 놓치지 않고 따라 다녀야 하는 우리도 걱정이기는 매 한 가지였다.

버스는 리장 시가지를 통과하며 여기저기서 예약한 손님들을 계속 태우고 가다 보니 어느새 첫 번째 방문지인 수허고진束河古鎭, 속하고진에 도착했다. 수허고진은 리장에서 그리 멀지 않은데 나시족이 리장 지역에서 가장 먼저 거주를 시작한 곳이라고 하며 작고 아담하니 꼭 리장 고성의 미니어처 같은 마을이다.

여기에도 마을의 도로는 돌로 포장이 되어있고 도로 옆으로 물길이 흐른다. 이른 아침이어선지, 작은 마을이어서인지 리장에서와 같은 분주함이나 어수선함은 없고 희미한 아침 안개 속에 아직은 잠이 덜 깬 듯 고즈넉하다.

중심 쪽에 큰 건물이 있고 거기에는 큰 글씨로 사방청음四方廳音이라 쓰여 있다. 아마도 많은 주민들의 말을 들어서 편향되지 않게 일을 잘 처리하겠다는 관리의 뜻이었던 것으로 생각된다. 이른 아침임에도 불구하고 벌써 여러 관광팀들이 도착하여 가이드의 깃발을 따라 분주히 왔다 갔다 한다. 여기저기 알아듣지 못하는 중국어만 웽웽. 짧게 한 바퀴 돌고 나오는데도 주민은 아직 눈

수허고진 입구.

팅부동 운남여행

에 띄지 않고 관광객들만 분주하다.

　그냥 텅 빈 마을을 보는듯하여 리장 고성에 익숙한 우리들 눈에는 수허고진은 그리 별스러워 보이지는 않는다. 다음에 다시 리장을 찾을 기회가 있으면 조용히 시간 여유를 가지고 구석구석 둘러보아야 그 진면목을 볼 수 있을 듯하다. 역시 패키지 관광은 여기저기 많이 보는 효율성은 있을지언정 사진 기록 남기기이다. 뭔가 제대로 보고 느끼기에는 너무나 터무니없는 수박 겉핥기 식이다.

　수허고진을 뒤로하고 한참을 시골길을 달려가더니 드디어 옥룡설산 풍경구에 도착했다. 옥룡설산은 리장시의 옥룡나시족자치현 내에 위치한다. 해발 5천 미터가 넘는 13개의 봉우리로 이루어져 있으며 산세의 기복이 끊이지 않고 이어진 것이 마치 한 마리의 은빛 용이 춤을 추는 듯이 나는 모습과 비슷하다 하여 옥룡설산이라는 이름을 갖게 되었다고 한다.

　옥룡설산의 최고봉은 해발 5,596m로 북반구에서는 가장 위도가 낮은 설산이기도 하며 산 정상에서 아래로는 한대, 온대, 아열대 등 각종 기후대가 다 있다고 한다. 중국 정부는 이 산을 2007년도에 국가5A급 여유경구로 지정하여 '옥룡설산 경구'를 구성하고 있다. 이 산은 또 서유기西遊記에서 손오공이 갇혀 벌을 받았다는 산으로도 전해진다.

　설산 풍경구 입구 휴게소에 도착하여 가이드가 끄는 대로 들어가 보니 조그만 휴대용 산소캔과 무릎까지 내려오는 방한패딩 코트를 하나씩 준다. 패딩은 인터넷에서 옥룡설산 사진을 보면 너도 나도 입고 있는 바로 그 대표복장인 빨간색 롱코트식의 패딩이다. 배급품을 받아서 다시 차를 타고 좀 가니 리장고성보호기금 티켓을 확인하고 전원 내려서 옆구리에 옥룡설산이라고 큰 글씨가 써있는 공원전용 셔틀버스로 바꾸어 타게 한다.

다시 10여 분을 이동하여 버스를 내린 곳은 운삼평승차장. 가이드가 구역 내 이동 수단인 전동차를 타라고 한다. 전동차는 패키지 금액에 포함되어 있지 않은 선택사양이다. 각자 알아서 줄 서서 표를 끊는다. 우리의 처음 계획엔 그걸 안 타고 직접 돌아보려고 생각했는데 말이 안 통하니 마음은 급하고 어디를 어떻게 돌아다녀야 하는지 알 길이 없어서 결국 줄 서서 150위안에 세 사람의 표를 끊고 일행 중 마지막으로 전동차를 탔다.

뭔지도 모르고 다른 일행을 따라서 탄 이동수단은 알고 보니 백수하, 남월곡을 순환하는 코끼리 순환전동차였다. 가이드는 같이 순환차를 타지 않고 우리만 태워 보내면서 구경을 하고 나서 10시까지 되돌아오라고 한다

전동차를 타고 이동하며 중간중간에 전동차를 내렸다 탔다 하면서 관광을 하면 모든 코스가 끝나면서 원래 탔던 위치로 돌아오는 시스템이었는데 차표에는 석 장의 티켓이 연결되어 있었고 탈 때마다 하나씩 잘라서 주는 방식으로 되어 있었다. 즉, 표를 사지 않고 다니는 사람들

도 있으니 전동차를 탈 때 마다 표를 내어야 한다는 것이다.

처음 내린 남월곡藍月谷은 옥룡설산에서 눈 녹은 물이 흘러 내려서 고인 작은 계곡호수이다. 석회암 지대 특유의 파란 물빛이 옥색을 띠고 있어 더할 나위 없이 매혹적이다. 호수 끝자락에 계단식 논처럼 생긴 계단을 넘쳐서 흘러내리는 물길이 특이하다. 그런데 나중에 알고 보니 이 것은 자연으로 형성된 것이 아니고 구채구를 본떠서 인공적으로 만들었다고 하는데 이 또한 중국답다.

구채구를 본떠 만들었다는 남월곡.

이리저리 구경하며 우리끼리 사진을 찍고 경치를 즐기다 보니 어느새 우리가 따라 다녀야 할 일행들이 눈에 보이지 않는다. 갑자기 마음이 급해져서 서둘러 전동차에서 내렸던 곳으로 다시 타러 갔는데, 아뿔싸, 아는 일행은 다들 어디로 갔는지 아무도 보이지 않고 전동차도 여기서는 내려주기만 하지 태워주지는 않는다. 이게 어찌 된 일인가?

고개를 들어 좌우를 돌아보니 위쪽으로 시설물이 보인다. 계단을 끙끙거리며 올라갔더니 광장이 있고 버스진입로 표시처럼 바닥에 줄들이 그려져 있다. 이곳은 아래쪽의 전동차와 사람들로 붐비는 지역하고는 좀 다른 조용한 분위기였다. 방금 올라온 곳을 시작으로 긴 데크를 따라 매점이 몇 개 있고 그 끝에 버스 타는 정류장처럼 생긴 곳이 있는데 이 형이 갔다 와서 하는 말, 앞에 서 있는 중국인 칠팔 명에게 전동차 쿠폰을 보여주며 여기 전동차 타는 곳 맞냐니까 아니란다. 그럼 여기는 왜 서있냐고 여기 무슨 차 타는 곳이냐 하니까 자기들도 모른단다. 더이상 다른 말 동원 할 재주가 없어 그냥 왔단다.

하는 수 없이 다시 내려와서 전동차가 이동하는 루트를 따라 조금 내려가니 거기에 사람들이 차를 타려고 기다리고 있다. 아까 남월곡에서 강을 따라 경치를 구경하며 계속 내려갔으면 되는데 우리는 공연히 놀라서 위쪽으로 올라갔다가 시간만 낭비했던 것이다. 그런데 전동차를 타려고 서 있는 줄이 좀 길다. 돌아갈 시간은 벌써 촉박한데 기다리는 사람은 많고 전동차는 자주 안 오고. 어허 이것 참 우리가 시간을 너무 지체했나 보다. 몇 대를 보내고 겨우 얻어 탔다.

조금 가더니 또 내려준다. 약간의 경치가 있는데 마음이 급한 우리는 눈에 들어오지 않아 다시 차를 탈 곳을 찾아 얼른 가보니 맙소사, 이건 또 뭐야 좀 전 보다도 더 많은 사람들이 줄을 서 있다. 공항에서 항공권 받으러 줄선 진입로처럼 로프로 지그재그로 돌린 줄 끝에 겨우 자리를 잡고 한참을 기다린 끝에 세 번째 티켓을 떼어 주고 전동차를 얻어 탔다.

오르막을 한참 올라가더니 내려주는데, 조금 낯이 익은 경치다. 아니, 이럴수가. 아까 우리가 남월곡에서 올라가 봤던 긴 데크가 있던 바로 그 자리에 차를 내려준다. 그리고 아까는 열 명도 안되는 사람들이 있었는데 지금은 그 열 배도 넘는 사람들이 줄을 서 있다. 불과 몇십 분 사이 이게 무슨 조화인가? 더구나 우리는 지금 전동차 티켓도 다 쓰고 없고, 여기는 가이드와 만나야 할 곳도 아니고 무슨 볼거리가 있는 곳도 아닌데 도대체 왜 여길 내려 준 것인가 당황스러웠다.

그래도 모르겠다. 일단 줄을 서보자 무슨 결론이 나겠지 하는데 셔틀버스들이 줄줄이 들어오더니 금방 태워준다. 차표검사도 않는다.

또다시 오르막길을 돌고 돌아 버스에서 내리니 다들 저쪽으로 걸어들 가고 있었다. 무슨 영문인지 알 수가 없으니 남들 가는 대로 따라갈 수밖에 없었다. 사람들 따라서 건물 모퉁이를 돌아서 가니 비로소 거기가 우리가 처음 전동차를 탔던 곳이었다. 무슨 놈의 시스템이 이리 복잡하게 되어 있어서 사람 속을 썩게 만들었는지. 그리고 보니 저기 우리를 기다리고 있는 반가운 얼굴이 보인다. 시간이 되어도 돌아오지 않는 어리버리 일행을 눈 빠지게 기다렸을 인민해방군 같은 목소리의 우리 가이드도 반가운 기색이 역력하다. 헤매다가 30분은 늦은 것 같다. 우리가 마음 졸였듯이 가이드도 왜 우리가 안 오나 하고 가슴 조이

며 기다렸을 것이다. 미안하지만 어쩔 수 없다. 모든 것을 눈치로 때려
잡아야 하니 말이다.

❷ 빗속의 노천공연 인상리장

서둘러 인상리장印象麗江 공연을 보러 거의 뛰다시피 이동을 했다. 11
시 공연이라 다른 일행들은 벌써 들어가고 없다. 가이드는 여전히 우
리 어리버리팀이 신경이 쓰이는지라 한 중국인 친구에게 특별 관리를
부탁한다. 자기는 공연장에 들어가지 않으니 들어가서 공연 끝나고 나
올 때까지 잘 챙겨서 나오고 우리 보고는 그 친구를 놓치지 말고 꼭 붙
어서 다니라고. 알았다고 걱정 말라고 재차 대답했다. 그때부터 우리
는 오리새끼 마냥 그 친구를 졸졸 따라서 들어갔다. 우와! 역시나 공연
장의 규모가 엄청나다. 가이드가 왜 그리 신경 쓰며 우리를 걱정했는지
알만하다.

한참을 찌푸리고 있던 날씨가 그 사이를 참지 못하고 슬슬 가랑비를
뿌리기 시작한다. 아니 이제 막 야외에서 공연이 시작할 참인데 비가
내리면 어떻게 하자는 것인가? 한 시간이 넘는 공연을 비를 맞으며 봐
야 하나 난감하다.

다행히 공연장은 전천후로 공연을 관람할 수 있도록 만반의 준비가
갖추어 있었다. 바로 그것은 일회용, 아니 수차례 사용 가능한 레인코
트였다. 공연장에 입장을 하는데 두꺼운 비옷을 나누어 주는 것이다.

무대는 붉은 인공암반에 차마고도의 길을 지그재그로 형상화하여

거대한 장벽처럼 둘러쳐져 있다. 무대 너머로는 옥룡설산의 위용이 배경으로 배치되어 있는데 오늘은 유감스럽게도 날이 흐릴 뿐만 아니라 가랑비가 흩뿌리기까지 하니 그 장대하고도 멋진 장면은 제대로 볼 수가 없다. 해발 3천 미터가 넘는 고지대에 날씨까지 비를 뿌리니 패딩 위에 비옷까지 걸쳤지만 으스스하니 냉기가 스며드는듯하여 옷깃을 다시 여민다. 궂은 날씨에도 불구하고 2천여 석이나 되는 그 드넓은 공연장이 관광객으로 꽉 찬다.

전광판에는 공연 시작 얼마 전인지를 알려주고 있었다.

3분, 2분, 1분… 3, 2, 1초 전.

드디어 공연이 시작했다. 나시족을 포함한 소수민족들의 전통 복장을 한 여인들과 마방들 그리고 말들이 장엄하게 공연을 펼쳐 보인다. 베이징 올림픽 개막식 행사 연출가인 '장예모' 감독이 연출한 공연으로 차마고도를 오가는 소수민족들의 애환과 그들의 삶을 묘사했다. 출연진이 500명이나 되고 말 100필이 동원된 대형 공연으로써 출연진은 모두 배우가 아닌 현지인들을 연습시켜서 출연 시킨다고 한다.

규모가 인상적이었던 인상리장 공연.

무대 규모에 걸맞게 출연진들의 규모 또한 엄청나니 중국의 인해전술은 여기에서도 유감없이 발휘된다. 공연은 6부로 나누어져 있는데 대체로 소수민족들의 삶과 애환, 차마고도를 떠나는 마방들, 떠나보내는 여인들의 이별 슬픔, 험난한 여정에서 사내들의 고단한 삶의 이야기, 험난한 여정을 끝내고 돌아와 새로운 만남. 술집에서의 회포 같은 스토리로 구성되어 있다. 배경인 지그재그 사이의 절벽에 전광판으로 한자 자막이 나오고 있었다. 우리에겐 그저 아는 한자 몇 자만 눈에 보일 뿐이었지만 내용을 몰라도 관람하고 이해하는 데 아무 문제가 없으나 대체적인 윤곽을 미리 알고 보면 더 잘 이해할 수 있을 것이다.

- 1부 고도마방古道馬幇 남자 마방들이 차마고도로 출발하는 장면
- 2부 대주설산對酒雪山 마방들이 술판을 벌이는 장면
- 3부 천상인간天上人間 지상에서 이루지 못한 사랑을 천상에서 이루기 위해 죽음의 길을 떠나려는 남녀를 가족들이 말리는 장면
- 4부 타도조가打跳組歌 원주민들이 노래와 춤을 추는 장면
- 5부 고무제천鼓舞祭天 북춤과 함께 하늘에 드리는 제사의 장면
- 6부 기복의식祈福儀式 관중과 함께 소원을 비는 기도의식 장면

이 공연의 입장료는 우리 패키지 요금에 포함되어 있지만 따로 오면 VIP석은 260위안이고 일반적으로는 190위안이라 한다. 정말 비싸다. 그런데 우리 말고는 다 중국인이다. 이제는 정말 중국도 소득이 많이 높아진 것 같다. 비싼 입장료에 비하면 공연이 지닌 특별한 예술적 가

치가 있는 것은 아니어서 뜻 깊은 의미를 부여하기는 어렵지만 거대한 출연진과 일사불란한 공연, 무대의 스케일 등 볼거리를 제공해 준다는 데 한 번쯤은 볼만한 공연이라고 말하고 싶다.

공연이 끝나면 다들 우르르 몰려나가니 어수선하기 짝이 없다. 우리도 우리 인솔 책임자를 놓치지 않으려 부지런히 쫓아 나가서 무사히 가이드와 합류했다.

이제 식당으로 가서 점심을 먹을 시간이다. 식당은 공연장 바로 옆이어서 걸어서 이동을 했다. 이번에도 가이드는 우리를 식당으로 안내한 뒤 식권을 나누어 주고 나서 식사 후 모일 곳을 알려 주고는 또 어디로 사라진다.

식당 한번 무지하게 크다 보니 여기서도 긴 줄을 서야 한다. 뷔페식인데 음식종류는 많으나 뭐가 뭣인지 알 수가 없는 어리버리 삼총사는 그냥 그럴듯해 보이는 음식을 이것저것 주워 담아왔다. 아무렇게나 각자 취향대로 겉모양만 보고 접시에 담아 왔지만 음식은 뭐 크게 맛있거나 하지는 않아도 거부감 없이 먹을 만 했다. 하긴 먹을 때마다 느끼는 것이지만 언제 어디서나 아무거나 잘 먹는 촌놈들이다. 더 먹으려 해도 줄이 하도 길어 그냥 한 접시로 만족해야 했다. 본전 생각이 쬐끔 났다.

#️ 케이블카로 오른 옥룡설산

점심을 먹고 나서 다음 코스는 드디어 옥룡설산 케이블카를 타는 순서였다. 다시 공원 버스를 타고 드디어 해발 3,356m의 빙천공원 케이블카 타는 곳 입구에 도착했다.

계속 돌아가는 케이블카의 회전을 대기하고 있다가 적당한 위치에 왔을 때 신속히 올라타야 했다. 날씨가 좀 개면 좋으련만 안개와 이슬비가 뒤섞여 설산을 볼 수 있을지 좀 우려스럽다.

안개 낀 창밖을 내다보느라 정신이 팔려있는데 어느새 해발 4,506m 케이블카 종점에 도착했다. 따리에서 탔던 리프트와는 달리 엄청 빠른 속도로 올라왔다. 날은 흐리고 안개는 자욱하니 가시거리가 얼마 되지 않는다. 가랑비가 여전히 뿌리는 중에 쌀쌀한 냉기가 안개와 더불어 몸속으로 스며드니 패딩의 옷깃을 여미게 한다. 역시 4,000m가 넘는 고도를 몸으로 느끼게 되는 순간이다.

케이블카에서 보는 설산의 소나무.

여기서부터 관광객들에게 개방되어있는 마지막 4,680m까지는 나무계단 산책로를 따라 올라가야 한다. 고산지대라 눈이 올 것으로 생각했었는데 비가 왔다. 다행히

설산을 오르는 난간 바로 옆에서 볼 수 있었던 빙하 흔적.

조금 줄어들긴 했어도 한껏 젖어 있어 미끄러운 계단을 따라 한 걸음 한걸음 조심스럽게 천천히 발걸음을 옮긴다. 조금 가다가 쉬고 하면서 천천히 올라갔다. 발걸음 옮기는 것이 너무 힘들었다. 서두르면 숨이 헐떡거리고 고산증이 오기 쉽다고 한다. 다행히 우리 일행 중에는 고산증으로 고생하는 사람은 없었지만 나누어준 산소통의 산소를 혹시나 예방이 될까 하여 수시로 마시며 올라갔다.

힘들여 올라가는 보람도 없이 주변은 흐린 날씨와 안개로 인하여 멀리 시야가 트이지 않으니 아쉬울 뿐이다. 그나마 계단 난간 가까이에는 만년설이 쌓였던 빙하 흔적을 볼 수가 있음을 위안으로 삼아야 했다.

계단을 올려다보면 거기가 목적지인가 하여 힘들게 가서 보면 또 다시 커브를 돌면서 계단이 이어져 있고 맥이 빠지려고 하는 참에 계단

난간에 남은 거리가 써있다. 그것을 보니 훨씬 더 힘이 난다. 역시 목표가 명확해야 의욕이 더 생기는 법이다. 조금은 숨쉬기가 곤란한듯하지만 크게 우려할 정도는 아니라 쉬엄쉬엄 오르다 보니 어느새 정상(여기가 정상은 아니다. 다만 관광객에게 개방된 최고의 높이라서 편의상 정상이라 표현한다)을 알려주는 커다란 표지석이 나타난다.

야호! 드디어 옥룡설산 등정 성공. 다행히 비는 좀 잦아들어서 그나마 주변 사진을 찍을 수는 있다. 모두들 표지석 앞에서 기념사진을 찍기에 바쁘다. 더이상 사람들이 가지 못하게 쳐 놓은 울타리 쪽으로 별 다섯 개를 자랑스럽게 붙인 안내판이 따로 서 있다.

언제 또 올 수 있을지 모르고, 또 다른 어느 곳을 이보다 더 높은 곳을 오를지도 모르는 일이니, 비록 케이블카를 타고 올라왔다 할지언정 4,680m는 대단하지 아니한가? 열심히 구경도 하고 단체와 개인별 기념사진을 몇 장씩 찍고 보니 어느새 우리가 따라 다녀야 할 중국인들조가 사라지고 눈에 보이지 않는다.

정상에 오래 머무르고 싶은 심정은 누구나 같지만 이제는 내려가야 할 시간이다. 우리 일행들이 보이지 않으며 모두들 가버렸는데 우리만 늦은 것이 아닐까 하고 은근히 신경이 쓰인다. 아쉬움을 뒤로 하고 다시 나무계단을 부지런히 내려와 케이블카 타는 곳으로 와서 보니 다행히 다른 일행들이 하나 둘 눈에 보여서 한시름 놓았다. 내려오는 케이블카 차창에는 아까보다 더 굵은 빗방울이 떨어지고 있었다. 그나마 산 위에서는 비가 좀 약했던 것이 그래도 다행이다 싶다.

옥룡설산 4,680m에 오르다.

옥룡설산 들어 올 때 관광버스에서 공원 셔틀버스로 바꾸어 탄 곳까지 와서 다시 관광회사 버스로 바꾸어 탔는데 타고 보니 아침의 그 차가 아니다.

아니, 세상에 이럴 수가! 아침에 차를 타고 오면서 가이드가 설명할 때 개인 소지품을 다 가지고 내리라고 했나 본데, 무슨 말인지 알아듣지 못한 우리야 나중에 돌아오면 당연히 다시 이 버스를 타고 리장으로 가겠거니 하고 우리 중심으로 지극히 상식적인 생각을 했다.

김 형이 복숭아와 빵을 무겁기도 하고 지금 당장은 별로 먹고 싶은 생각도 없으니 돌아가는 길에 먹어야지 하는 생각으로, 그 맛있는 복숭아를 그냥 버스에 두고 내렸다고 했다. 우리도 그러려니 했다. 어제 송이를 살 때 시장에서 산 무지 맛있는 복숭아였다. 어제 저녁에는 작은 것을 먹고 오늘 버스에서 먹으려고 아껴서 크고 좋은 놈으로 싸온 것인데, 설마 차를 바꿔 태울 줄이야 그때 어찌 알았겠는가.

내려오면서 공원을 나오기 전에 또 한군데 감해자甘海子에서 잠시 정차했다가 나왔다. 그냥 벌판에 나무 몇 그루와 큰 바위만 달랑 서 있는데 3,100m 지점이란다. 옥룡설산 한 군데에서 3,100m에서 4,680m까지 돌아보고 온 것이다.

이것으로 오늘의 패키지 관광은 모두 끝나고 이제 리장으로 돌아가는 일만 남았다. 지나고 보니 공원 내에서는 공원 버스만이 운영 가능한 시스템이란 것과 자주 타고 내리며 실제 관광하는 지역 내에는 편리한 전동차로 움직이고 그 사이 큰 이동은 무료 셔틀버스로 다닌다는 것을 나중에야 이해하게 되었으나 처음에는 뭐가 뭔지 어리둥절하여 한동안 정신을 못 차리고 있었던 것이다. 그런데 세 번째 전동차 타는 곳에서 셔틀버스를 태워줘도 충분할 공간이 있었는데 왜 그렇게 사람을 헷갈리게 만들어 놓았는지 이해 불가다. 그리고 돌아갈 때 여행사 버스가 바뀔 줄이야 어찌 알았겠는가.

첫째는 말을 알아듣지도 못하면서 우리식으로 함부로 생각한 잘못이고, 더욱 정확한 정보를 가지고 다니지 못한 것이 두 번째 잘못이라고 생각된다. 그러니 그 대가로 맛있는 복숭아를 날리고 전동차 타는 곳 찾아 헤매느라 구경을 제대로 다 못 한 것이다.

이렇게 돌아다니다 보면 모두 어린애가 되는 듯하다. 그깟 별것도 아닌 복숭아 한 개에 이리도 아쉬워하다니 말이다. 하지만 그 복숭아는 정말이지 지금까지 먹어본 것 중에서 가장 맛이 있는 것이었다. 놓쳐버린 물고기가 더 커 보이는 것과 같은 이유 때문만은 결단코 아니다. 다음에 가면 그 복숭아도 꼭 다시 사 먹어야겠다. 그때는 꼭 제일 크고 좋은 것부터 먹어야. 나중에 알고 봤더니 이 동네의 복숭아가 달고 맛있기로 유명한 특산물이란다. 역시나다.

이번 패키지 관광을 끝내고 보니 설산 주변 몇 군데 더 들르는 곳이 있기는 하지만 핵심은 옥룡설산 케이블카와 인상리장 관람이 아니었나 싶다.

그 외에는 뭐 특별한 의미를 부여할만한 것이 없으므로 못 보더라도 별로 아쉽지 않은 곳이라 여겨지므로 굳이 패키지 관광을 할 것이 아니라 자유여행답게 개별적으로 관광하는 것도 괜찮을 것 같다. 어차피 알아듣지도 못하는 중국관광 가이드의 시끄러운 소음에 시달릴 필요도 없으며 일행을 놓치지 않으려 애쓸 필요도 없기 때문이다.

돌아올 때는 길이 막히지 않은 덕분인지 예상보다 일찍 오후 네 시경에 리장에 도착했다. 너무 일찍 돌아오니 뭔가 허전한 것이 구경을 다 못하고 온 것 같은 느낌이다. 리장에 돌아와 보니 여기는 날씨가 좋다.

아! 오늘이 아니고 어제 옥룡설산을 갔어야 하는 건데. 오늘의 일기예보에는 흐리고 가끔 비 온다고 되어 있었고 어제의 예보에는 날씨가 좋다고 되어 있었는데 예약이 어제 꽉 차서 하루 밀렸던 것이 못내 아쉬웠다.

내 마음의 해와 달이 뜨는 곳 샹그릴라

 # 내 마음의 해와 달이 뜨는 곳으로

"샹그릴라는 너무 큰 기대를 가지고 가면 실망할지도 몰라요. 하지만 리장까지 가서 샹그릴라를 다녀오지 않으면 더 후회할 걸요."

이번 여행을 준비 중일 때 샹그릴라를 다녀온 사람이 가보라는 건지 말라는 건지 애매하게 추천한 여행코스이다. 여행안내 서적에는 칭찬 일색인데 다녀온 사람들은 무엇 때문에 엇갈리게 평가하는지는 직접 가서 느끼고 스스로 평가할 일이다.

나에게 사람들이 이때까지 다녀온 해외 여행지 중 어디가 제일 좋으냐고 추천해 달라고 할 때마다 답변하기가 매우 힘이 든다.

"사람마다 관심 분야나 흥미롭게 보는 일이 다 다르지 않느냐? 예를 들면 빼어난 경치를 좋아할 수도 있고 역사나 문화유적에 관심이 있을 수도 있고 우리와 다른 사람들이 살아가는 모습을 보는 것이 관심사일 수도 있거든. 이 세 요소가 적절히 섞여 있는 곳으로 나는 터키를 추천하는데. 다만 여행사에서 진행하는 패키지가 아닌 자유여행으로 간다는 전제하에."

나는 직장을 다닐 때 운이 좋게도 터키를 출장으로 다녀올 기회가 있었다. 더구나 그 출장은 업무 성격의 수행과제는 전체 일정 중 절반 정도고 나머지 일정은 일종의 자유여행이었다.

그때 느낀 터키는 이때까지 경험한 해외 여행지 중 최고였었다. 지중해성 날씨는 알맞게 따뜻하였고 만나는 사람마다 '형제의 나라'라는 것을 실감할 정도로 정이 넘쳐흘렀었다. 이슬람 문화권이지만 다른 나라와는 달리 지나치게 교조주의적은 아니라서 마음에 여유를 가질 수 있었다. 일찍이 동서양의 교차점에서 생성된 문화의 풍요로움의 산물인 유적지마다 역사성을 자랑하고 있었다. 특히 지중해를 접한 아름다운 마을이나 '파묵칼레'와 같은 이색적인 풍경은 여행자의 마음을 흔들어 놓았었다.

나는 그 후에 추천 여행지 일 순위로 터키를 권하였는데 여행 후의 반응은 서로 달랐다. 자유여행을 한 팀들은 나의 추천을 고마워했지만 패키지 여행팀의 반응은 시큰둥하였다. 여행지마다 감동을 느끼는 포인트가 다른 모양이다. 패키지 여행은 현지인과의 접촉 기회가 적을 수밖에 없고 보는 것도 시간 여유를 가질 때가 더 감동적일 수 있으니.

샹그릴라는 우리에게 어떤 모습의 여행지일까? 샹그릴라를 가기 위해 아침 일찍 일어나 서둘러 리장 버스터미널에 도착하니 입구에서 빵차 기사들이 우리를 먼저 반긴다. 타지도 않으면서 실없이 얼마냐고 가격흥정을 해본다. 근처 식당에서 미씨엔과 만두로 가볍게 아침 식사를 마치자 버스 출발 시간이 얼마 남지 않았다.

대합실에 있으니 승차를 하라는 안내방송이 들린다. 그런데 샹그릴라를 칭하는 발음이 우리가 통상 말하듯이 하는 억양이 아닌 묘한 사성구조의 음률이었다. 나는 중국어를 전혀 모르니 사성 구조를 이해할수 없으나 샹그릴라의 '라' 발음에서 높임과 묘한 꺾임으로 노래하듯말하는 중국어의 다름을 어렴풋이나마 들을 수 있었다.

샹그릴라로 가는 중파 버스는 앞의 한 자리를 제외하고는 만석이었다. 그나마 남은 한 석도 버스가 터미널을 벗어나자 말자 한 아주머니가 대여섯 살 정도의 어린이와 함께 타면서 만원이 되었다. 좌석이 없는어린이는 엄마의 무릎 위에 앉았다가 불편한지 엔진룸 위의 다소 평편한 곳에 앉아서 갔다. 그들은 버스 기사와 시종일관 떠들고 무언가를나누어 먹는 것으로 짐작컨대 이들은 부부 사이로 보였다.

샹그릴라로 가는 길은 호도협 갈 때 지나갔던 차오터우 입구를 지나자 협곡 사이로 만들어진 길이 한동안 이어진다. 좌우의 산들은 급경사를 이루고 있고 도로 옆으로는 불어난 계곡물이 우렁차게 흘러내려간다. 가끔씩 나타나는 작은 평지는 옥수수 따위의 작물들을 빈틈없이 키우고 있다. 본격적인 오르막을 시작할 때쯤 규모가 그리 크지 않은 수력발전소가 보인다. 오르막길을 버스가 힘겹게 올라가자 조그만 마을이 나타나면서 주변 산에는 나무가 거의 없는 고원지대 풍경으로 바뀌기 시작한다. 다소 평탄한 길도 잠시, 본격적인 오르막이 시작될 것을 예고라도 하는 듯 험준한 산중턱으로 만들어진 길이 보였다.

오르막길의 도로 폭은 가끔씩 좁아드는 경우도 있어 버스와 같은 대형차량끼리 교행 할 때는 위험해 보이는데도 승용차들은 이 길을 잘도 추월하여 갔다.

안개 사이를 지나 드디어 오르막의 끝자락인 모양이다. 지나온 길을 내려다보니 우리가 본 것은 안개가 아니라 구름이다. 구름을 뚫고 우리는 샹그릴라 초입에 이제 막 도착했노라!

샹그릴라는 원래 '중톈中甸'이라는 지명을 가진 더친장족迪庆藏族의 마을이었다고 하고 지금도 더친장족자치주라고 한다.

샹그릴라가 세상에 알려지게 된 계기는 리장에 머물던 영국의 식물학자 '조셉 에프 록' 때문이라고 한다. 그는 식물채집을 위해 1920년대 말 리장 인근의 고산지대를 다니던 중 몇 개의 산과 언덕을 넘어 산악고원지대인 중톈에 이르렀다. 처음 본 중톈의 신비로운 모습에 반한 그는 그곳에 머물면서 식물채집 및 인근 지역 탐사로 시간을 보냈었다.

조셉의 이야기에서 모티브를 얻은 소설가 제임스 힐튼(James Hilton)이 1933년에 발표한 『잃어버린 지평선(LOST HORIZON)』이라는 작품에 쿤룬산맥의 서쪽의 숨겨진 유토피아로 샹그릴라(Shangrila)를 도입하였다. 소설 속의 샹그릴라는 영원히 늙지도 않고 행복을 누릴 수 있는 신비롭고 평화로운 계곡으로 묘사되고 있다.

실제로 티벳 불교에서 전해지는 신비의 유토피아를 '샴발라'라고 부른다는데 이는 '내 마음의 해와 달이 뜨는 곳'이라는 의미이고 샹그릴라의 명칭은 여기에서 기초를 하고 있다.

훗날 독일 나치 정부의 히틀러는 아리안족의 기원을 샹그릴라에서 찾으려고 나치 친위대로 구성된 조사단을 티벳지역으로 파견하기도 하였다고 한다. 이후 중국 공산당 정부는 이에 착안하여 소설 속의 허구의 장소인 샹그릴라를 현존하는 이상향인 것처럼 인위적으로 설정하는 작업에 착수하였다. 이에 따라 가장 적합한 후보지로 중텐이 선정되었으며 지명부터 변경하면서 대대적인 관광개발 및 홍보를 하여 오늘날의 샹그릴라香格里拉가 태어났다. 중국 티벳을 온 적도 없는 작가의 소설 속 허구가 현실적 이해관계와 결합되어 재현되어진 샹그릴라는 태생적으로 보는 사람마다 호불호가 갈릴 수밖에 없을 것 같다.

최근 들어 샹그릴라는 새로운 지역의 관광이라는 의미와 함께 티벳문화를 일부 동경하거나 궁금해 하는 사람들의 문화탐방을 겸한 여행의 중심지로 각광 받고 있다. 현대문명 보다는 아직 자연의 신비로움을 더 많이 간직하고 있는 곳, 어쩌면 쓸쓸하고 황량할 것 같은 티벳의 한 자락에서 물질문명과 각박한 도시생활에 지친 현대인들에게 원시상태와 같은 자연의 평온함과 안식을 맛보고 싶은 마음이 누구에게나 조금씩 있는 것은 아닐까? 나도 그런 의미에서 일종의 동경심을 갖고 있었고 네팔 안나푸르나에 갔을 때도 그 어디 보다도 '묵티낫'을 꼭 가보고 싶어 했으니까. 묵티낫은 해발 3,800m로 그 지역에서 일종의 종교적 성지 비슷한 곳이며 구도자들과 자연주의자들이 많이 찾는 곳이다.

가끔씩 지나가는 마을마다 장족 현지인들이 한두 명 타고 내렸다. 고원지대 특유의 풍경이 우리를 맞이하고 있었다. 방금 전과는 달리 넓은 초원지대가 끝없이 펼쳐지고 있었으며 높은 산들은 벌판이 끝나는 저 멀리에 있어 그다지 높아 보이지도 않았다.

하늘은 푸르고 뭉게구름 몇 점의 하얀색이 그 푸르름을 배가시켜 주었다. 지대가 높아서 그렇게 느껴졌는지 모르지만 구름은 손에 닿을 듯 낮게 깔려있었다. 집들의 모양도 리장과는 판이하게 다른 장족 고유의 주택형태로 지어져 있었다.

대부분의 주택은 나무로 지어진 2층 구조로서 우리의 기준으로 볼 때 굉장히 크고 튼튼하게 지어졌고 집 바로 옆에는 야크와 같은 가축 우리를 만들어 놓았다. 한 가지 눈에 띄는 풍경은 건초나 곡식을 말리려는 용도로 보이는 3m나 됨직한 나무 건조대가 집집마다 있었다.

샹그릴라의 타르쵸.

샹그릴라 시가지로 진입하는 도로 입구에는 대형 타르쵸가 바람에 나부끼면서 우리를 반겨주고 있었다. 시내로 들어오자 얼마 되지 않아 버스 기사가 큰 소리로 안내하고 승객의 대부분이 짐을 챙겨 내렸다.

"여기서 사람들이 거의 다 내리는데 우리도 내릴까요?"

"잘 모르니까 정류장까지 가서 택시를 이용하자구요."

중국어를 잘 못 알아듣는 우리는 결국 방금 지나쳐온 그곳이 오늘 숙박을 예정한 고성 입구였음을 정류장에서 택시를 타고 다시 온 뒤에야 알았다.

우리를 포함해 칠팔 명 정도의 승객만이 끝까지 버스를 타고 정류장까지 갔다. 정류장은 우리나라 군 단위의 시골 버스터미널을 옮겨 놓은 듯 딱 그런 크기와 시스템(매표소 겸 대합실, 매점, 화장실과 승객을 기다리는 택시대기소까지도)이었다.

맨 앞 차례의 택시는 중년여성이 기사였다. 고성까지 얼마에 갈 수 있느냐고 물었는데, 전혀 못 알아들은 것 같아 가지고 있던 책자에서 샹그릴라 시내지도를 보여주며 고성이 있는 위치를 가리켰다.

그런데 아니, 이럴 수가! 여자 기사가 우리를 포기하고는 택시를 몰고 가버리는 게 아닌가. 다행히 다음 차례의 남자 기사는 어설픈 우리의 중국어를 잘도 이해하고는 운행 중에도 영업력을 발휘하여 숙소를 정한 다음 납파해를 보고 싶으면 자기 차를 이용하라고까지 말하고 명함도 쥐어 줬다.

우리를 내려준 고성입구에는 한국어 간판의 식당이 두 개가 서로 마주 보고 있었다. 이곳의 된장찌개나 김치찌개는 어떤 맛일까? 아마 한국인 단체관광객들이 이용하는 그저 그런 식당일거라는 막연한 추측을 하면서도 오랜만에 한식을 먹어 보자고 의견을 모으고는 조금 작은 규모의 '야크바식당'으로 향했다.

약간 늦은 시간이라 우리 이외에 군복을 입은 군인 둘이서 식사를 하고 있었다.

"이번 여행 기간 동안 먹은 한식 중에는 최고로 맛있어요."

우리는 시장기 때문일 수도 있지만 모처럼 맛본 고국 음식의 맛에 빠져들고 있었다.

여기가 아닌 다른 큰 도시의 한국인 식당에서 요리를 습득한 장족 현지인이 운영한다는 것을 안내서에서 본 기억이 났다. 누군지 모르지만 한식 요리법을 제대로 잘 가르쳐 주었고 이 식당의 요리사도 잘 습득을 하였구나 하고 감탄하였다. 해외에서 제대로 맛을 낼 줄 아는 한식 요리를 만난다는 것이 얼마나 즐거운 일인가. 더구나 여기는 높고 험한 오지의 샹그릴라인데.

박 형과 이 형은 나만 남겨두고 숙소를 구한다고 나갔다. 말도 통하지 않는 저들과 불편하게 식당 한편에 있는데 다섯 살 정도 되는 아이가 나에게 무어라 자꾸만 말을 한다. 붙임성이 좋은 녀석인 모양인데 내가 할 수 있는 일은 그저 미소 짓는 방법밖에는 알지 못했다.

이때까지 전례로 보아서 두 사람이 숙소 찾는 일은 꽤 시간이 걸릴 것이다. 말도 잘 안 통하는데 저렴하면서도 쾌적한 숙소를 찾는 게 쉬운 일이 아니니까.

어린 녀석과의 불편한 동거는 의외로 빨리 끝났다. 예상 시간보다는 너무나 빨리 돌아와서는 숙소를 구했으니 가자고 했다.

2층으로 올라가는 계단이 가파른 것을 제외하고는 객잔의 3인실 숙소는 완벽했다. 두 사람은 이 숙소를 얼마나 싸게 구했는지를 자랑스러워 했기에 나도 적극적으로 동감을 표했다.

● 호수에 잠긴 설산을 건지려 하지 말고

"여기서 잠시만 기다리면 빵차가 올 테니 타고 가세요."

숙소에서 잠깐 동안 짐을 정리하고는 '납파해'를 어떻게 가느냐고 객잔 카운터의 아가씨(주인집 딸인지 부인인지 알 수 없지만 20대 초반으로 보이는 여자)에게 물었더니 빵차로 왕복이 가능하단다. 잠시 뒤에 객잔 앞에 도착한 빵차를 몰고 온 사람은 방금 전 카운터에 있던 남자(20대 중반으로 남편인지 남매간인지 알 수 없으나 비슷한 생김새로 보아 남매로 추정하지만 앞으로 빵차 기사라 부르겠다)였다.

빵차는 잠시 전 우리가 지나친 시내를 가로 지르고 이내 야트막한 언덕을 넘어갔다. 얼마쯤 떨어진 언덕 너머로 라마불교 사원인 '송찬림사松贊林寺' 건물이 보인다. 멀리서 보기에도 상당한 규모의 건물로서 샹그릴라의 랜드마크이면서 대다수의 주민들이 라마불교 신자인 이곳 사람들에게는 정신적인 안식처라고 했다. 송찬림사는 너무 크고 웅장해서 그 앞에 가면 오히려 안보이고 멀리서 보는 게 더 낫다고들 한다. 오늘은 차 안에서 보고 시간이 되면 다음에 가기로 하고 지금은 납파해가 우선이다.

길 아래로는 드넓은 초원이 보이고 군데군데 말과 양이 섞여 있는 목가적인 풍경을 즐기면서 약 30여 분이 지나서 목적지인 납파해納帕海,나파하이가 보이기 시작한다. 역시 바다도 아닌데 따리의 얼하이 호수처럼 바다라고 부른다.

주차장에 도착한 빵차 기사에게 호수를 보고 난 뒤 만날 시간을 정하니 여기서 그 시간까지 대기하겠다고 했다. 호수 입구에는 매표소와 함께 두 개의 입구가 따로 있었는데, 하나는 걸어가는 관광객용이고 다른 하나는 말을 타는 관광객을 위한 별도의 입구가 따로 있었다.

예전에는 호수의 출입이 자유로웠다고 하는데 관광객들이 증가하고 자본의 맛을 안 지역 정부에서 근래 들어 입구를 막고 관리하기 시작했다고 하였다.

입구까지 안내해 준 기사가 말을 타고 들어 갈거냐 그냥 걸어서 갈거냐고 물어 걸어서 간다고 했다. 호도협 험한 산 중에서 말을 탔는데 여기서 또 말을 탈 필요가 없었기 때문이기도 했지만 門票(문표/입장권)에 말을 타면 100위안 안타면 60위안이라는 차이도 있었다.

납파해 입구 매표소.

"반가워요. 여기 입장료로 얼마를 지불 했나요?"

매표소를 지나자 한 사람이 아는 체하며 말을 걸어왔는데, 우리를 고성입구까지 태워준 택시기사였다. 아무리 작은 도시라 하지만 같은 사람을 하루에 두 번씩이나 만나다니. 우리가 입장료 지불 가격을 말하자, 자기는 그 보다 더 싸게 해 줄 수 있었다고 말했다.

매표소에 적혀 있는 가격보다 더 싸게 표를 구할 수 있는 별도 방법이 있는지 그 사실 관계는 알 수 없지만, 자기 택시를 이용해 달라는 요청을 무시하고 온 우리에게 서운해서 하는 이야기로 치부해버리고 말았다.

납파해의 호수 규모는 그리 크지 않지만 넓은 초원 옆에 위치해 있어서 호숫가로 접근하기가 매우 쉽다. 또한 초원에서 바라보는 호수는 멀리 있는 티벳고원의 눈 덮인 산과 고운 물빛이 어우러져 독특한 경치를 연출하고 있었다.

참 철이 없게도 호수에 발이라도 담그고는 흘러간 노래라도 한 소절 부르고 싶기도 하고 호수에 잠긴 저 멋진 설산을 건져 올리고도 싶었다. 저 설산이 샹그릴라에서 트레킹 해서 갈 수 있다는 바로 그 매리설산인지 확인은 못 해 봤다. 매리설산은 계획에 없었고 거기를 가려면 며칠의 시간이 더 필요했다.

늦은 오후의 태양은 호수 위에서 은빛 물결을 만들고 고원지대의 공기는 한없이 상쾌했다. 우리와 다수의 외국인 관광객들은 천천히 걸으며 호수의 풍경을 여유 있게 즐기고 있는 반면 말을 타고 가는 사람은 대부분이 중국 관광객이었다. 말을 탄 젊고 어여쁜 중국 아가씨들의 깔깔대는 웃음소리가 호수 위에 싱그럽게 울려 퍼졌다.

호수 한편에는 양들과 말들이 떼를 지어 여유롭게 풀을 뜯고 있었는데 마치 그 모습이 설산을 배경으로 한 폭의 그림처럼 자연스럽게 조화를 이루고 있었다. 아마도 이 양떼들은 납파해를 보러 온 관광객에게 더 많은 볼거리를 제공하려는 상술의 일환일거라 생각했지만 싫지는 않았다. 양떼가 없는 납파해는 너무나 썰렁했을 테니까.

설산이 보이는 납파해.

사진을 찍으며 걷다가 보니 말을 타지 않기를 잘했다는 생각이 들었다. 납파해는 커다란 벌판 같은 호수에 반도 안 되게 물이 들어찬 모습으로 비가 많이 오는 때면 우리가 들어간 곳도 물로 채워질 것 같은 지

형이다. 말을 타고 들어 온 사람들은 인솔마부가 몇 명씩 떼 지어 끌고 저 멀리 물이 있는 곳까지 갔다가 조금 둘러보고 사진 몇 장 찍고 돌아오는 것이었고 우리는 걷고 싶은 곳까지 들어가서 멀리 보이는 설산을 마음 놓고 찍을 수 있었기 때문이다. 말도 빨리 달리지 않고 걸어가는 수준이었기 때문에 별 재미도 없을 것 같았다. 호수가 있는 초원에서 말을 타고 달리는 장면을 봤다면 부러워 했을지도 모르는데 관광객들에게 달리는 말은 위험하니 시켜 줄리도 없었을 거다.

우리는 넓은 초원 끝을 지나 호수 가까이 가려고 통상적인 산책로를 벗어나서 풀밭 쪽으로 가고 있었다. 멀리서 볼 때는 멋진 초원이 가까이 다가가자 발아래에 양과 말의 배설물이 여기저기 박혀있었다. 멋진 경치도 익숙해져 식상해하고 있는데 박 형이 한 마디 했다.

"여기가 무슨 샹그릴라야. 이런 풍경은 몽골이 훨씬 더 좋은데."

꿈에 그리던 샹그릴라와 눈으로 보이는 샹그릴라에 대한 괴리감으로 생긴 실망일 수도 있다. 박 형은 소설 속 유토피아인 샹그릴라를 정말로 현실에도 존재하는 것으로 생각하고 있는 건 아니겠지. 아니면 리장 팬인 박 형이 벌써 리장이 그리워졌나?

하긴 리장의 따뜻한 공기, 고성 옛집 사이로 흐르는 물길, 북적이는 밤거리에 북 치는 소녀와 함께 들리는 노랫소리가 좋기는 했다.

여행지에 대한 너무 큰 기대는 실망 또한 너무 클 수 있다. 안나푸르나 어라운드 트레킹을 계획하면서 '마르파'는 나에게 꿈의 부락이었다.

내가 수집한 자료에서 마르파는 트레킹 도중에 만날 수 있는 동네 중에서 가장 아름다운 모습으로 나를 반겨줄 것이라고 기대하고 있었다. 해발 2,700m의 산간지대에 위치해 있으나 안나푸르나 지역에서는 보기 드물게 사과농사가 주민의 주업이다.

봄이 되면 하얀 사과꽃이 만발한 과수원 울타리 옆을 콧노래를 흥얼거리며 걸어갈 수 있겠지. 아니면 어느 햇살 좋은 가을이면 빨갛게 영글어 가는 사과 밭 너머 설산에서 불어오는 상큼한 바람이 트레킹에 지친 여행자의 이마의 땀을 씻어 주겠지. 밤이 되면 롯지에서 이곳 특산인 사과 와인으로 건배를 한다면 너무 근사하지 않을런지.

하지만 우리가 마주친 현실은 너무나 달랐었다. 트레킹 8일 차로 몸은 서서히 지쳐가고 있는 상태에서 가나안을 꿈꾸고 찾아간 마르파는 먼저 황량한 모래 바람으로 마중을 하였다. 꽃을 피우기에는 너무 이른 봄이었고, 게다가 설산에서 불어오는 바람은 차갑고 축축했다. 포터가 안내한 롯지는 너무 낡고 추웠으며, 사과 와인을 구할수도 없었다. 단 한 가지 위안은 설산 너머로 보이는 하늘빛만이 너무 푸르고 투명해서 지는 해가 아쉬웠다. 너무 큰 기대로 갔었던 미르파에 더욱 실망하고 있었다.

박 형에게는 다소 실망이었던 납파해를 보고 나서도 저녁까지는 시간 여유가 있었다.

"저기 시장입구에서 내릴게요. 숙소까지는 걸어갈 테니 기다리지 말고 가세요."

우리는 가면서 보아둔 재래시장 입구에서 빵차를 내렸다. 우리 셋은 이번 여행 중에 서로 간에 다른 점도 알았지만 재래시장 보는 것을 좋아한다는 공통점도 알았다. 낯선 오지의 재래시장에는 그 지역 사람들의 삶의 한 단면을 볼 수 있는 흥미로운 장소가 아닌가.

그것을 떠나 우리에게는 시장에서 사야 할 것이 있었다. 며칠 전 리장의 재래시장인 충의시장에서 사서 먹어 보았던 자연산 송이를 여기서 한 번 더 사서 먹어보는 것이었다. 언젠가 텔레비전에서 본 기억으로는 리장 인근의 재래시장에서 엄청나게 싼 가격으로 송이를 사서 먹는 것을 보았는데 그 시장이 이곳 샹그릴라가 아닐까?

시장 규모는 보기 보다 매우 컸다. 점포 좌판의 숫자도 많았지만 비바람을 막을 수 있게 시장의 지붕도 현대화시켜 놓았다.

가장 먼저 이색적인 그릇이 눈에 들어왔다. 생활용 그릇 모양도 다소 달랐지만, 종교 의식용으로 추정되는 용품들은 특별한 눈요기가 되었다. 또한 과일, 채소, 고기에 이르기까지 풍성하게 진열되어 있었지만, 아무리 찾아도 송이버섯을 파는 곳은 없었다. 우리가 지나쳤을 수도 있을 것 같아 야채 파는 곳을 위주로 다시 한번 천천히 둘러보았지만 눈에 띄지 않았다.

후미진 또 다른 출구 쪽에서 야생버섯을 팔고 있는 곳을 찾았으나, 겨우 약간의 이름 모를 버섯(우리나라의 야생 밤버섯과 유사하였음)만이 있었고 우리가 찾고 있는 송이는 끝내 발견하지 못했다. 송이 구하러 돌아다니면서 한 가지 알아낸 것이 있다. 중국 사람들은 버섯을 균菌이라고 하고 말리지 않은 버섯은 생균이라고 한다는 것을, 균은 우리가 흔히들 알고 있는 곰팡이다. 그래도 한자는 버섯 균자이다.

상그릴라 시장 광경.

포기하기가 아쉬워 부근 골목도 뒤져 보았으나 실패였고 도로변에 많이 있는 야생 송이 판매간판을 내건 가게마다 들러 보았으나 송이를 절단하여 말린 상태의 제품만이 있었다.

송이는 금방 채취할수록 진한 향기 때문에 비싼 가격을 지불하고서라도 먹는다. 우리 어릴 때에도 송이의 가격은 매우 비쌌다. 이는 송이를 특히 좋아하는 일본으로 비싼 가격으로 수출하기 때문이라고 하였다. 그 당시에도 향기를 보존하기 위해 당일 새벽에 산에서 채취한 송이는 그날 바로 수집하여 다음 날 비행기 편으로 일본으로 보낸다고 들었었다.

20여 년 전 동경의 백화점 식품코너 진열대에서 우연히 송이 가격을 본 적이 있었다. 일본산, 한국산, 북한산, 중국산이 동시에 진열되어 있었는데 신기하게도 한국산 송이 가격이 가장 높았다. 우리 송이가 향이 가장 뛰어나고 맛도 제일 좋기 때문이라고 들었다.

"우리나라에서 팔고 있는 중국산 송이는 중국 남쪽 지역에서 채취한 것이 주로 수입된대요."

"제가 이번에 가는 지역이 그쪽이고 지금이 송이가 한창 날 때라 하니 가지고 올 수는 없고 싼 가격에 싱싱한 송이를 마음껏 먹고 올게요."

이번 여행을 떠나기 전 친하게 지내는 심마니 한 분이 자기 아는 사람이 중국산 수입 송이를 취급한다면서 나눈 대화였다. 그런데 자연산 생 송이는 보이지 않고 절단된 말린 송이뿐이라니 괜히 걷는 것도 힘이 들었다. 나중에 알고 보니 우리가 여행 한 날짜는 송이의 주 채취 시기가 지난 때였다.

나 어릴 적에도 일 년에 딱 한 번씩 송이 맛을 볼 기회가 있었다. 작은 할아버지는 소백산 아래편인 단양에 살고 계셨는데 추석 성묘를 지내려고 전날 저녁에 우리 집으로 오셨었다. 말솜씨가 별로 없는 할아버지와는 달리 작은 할아버지께서는 말씀도 잘하셨고 정도 깊으셔서 우리 식구들에게 인기가 많았다. 더구나 맛있는 송이까지 가지고 오시니까. 차례상에 올릴 탕국에 넣으라고 가지고 오시는 송이는 싸리나무로 만든 조그만 바구니에 담아 왔었다. 그런데 어느 해부터 송이 대신에 소고기를 가지고 오시기 시작하셨다.

할머니가 말씀하시길 송이가 비싸져서 그것은 팔고 그 돈으로 소고기를 사오는 것이라고. 그때 알았다. 소고기보다 더 귀하고 비싼 것이 송이라는 사실을.

장족처럼 살아보기

객잔까지 오는 길은 예상했던 것 보다는 훨씬 멀었다. 아마도 송이를 사서 먹으려던 계획이 어긋나서 실망감 때문이기도 하겠지만, 고도가 높은 곳이라 오후가 되자 기온이 떨어지며 썰렁해지기까지 했다.

길거리 아저씨를 만나지 못했다면 정말로 우울한 저녁이었을 것이다. 그 아저씨는 길 한편에서 이상한 몇 가지 물건을 가지고 있었다. 어느 누구도 흥미를 보이지 않았지만 심심하게 걸어가던 우리는 달랐다.

가진 물건 중에서 우리의 눈길을 사로잡은 것은 야생곰 발바닥이었다. 곰의 크기는 발바닥을 기준으로 짐작하건대 엄청난 크기여서 만약 야생에서 이 곰을 만났다면 그 공포는 충격적일 것 같았는데, 어떻게 놈을 잡았는지 궁금했다.

최고의 미식 요리재료로 알려진 곰발바닥 살점(?) 부위는 이미 누군가에게 팔린 듯 도려지고 없으니 더욱 이상한 모습이다. 박 형이 사진 찍어도 되느냐고 바디랭귀지를 시도하니 흔쾌히 포즈를 잡아 주었다.

갖고 있는 몇 개의 웅담(곰의 쓸개)을 파는 것이 주목적일 것 같은데 가격을 물어도 돌아오는 반응이 신통치 않았다.
우리의 행색이 살 능력이 없어 보이는지, 아
니면 서로 간의 의사소통 수준으로는 흥정
이 불가능하다고 보는 건지 가지고 있는
물건 자랑만 한다.

그런데 가만히 생각하니 이상했다. 관광객
을 상대로 팔 생각이면 고성 부근에 자리 잡아야
지 시장과도 동떨어지고 현지 주민만 지나다니는 아무런
특징 없는 도로의 인도에서 이러고 있는 걸 보니 이해가 되지 않는다.
그렇다면 장족이 웅담을 사는 주 고객인가?

아하, 그래서 그렇구나! 숙소에 다시 와서 들어가려는데 앞에 작은
칠판이 놓여 있고 분필로 뭔가 써 놓았다. 읽어 보니 주변의 관광지와
금액이 적혀 있다. 입구에 들어
가면서 살펴보니 이 숙소는 여
행사도 겸하고 있었던 것이다.
그래서 납파해까지 갔다가 오는
데 생각보다 싼 가격인 1인당 5
위안에 태워다 준 것이다. 처음
에 15위안이라고 해서 1인당 비
용인 줄 알았는데 다시 확인 했
을 때 세 명이 15위안이라 해서

상그릴라 거리에서 만난 장족.

팅부동 운남여행

납파해가 상당히 가까운 거리로 생각했는데 30분이나 걸리고 한 시간 이상 기다려 줬으니 숙박객에 대한 서비스 금액인 것이었다.

샹그릴라의 저녁은 어떤 모습일까. 우리는 식사를 하기에는 다소 이른 저녁에 고성 안에 있는 골목길을 어슬렁거렸다. 고즈넉한 골목에는 여인네가 말린 빨래를 걷기도 하고 고양이는 졸린 눈으로 우리를 보고 있었다.

누가 먼저라고 할 것 없이 우리의 눈길을 사로잡는 식당이 눈에 들어왔다. 식당밖에는 야크 우유를 커다란 통에 넣어서 젓고 있는 사진이 걸려 있었다.

"저 사진 좀 보세요. 저게 야크 젖으로 만든 차가 아닐까요?"

"그래. 이곳에 온 김에 티벳식으로 식사를 한번 해보지요. 뭐."

우리는 사진에 이끌려 식당 안으로 들어갔다.

밖에서 보기와는 달리 식당 내부는 다소 어두컴컴하였고, 훨훨 타고 있는 장작 난로 옆 테이블에는 장족으로 보이는 두 사람이 식사 겸 술을 마시고 있었다. 중국에서는 찾아보기 힘든 개방형 주방에는 요리사 가운까지 차려입은 주인이 메뉴판을 들고 우리를 맞이했다.

우리는 먼저 그림에 있는 수유차酥油茶를 주문했다. 수유차는 소나 양의 젖으로 만든 차인데 여기 것은 아마도 야크소의 젖으로 만든 것이리라 생각 되었다. 옛날 우리의 막걸리 주전자 비슷한 용기에 따뜻하게 데워온 차의 맛은 우유 향과 시큼한 맛, 단맛과 함께 약간의 술 냄새도 포함된 독특한 맛이었다. 아직까지도 우리가 먹은 것이 이름은 분명 차인데 정확히는 차인지 술인지 모르고 있다.

야크고기 볶음과 야채스프를 포함한 티벳식은 '미씨엔'과 '훠궈'에 길들여진 우리의 남부 중국식 입맛에는 뭔가 1프로 정도의 부족함을 안겨 주었다. 그래도 주방을 공개한 채 요리하는 청결함과 자부심에는 기꺼이 한 표를 던져 주었다.

적당한 포만감이 사람을 느긋하게 하는 샹그릴라의 밤이었다. 객잔으로 들어가는 고성 한 편의 골목에서 양꼬치를 열심히 굽고 있었다. 그래, 역시 중국에 왔으면 양꼬치를 먹어야지. 물론 칭따오 맥주가 있으면 더 좋지만.

하지만 당장은 배가 불러서 못 먹을 것 같아서 객잔에 가서 먹으려고 꼬치 세 개를 주문한 뒤 사진을 찍으니 아저씨가 적극적으로 포즈를 취해준다.

꼬치는 넓은 테이블에 셀 수 없을 정도의 종류와 숫자가 가득 널려 있었는데 바로 옆방에서 구워서 먹는다고 한다. 궁금해서 옆 방을 들여다보던 이 형이 얼른 와 보란다. 그 방은 테이블과 좌석이 배치되어 있었는데 들어간 순간 황당하였다. 테이블은 우리 무릎 정도 높이이고 좌석은 목욕탕 깔개의자 수준의 높이인 것으로 갑자기 난쟁이 나라로 온 것 같은 광경이었다. 이건 뭐야 왜 이래? 이 사람들은 이렇게 낮은 테이블에 앉아서 먹는 걸 좋아하는가? 셋은 모두 고개를 갸우뚱거렸다.

숙소에서 몇 시간 뒤 먹은 양꼬치는 술안주로 거의 빵점이었다. 먼저

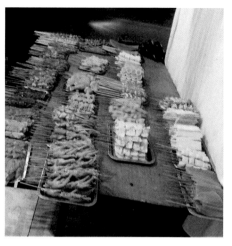
갖가지 꼬치가 가득 진열된 테이블.

너무 짠맛이었다. 그보다도 꼬치가 식으면 그렇게 딱딱해질 수도 있다는 것을 알게 되었다.

'양꼬치는 구울 때 그 자리에서 바로 먹읍시다.'

객잔에서 세수를 하고 나오면서 이 형이 신기한 듯 말했다.

"여기는 샤워기 위에 온열기가 있어요."

샹그릴라는 해발고도가 3,460m로 윈난성 서북부에 위치하며 티벳의 고원지대로 들어가는 입구에 해당하는 곳이다. 일반 여행객 중 상당수는 고산병을 호소하기도 한다. 산소의 양은 고도가 높아질수록 줄어드는데 샹그릴라와 같은 고산지대에서는 희박해진 산소량 때문에 뇌에 공급되는 산소량 또한 부족하여 고산병이 생긴다고 한다.

고산병 예방에는 첫 번째로는 서서히 고도를 높여서 우리 몸이 적응하도록 하여야 한다. 고산 지대에 살고 있는 사람이나 동물은 그곳에 적응되어 별 문제 없이 살아가지만 여행객은 일정을 조정하며 서서히 고도를 높이는 것이 최선의 방법이다. 둘째로는 머리를 차게 하지 않는 것이 중요하다고 알고 있어서 우리 모두는 샹그릴라에 머무는 동안에는 샤워나 머리 감기는 하지 않으려고 하고 있었다. 그런데 샤워 도중에도 머리가 춥지 않도록 온열기까지 있으니 씻지 않기로 했던 계획을 바로 수정하기로 했다.

　나는 고산병에 걸려 보지는 않았지만 걸린 사람을 옆에서 지켜보았기에 어떻게 하든지 고산병만은 피하려고 노력하고 있었다. 고산병에 대한 나의 무지 때문에 네팔에서는 일행 중 두 명이나 고산병으로 고생했었다.

　내가 알고 있던 잘못된 지식은 고산병은 해발 3,500m 이상에서부터 발생한다고 알고 있었는데 나중에 책자를 보니 해발 2,500m부터 조심하라고 적혀 있었다.

　해발 3,200m가 넘는 네팔의 푼힐을 등반할 때였다. 전날 모두들 술을 조금씩만 했는데 술이 가장 센 친구가 혼자서 더 마셨다. 그리고 우리는 갑자기 일정이 바뀌게 되어 고산병에서 가장 금기시하는 급격한 해발고도 높이기를 아무 생각 없이 감행했었다. 더군다나 난방시설이 거의 없는 추운 롯지에서 상체를 탈의한 채 머리를 감고 있어도 가볍게 주의만 주다가 보니 결과는 고산병으로 되돌아 온 경험이 있다.

　고산병에 걸린 친구의 증세는 메스껍고 소화가 안 된다고 하길래 고산병에 걸린 줄도 모르고 남자가 임신하여 입덧한다고 같은 방을 사용한 동료에게 애기 아빠가 아니냐고 놀리는 등 철없는 행동만 하였다.

　간접 경험으로도 고산병의 괴로움을 충분히 알기에 다음부터는 해발고도가 높아지면 가능하면 최대한 천천히 움직이는 것을 목표로 하고 있었다.

　그런데 웬걸 의도치 않게 또 하나의 경험을 하게 되었다. 기분 좋게 따뜻한 물로 샤워를 마치고 평소 습관처럼 머리를 세게 흔들며 물기를 터는 순간 현기증이 몰려온다. 아차! 과격하게 움직이지 말라 했는데. 다행히 금방 괜찮아졌지만 순간적으로 뇌에 산소공급이 부족했었던 같았다.

#️⃣ 산 위의 정원을 그리워한 그대에게

납파해를 다녀온 뒤 객잔 카운터에 있는 빵차 기사에게 내일은 보달조普達措, 푸따춰 국가삼림공원에 가고 싶다고 하자 일찍 일어나 식사를 마치고 8시 반에 출발하자고 약속했다.

여느 날처럼 아침은 객잔 앞 미씨엔 집에서 해결하고 양치하고 배낭 정리해서 나왔다. 어제 예약할 때 기사가 점심을 어떻게 할 거냐고 물었지만 거기 가서 해결하겠다고 했다.

빵차는 다소 시끄러운 엔진 소리를 내며 좁은 고성 골목을 지나 어느 객잔 앞에서 멈추어서 누군가를 기다렸다. 잠시 뒤 젊은 여자애 2명이 밝게 웃으며 빵차를 향해 달려와서 승차하고는 가볍게 목례만 했다. 우리는 기대하지 않았던 동승객이 있다는 사실, 더구나 젊은 여자들과 같이 여행할 수 있다는 사실에 내심 흐뭇해하고 있었다.

저들이 영어를 할 수 있으면 좋을 텐데. 기대한 것처럼 수준 이상의 실력이었다. 그들 중 한 명은 홍콩, 다른 한 명은 상하이인지 어디인지는 잊어버렸지만 홍콩과는 꽤 먼 거리에 있는 큰 도시에 살고 있으며 서로가 아주 친한 친구 사이라 하였다. 가까이 살고 있지도 않은데 어떻게 절친이 되었는지 물어보고 싶었으나 한 여자의 다급한 소리에 중지되었다.

중요한 무언가를 숙소에 두고 온 모양이다. 한적한 도로이긴 해도 좁아서 불법 유턴이 어려워 보이는데도 빵차 기사의 운전은 거침이 없었다. 그들이 탄 객잔 앞에서 한 여자만 내렸다.

"찾는 물건이 없는 모양이야. 뭘 이렇게 오래 걸리는지."

한참을 지나도 여자는 오지 않고 다른 여자는 전화만 하고 있었다. 갑자기 빵차는 내린 여자를 기다리지 않고 출발해 버려서 이게 뭐 하자는 거지? 싶었는데 200여 미터 쯤을 가자 그 여자가 손을 흔들며 있었다. 아니 저 여자가 왜 저기 서 있지 싶었다.

다행히 잃어버린 물건은 찾은 모양이다. 자초지종은 그들의 숙소는 빵차가 정차한 객잔이 아니라 그 옆 골목으로 좀 들어간 곳에 있었는데 물건을 잃어버린 심란한 마음 때문에 빵차가 정차한 위치를 착각하고 한참을 멀리 돌아서 헤매고 다녔다 했다.

빵차는 소동 때문에 지체한 시간을 복구하려는 듯 거칠게 달렸다. 아마 보달조 공원 관광을 사전 예약해서 정해진 시간 내에 도착해야 하기 때문인가 했는데 막상 도착해 보니 그것은 아니었다. 다만 그 시간대가 관광객이 가장 많아서 우리가 장시간을 대기할까 봐 그런 것 같았다.

공원 주차장은 붐볐다. 우리가 보았던 샹그릴라의 조용한 거리 어디에도 이렇게 많은 차량을 이용할 만한 관광객은 없었던 것 같았는데 어디서 차를 집합시켰는가 할 정도로 많았다. 고성 주변의 객잔은 대부분 불이 꺼져 있었고 식당이나 주변 상점에도 적막한 느낌이 들 정도로 사람이 없었다.

그런데 그 주차장의 많은 차들 가운데로 돼지가 그냥 돌아다닌다. 임자가 있는 건지 없는 건지 신기하다.

입구에서 다소 먼 거리에 주차한 뒤 빵차 기사는 친절하게 티켓팅까지 직접 해준다고 했다. 우리의 대형 비닐하우스 보다는 약간 나은 수준의 매점터널(양 옆으로 늘어선 지붕 덮인 상가 때문에 꼭 터널 같은 느낌이 들었다)을 지나야 매표소로 갈 수 있었다.

기사는 점심을 여기서 사 가지고 들어가야 된다고 했다. 아니 공원이면 그 안에서 먹을 수 있는 식당도 있을 것이고 매점도 있을 건데 하는 생각도 들었지만 여기서 사야 된다니 갑자기 마음이 급해졌다.

"저거 맛있어 보이는 데."

"기사가 추천하는 이 가게에서 고르라구."

대부분이 비슷한 메뉴를 팔고 있는 가게들 앞에서 눈치 없는 내가 기사가 권하는 옆 가게의 물건을 탐하자 이 형이 재빨리 제지했다. 약간의 빵과 음료를 구입한 우리는 여자애들이 까다롭게 구매하는 걸 지켜보면서 실없는 농담을 주고받았다.

"지금 기사가 먹고 있는 저 빵은 돈을 내지 않을 거야. 우리를 소개한 대가로."

설혹 그러한 커넥션이 존재한다 하더라도 우리의 선택이 달라지지는 않을 것이고, 다행히도 기사가 먹는 표정으로 보아서 우리가 산 빵 맛은 매우 좋을 것이라는 확신이 생겼다.

구입한 표를 우리에게 주더니 기사는 만날 시간 약속을 다시 한 번 주지시킨 뒤 헤어졌다. 여자애들이 화장실을 다녀온다고 떠나자 우리는 이제부터 여자애들과 같이 행동할 것인가에 토의하기 시작했다. 결론은 영어가 되어 편리할 수도 있지만 저들도 여기는 처음이니 같이 다닌다고 해서 큰 도움이 되지는 않을 것이니 우리끼리 가자고! 가다가 보면 때로는 만나게 될 것이었다.

서틀버스는 기분 좋게 출발했다. 버스에는 관광을 안내하는 아가씨도 탑승하여 열심히 설명하기 시작한다.

알아들을 수는 없지만 중국어 사성 구조의 묘한 매력 때문에 자꾸만 듣다 보니 한 편의 좋은 시 낭송을 듣는 느낌이었다. 아마 장족의 역사와 이곳 샹그릴라의 유래에 대하여 설명하고 있겠지.

"옛날 이곳에 장족이 평화롭게 대를 이어 살고 있었다."

"그런데 어느 날 한 무리의 낯선 군인들이 침공했다."

박 형이 정말인지 엉터리인지 알 수 없지만 우리에게 통역을 해 주었다. 하지만 이내 실토했다. 엉터리로 이야기하는 것도 너무 힘들어 그만 하겠다고. 그 어떤 이상향이나, 샹그릴라도 100% 평화만 있지는 않았을 것이다. 이 아름다운 곳도 때로는 지키려는 자와 이를 탐내는 자가 부딪치며 살아왔을 것이다.

팅부동 운남여행

그런데 안내양 아가씨가 어디서 본 듯한 얼굴이다. 장족 고유의 복장, 날렵한 몸매, 날카롭게 찢어진 매서운 눈매는 어디서 보았을까?

젊은 시절 즐겨보던 중국 무협영화(용문객잔 아니면 동방불패)의 여자 검객과 너무나 똑같았다. 잡고 있는 마이크 대신 등 뒤에 칼 두 자루만 메고 있으면 영락없는 무협영화 속의 여자 검객 모습이었다. 지시하는 대로 따르지 않고 거역했다가는 등 뒤에서 금방이라도 칼을 뽑아 들것 같은 엄청난 포스는 알아들을 수 없는 안내 멘트에도 철철 넘쳐 흘렀다.

여성 호위무사(?)가 안내하는 버스는 아름다운 계곡으로 접어들고 있었다. 좌우에 산들은 그리 높지도 않고 험하지도 않아 평화로운 느낌이 절로 들었다. 가끔씩 나타나는 현지인들의 집에는 옥수수를 말리기 위해 처마 끝에 걸어 놓고 있었으며 집 주변에는 야크나 양을 가둘 수 있도록 엉성한 구조의 울타리가 있었다.

구름이 낮게 깔린 파란 하늘과 산에서 계곡 물은 흘러내리고 그냥 이대로 바깥만 바라보아도 황홀한데 호위무사는 무얼 그렇게도 많이 설명하는지 열정이 가득했다. 그녀의 열정으로부터 벗어날 지점이 눈에 보이기 시작했다.

첫 번째 정차지인 '속도호屬都湖'에 도착하자 버스에서 전원이 내린다. 아마 차 안에서 열심히 설명했겠지만 내용을 모르는 우리로서는 많은 사람이 가는 데로 따라가면 가장 무난한 선택이라는 것을 몇 번의 실수로 알고 있었다.

속도호 주차장 끝에 있는 안내판은 나무판에 흰색 글씨를 음각으로 새겨 놓았는데 중국어와 영어, 일본어와 함께 한글 안내도 표시되어있었다. 한국인들도 많이 온다는 증거가 확실했으나 우리는 공원 내에서 우리 이외에는 한국어를 말하는 사람을 보지 못했다.

한글 설명이 있는 속도호 안내판.

사람들의 이동 경로가 버스에서 점점 멀어지는데 우리가 타고 온 버스는 천천히 움직이더니 이내 숲 속으로 사라진다. 버스야 사라지든 말든 이 많은 사람들이 가는 방향을 따라가면 해결 방안이 있겠지 싶었다.

속도호는 우리의 산정호수 규모보다 두세 배 더 큰 크기로 느껴졌다. 호수는 잔잔하여 주변의 산들이 수면에 비추어 일렁이고, 물가 주변으로는 갈대의 일종으로 보여지는 풀들이 수없이 자라서 아름다움에 일

조하고 있었다.

호숫가에는 콘크리트로 길을 만들어 놓아 관광객들이 옆길로 새거나 길을 가는데 신경 덜 쓰도록 편하게 되어 있었고, 호수가 시작하는 데에는 처음 몇 갈래의 길이 있다가 저 만치에서는 한 길로만 가도록 된 뒤에는 잔도栈道라고 표시된 나무데크로 되어 있었다. 바로 그 잔도 옆에서 야크 몇 마리가 풀을 뜯으며 관광객들에게 훌륭한 사진 모델이 되어주고 있었다. 너 나 없이 다가가서 사진을 찍는다.

주변 초원은 어느 봄날에는 꽃으로 만발할 것이고 그때쯤 운 좋게 이곳을 찾은 사람은 구릉 위에서 아름다운 화원을 만난 것에 대해 기뻐하겠지. 나의 추측이 맞는다면 야생화 무리를 제대로 보려면 6월 초순 정도가 가장 적기일 것 같다.

스위스의 융프라우에서의 일이다. 설산 봉우리가 보이는 바로 아래 기차역이었다.

"지금 저 꽃은 길어야 일주일 정도 밖에 볼 수 없을 걸요. 환경이 열악한 곳일수록 최선으로 주어진 며칠 사이에 종족 보존을 끝내야 하니까 저렇게 경쟁적으로 일제히 꽃을 피울 수밖에 없답니다."

"아. 우리나라에는 이 꽃 지고 나면 다른 꽃이 피고 하는데, 여기서는 모든 꽃이 저렇게 한꺼번에 피는 이유가 그것이군요."

그 넓은 초원지대가 이름 모를 꽃으로 전체를 수놓고 있는 광경이 치열한 종족보존을 위한 투쟁 중인 산물이라 하여도 보는 눈은 호강했었다. 나는 후일 생각해 보니 너무 운이 좋게도 스위스의 야생화 정원을 보았다.

행운은 아무에게나 쉽게 다가오면 가치가 없는 법이다. 나의 꽃동산 행운이 샹그릴라에서는 없는 모양이었다.

"이건 송라松蘿 같은데. 우리나라에는 설악산처럼 높은 산의 험한 절벽 끝에 있는 소나무에만 간혹 있는 굉장히 귀한 약재인데."

하얀색을 띠고 가느다란 실과 같은 송라가 호숫가 소나무마다 수없이 걸려있었다.

우리나라에서 비싼 값에 팔리고 있는 국산과 어떤 차이가 있는지 가져와서 비교해 볼까 하고 약간을 채취했다가는 별 의미가 없을 것 같아서 나무에 다시 걸어두었다.

돌아와서 알고 있는 약재상에게 송라 이야기를 했더니, 국내에도 이미 백두산 인근에서 수집한 송라가 수입되어 유통되고 있으며 미국의 로키산맥 일원의 소나무 숲속에도 많이 있는 것으로 알고 있다 하였다. 약재상 말로는 같은 송라도 산삼처럼 우리나라에서 어렵게 자란 것이 약효가 월등하다고 하였다. 아무리 좋은 약재라도 흔한 것은 약효가 없다는 것인가, 아니면 신토불이인가? 정확한 이유를 알 수는 없는 말이었다.

같은 셔틀버스에서 내려 무리 지어 가던 사람들이 각자의 체력이나 마음에 드는 풍경을 찾아 움직이는 속도도 점점 달라지니 간격이 흩어지기 시작했다. 주변의 사람들이 적어지니 호수 주변 풍경은 한결 평온

하고 한가롭다.

가을로 접어든 고산지대의 산과 나무들은 남은 푸른색이 사라질까 아쉬워하는 듯 호수 속으로 산 그림자를 드리우고 일렁이고 있었다.

산자락이 끝난 지점의 호숫가에 고사목 군락지가 나타났다. 맑은 물 속에는 오랜 세월 동안 자라온 고산지대의 침엽수가 넘어져 하얀 속살 을 드러내고 있었다. 어떤 연유로 이곳에서 군락을 이루고 죽어 있는지 는 모르지만, 고사목은 죽어서도 당당한 크기의 원형을 꽤나 잘 유지 하고 있었다. 아마 이곳의 찬물과 공기가 나무가 쉽게 썩지 않게 작용 하는지 모르겠다.

속도호 물 속의 고사목.

호수를 천천히 걸으며 구경한다면 약 한 시간 정도가 소요되는 것 같왔다. 정해진 산책로를 따라 호숫가를 벗어나면 다음 코스로 이동시켜줄 버스가 기다리는 정류장이 나타난다. 휴게소를 겸한 정류장에서 수시로 출발하는 버스를 이용하면 되는 시스템이었다.

우리도 제주도에 가면 '곶자왈에코랜드'라는 곳이 있는데, 그곳을 이용한 사람이라면 금방 이해가 될 동일한 시스템이다. 다만 제주도에는 이동 시 버스가 아닌 소형 기관차를 도입하여 훨씬 더 자본주의적 유원지 느낌이 난다는 차이는 있지만.

버스를 타고 지나가는 동안에 원시 산림지대와 고산 초원지대가 교차되어 나타났다. 얼마간의 이동 후에 도착한 곳은 '미리당彌里塘 목장'이었다.

넓은 초원으로 길이 4,500m, 폭 500m이며 해발고도 3,700m 라는 이곳은 원래부터 목장이 있었다고 했는데 지금은 관광용 의미가 더 커 보이는 목장에서는 고산지대 특유의 분위가 물씬 묻어났다. 초원을 내려다보며 사진을 찍을 수 있는 넓은 데크에는 보달조미리당찬청식당에서 내건 안내판에 점심식사 1인당 38위안이라고 소개되어 있었는데 식당은 보이질 않는다.

도로의 위치가 목장보다 높아서 조망권은 시원한데 말들이 너무 멀리 있어서 울타리 안에 있는 말들을 모델 삼아 사진 몇 장만 찍고는 대부분의 사람들은 서둘러 버스에 올라 다음 코스를 기대했다. 산을 한번 휘감아 돌아 내려오더니 물소리가 들리는 곳에 차를 세웠다. 보달조 공원 지역 내에서 하이라이트인 '벽탑해'에 도착했다.

호수 위에서의 정찬

벽탑해碧塔海는 속도호에 비교하면 훨씬 규모가 큰 호수였다. 하긴 그러니까 바다라 불렀을 것이다. 벽탑해를 국역하면 푸른 탑이 있는 바다로서 호수를 보는 순간에 이름에 왜 푸른색이 들어갔는지를 알 수 있었다. 또한 호수 가운데 침엽수로 숲을 이루고 있는 작은 섬이 탑처럼 보여서 그런 이름 붙여지기도 했단다. 호수는 주변의 산 색깔을 흡수하였다가 온통 짙푸른 빛을 반사하고 있었다.

주차장에서 내려 몇 발짝 걸으니 나무 데크가 넓게 깔린 끝에 원주민 몇 명이 좌판을 벌이고 있다. 머리통보다 더 큼지막한 버섯들과 토산품들이 보인다. 허가를 받은 건지 뒷문으로 들어온 건지는 모르겠으나 낯설지 않은 광경이다.

옆으로는 호수의 넘치는 물이 산 아래로 계곡을 이루며 흘러가고 있었다. 계곡 옆으로 난 산책로로 접어들면 호수의 건너편 언덕이 보이기 시작하고 얼마 지나지 않아 호수 한편에 설치한 전망대에 이르게 되었다.

"배고프지 않아요? 식사는 해야지요."

"이번 정류장에도 식당은 없었는데 어디서 하지요?"

"식당을 찾기보다 우선 사 가지고 온 빵으로 여기서 허기는 해결합시다."

아침 식사를 미씨엔으로 가볍게 해결한 뒤 출발한 때문인지 허기가 진 우리는 배낭에서 빵과 음료수를 꺼냈다. 마침 전망대에는 의자도 마련되어 있어 호수를 바라보며 식사를 하는 호강을 누리게 되었다. 빵의 크기는 한 끼 식사로 충분할 만큼 크기도 했지만 맛 또한 결코 실망스럽지 않은 수준이었다.

한 가지 불편한 점은 호수에서 불어오는 차가운 바람이었다. 처음에는 느끼지 못했는데 허기를 면하자 서서히 냉기가 온몸으로 전해졌다. 호숫가를 바라보며 식사를 하는 낭만과는 점점 거리가 멀어지고 빨리 민생고를 해결하려고 먹고 있는 거지꼴이 되어 가고 있었다. 파란색의 물이 차가운 느낌을 주는데 바람마저 불어오니 더욱 몸이 움츠러들었다.

"그런데 이 빵은 왜 먹어도 먹어도 줄어들지 않는 거야"

괜히 빵 크기에 시비를 걸다가 결국은 다 먹지를 못하고 배낭에 넣어 두었다.

산책로는 호수를 따라서 평탄하게 조성되어 있었다. 우거진 나무 사이로 햇살도 비추고 호수 건너편의 산도 평화롭지만 산 그림자를 품고 있는 호수의 물빛은 주변의 모든 색을 받아들여 변하고 있었다.

'청송의 주산지가 지금보다 열 배만 컸으면.'

나는 벽탑해를 바라보는 내내 주산지가 오버랩 되었다. 사진 찍기를 좋아하는 사람들에게는 마치 순례지처럼 알려져 있는 주산지를 이번 여행 뒤에 다시 가 봐야겠다고 마음먹었다.

아침 물안개가 피어오를 때쯤 주산지를 보는 것은 얼마나 좋은가. 이제 막 단풍이 들려고 하는 주변 산과 물 위에 반쯤 걸쳐진 버드나무를 보고 있으면 마음이 평화로워진다는 것이 어떤 의미인지 알 수 있었다.

호수 가운데 있는 배 선착장에는 서양인 단체 관광객을 포함한 한 무리의 사람들이 유람선을 타고 있었다. 선착장에는 1인당 50위안이라고 적혀 있었다. 여기서 보기에는 유람선이 다닐 만큼 커 보이지는 않는데 운행하는 걸로 보면 산모퉁이를 돌면 호수 지역이 더 넓은가 보다. 아무튼 유람선은 이곳 자연과 썩 어울리는 조합은 아닌 것처럼 보이지만 여기는 중국이고 자연 보호주의자들의 반대는 없었을 테니까.

나도 한때는 자연 보호에 꽤나 심취해 있던 때가 있었다. 물론 적극적으로 운동에 참여하지는 않았지만 '자연은 후대로부터 빌려 온 것이기에 잘 쓰다가 그대로 물려주어야 한다'는 원칙적 생각은 지금도 변함없고 가능하면 생활 속에서 실천하려고 노력해 왔다.

20대 초반에 처음으로 동계 지리산 종주를 했었다. 그 당시 지리산은 오롯이 두 발로 뚜벅이 산행을 하는 산꾼들만 종주를 하고 있었다. 산장은 장터목과 노고단에는 있었지만 종주를 위해 그 중간지점 어디에선가는 야영이 필수였기에 텐트 등 장비의 무게감 때문에 산행의 즐거움이 반감되던 시절이었다.

후일 노고단 옆으로 성삼재 도로가 생기고 나자 지리산 종주도 쉬워지면서 노고단은 아무나 쉽게 오르는 곳이 되어버렸다. 많은 이용자들 때문에 노고단은 그전보다 눈에 띄게 훼손되어 갔고 그것이 안타까웠다. 더구나 나처럼 어렵게 화엄사에서 깔딱고개를 거쳐 노고단을 오른

기억을 공유하고 있는 산꾼들은 자연스럽게 자연 보호자의 편이 되어 개발행위를 반대하였다. 접근의 편의성을 위해 자연을 훼손하면서 만들어지는 케이블카나 도로의 개설은 바람직하지 않다는 것이 산을 사랑하는 사람들의 생각이었다. 그러나 어느새 개발에 따른 편의성에 점점 더 익숙해져 갔으며, 나이 들면서 예전처럼 체력이 뒷받침되지 못하니 자연 보호 보다는 점점 개발주의자로 바뀌고 있음을 알고 있다. 더구나 대부분의 선진국들뿐 아니라 중국도 모든 사람들이 쉽게 접근할 수 있도록 적극적으로 개발하고 있지 아니한가?

'좋은 경치가 힘 좋은 젊은이만의 전유물은 아니지. 노약자나 장애인도 쉽게 접근하게 개발해야지. 설악산 대청봉도 케이블카가 있으면 더 자주 가 볼 텐데.'

지금 생각해보면 나는 힘들게 이룬 일을 타인은 쉽게 접근함이 배 아픈 마음도 단단히 한몫 했으리라. 쉽게 유람선을 타고 가면 시간도 절약될 것이다.

호수 주변의 산책로는 잘 정비되어 있었다. 흙을 다듬어 만든 산책로 구간도 있지만 대부분 나무로 잔도를 만들어 보행의 편의성과 자연도 보호하는 정책을 택하고 있었다.

가끔씩 보이는 안내 표지판에는 어김없이 한글도 병기되어 있어 국력의 상징인 양 뿌듯함을 가졌다. 아쉬운 점은 가끔씩 보이는 엉터리 번역이었다.

"저 한국어 번역은 틀림없이 이 지역 당서기 아들의 친구가 했을 거야."

"맞아. 번역료 받아서 당서기 아들과 친구는 술 한번 잘 먹었을 거고."

우리는 엉터리 번역에 엉터리 추측으로 대응하면서 낄낄거렸다. 한자로 읽는 것이 한결 더 이해도가 빠를 만큼 엉터리 번역을 누가 왜 한 것일까? 우리는 살아오면서 중국어(한자라는 표현이 더 적절한 용어일 듯)에 대한 교육정책이 얼마나 자주 바뀌었는지를 보면서 살아왔다. 다행히 우리 세대는 상용한자를 공부하던 시절이라 일본이나 대만을 여행 시에는 읽는 것은 별 지장이 없고 급할 때는 필담도 가능하다. 하지만 중국에서 사용하는 간체자(중국이 공산화 되면서 대중들의 문자사용의 편의성을 위해 기존 한자를 바탕으로 간단하게 만든 일종의 약자 표기방식)는 또 다른 복병이었다. 간체자는 한자를 알고 있으면 전혀 다른 모습으로 쓰인 몇몇 글자들만 제외하고는 대부분의 경우 추리가 가능하다는 것을 시간이 지나자 자연스럽게 터득하였다. 같은 한자 문화권이 문자의 표기방식을 통일하면 좋을 터인데, 각국의 이해관계와 자존심 때문에 아마도 꽤 오랜 시간이 흘러야 가능해지리라.

실타래처럼 송라가 나부끼는 소나무 숲을 지나자 길옆에 다람쥐 한 마리가 우리를 피하지도 않고 입을 오물거리고 있었다. 사진을 찍으려 하자 오히려 모델인 것처럼 포즈를 취해 주는 것 같았다. 여기 다람쥐는 우리나라 것과 모양이 좀 달랐다. 꼬리가 시작되는 부분은 굵다가 차츰 가늘어 지면서 위로 말리지 않고 그냥 평평하게 뻗어 있다. 눈도 더 커 보였다.

보달조 공원의 다람쥐.

이후에 본 다람쥐들도 사람을 피하지 않는 것을 보니 이 호숫가에서는 이들이 터줏대감 노릇을 하는가 보다.

호수 주위에는 두견화 나무가 빽빽이 있었다. 나는 진달래를 한 자로 쓰면 두견화라고 알고 있었는데 나무의 형태가 우리의 진달래와는 많이 다르다. 꽃을 볼 수 있는 시기가 아니라서 모르겠지만 사진으로 보아서는 진달래의 한 종류인 철쭉과 닮아 있어 비슷한 종류일 것 같다는 생각도 들었다. 안내판에는 두견화가 만발하게 피어 호수 위로 붉게 낙화가 떨어지면 물고기가 이를 먹이로 오인하여 먹는다고 한다. 그런데 두견화 꽃에는 독성이 있어 이를 먹은 물고기가 배를 드러내고 수면으로 떠오른다고 한다. 아마도 두견화의 독성이 물고기가 죽을 만큼 치명적이지는 않은 모양이다. 나의 상상이지만 그냥 기분 좋은 환각 상태일지 모르겠다.

마약 먹은 물고기라니. 앞에 있던 속도호에서 그랬지만 호숫가 잔도 중간중간에 위치별 특징을 잡아 안내판에 주변 환경과 동식물들을 소개하고 설명해 놓았다. 벽탑해에는 그 외에도 특히 불교와 관련한 여덟 가지 보물八寶,팔보이 있다고 하나씩 소개해놓은 것이 특이했는데 아쉬운 것은 팔보를 빠보라고 중국식으로 읽기를 해 놓은 것이었다.

별로 높아 보이지 않은 산꼭대기에서 사람 소리가 들린다. 산 정상에서 호수를 내려 보면 훨씬 좋은 풍경이 틀림없을 것이다. 입산 금지라는 표지판이 있는 곳에는 산으로 오르는 길이 있어서 오히려 입산 가능한 위치를 알리는 표지판처럼 보였다.

벽탑해 장팔보 안내판 중 하나.

단속하지도 않고 전혀 지켜지지도 않는 안내간판을 왜 만들어 놓았는지 모를 일이다. 하긴 내가 본 안내간판 중 지금도 실소를 하게 하는 간판이 대청댐 주변에 있다.

'추락 주의. 상수원보호구역.'

처음에는 무심코 지나쳤으나, 뭔가 이상하다. 도로에서 추락 위험이 있으니 주의하라는 뜻으로 이해했으나 자세히 뜻을 해석하니 그것이 아니다. 여기는 상수원보호구역이니까 차량이 추락하면 수질이 오염되니까 주의하란 뜻이 아닌가? 안내간판은 안내가 목적이지 사람을 웃기는 게 목적은 아닐 텐데.

이제 선착장이 보이니 버스정류장도 멀지 않았다. 유람선에서 내린 외국인 여자 둘이서 화장실로 향하는 계단을 너무 힘들게 오르고 있었다.

걸어서 온 우리도 멀쩡한데 우리보다 젊어 보이는 여자들이, 그것도 배를 타고 왔으면서 저렇게 힘들어하는 걸 보니 배 안에서 무슨 격투기라도 한 걸까?

정류장이 보이는 호수 끝머리에는 방목 중인 말들이 반겨 주었다. 사진을 찍고 있는데 빵차에 함께 타고 온 여자애들이 웃으며 인사를 하더니 지나갔다. 저들을 보니 우리도 이 코스를 평균적 수준으로 걷고 보고 온 것이 확실해졌다.

벽파해 정류장 중 유일하게 발견한 식당은 음료수라도 마실까 하고 가격표를 보다가 예상보다 비싼 가격 때문에 일찌감치 포기하고 물러섰다. 누군가는 얼마나 비싸다고 그깟 음료수 가격을 아끼냐고 하겠지만, 우리에게는 계획한 여행비용 범위 내에서 집행은 비상시가 아닐 때에는 철칙처럼 준수하고 있었다. 그리고 식당이 이동 경로의 가운데쯤 있어야 사 먹든지 어떻게 하지 마지막에 있으니 돌아가기 바쁜데 사 먹을 사람도 있을 것 같지 않았다. 투자 대비 효율성과 관광객의 편의를 계산하지 않은 건지 경로 도중의 환경보호 때문에 어쩔 수 없이 끝에다가 만들어 놓은 건지 이해되지 않았다. 멀어지는 벽파해를 아쉬워하며 버스에 올랐다.

"벽파해 안녕, 꽃 피는 계절에 다시 올 수 있기를."

❸ 무슨 말을 하는 걸까요?

객잔으로 돌아온 시간은 무엇을 하기에는 어중간한 시간이었다. 고성에서 약간 떨어진 곳에 위치한 산에 오르면 전망이 기가 막힐 것 같았다. 아마 샹그릴라 시가는 물론 멀리 있는 설산들도 한결 가깝게 보이지 않을까 싶었다.

　문제는 두 가지였다. 첫째는 산의 높이가 보기에도 만만한 정도는 아니어서 괜히 고산병이라도 걸려 고생하는 것이 아닐까 하는 점이었다. 보다 결정적인 문제는 산 아래 위치한 군 부대였다.

　아마도 샹그릴라는 미얀마와 지리적으로는 근접해서 국경 수비의 의미도 있겠지만 중국 내의 특별한 관리지역인 티벳으로 통하는 입구이기 때문에 그러한 목적이 더 크지 않겠는가. 대부분의 군부대는 보안 문제로 주변을 통제할 텐데 산 아래까지 갔다가 통제 때문에 오르지 못하면 억울할 것 같아서 바로 포기하였다.

　그 대신 우리는 고성과 이어져 있는 언덕을 오르기로 하였다. 고성 구경을 겸해서 가는 길목은 어수선하였다. 흔히 관광지의 그렇고 그런 물건들을 파는 가게들을 지나자 점차 늘어나는 수요에 발맞추려고 보수 중인 상가로 분위기가 반감되고 있었다.

　샹그릴라 고성은 몇 년 전 화재로 큰 피해를 입었다고 알고 있었는데, 그 복구과정의 일환인 듯 객잔도 대규모로 신축하고 있었다. 리장도 그러했지만 이곳도 목재 건축물에 섬세한 문양의 장식을 좋아하는 모양이다. 신축 건물에 들어갈 문은 정교하게 조각이 되어있어서 관심 있게 살펴보았더니 손으로 만든 것이 아니라 기계로 찍은 것이 확실하였다.

　중국도 이제는 조각마저 수작업보다 기계공예를 할 만큼 생산성을 중시하는 자본주의 시스템이 자연스러운가 보다. 도로에는 배수로를 정비하느라 파헤쳐 놓아서 하수도 물이 길 위로 흐르고 있었다. 하수도라 하더라도 물이 그렇게 더럽지는 않았지만 신발이 젖는 걸 피하기 위해서라도 질퍽거리는 도로를 건너뛸 수밖에 없었다. 언덕이 눈앞에 보이는데 희박한 산소 탓인지 숨이 가빠왔다.

우리는 다소 아쉬워하는 이 형을 설득하여 언덕 오르기를 포기하고 말았다. 그나마 다행인 것은 석양빛으로 물든 언덕 주변의 구름 낀 하늘을 보았다는 것이었다.

일정의 여유가 있다면 샹그릴라 주변의 설산 하나를 대상으로 트레킹을 할 수도 있을 텐데 여유 있을 줄 알았던 우리의 계획은 리장의 정겨움에 발목이 잡혔다. 구름 낀 하늘 저편 어디 쯤에 정말로 샹그릴라가 있을지도 모르는데 아쉬웠다.

저녁 식사는 전날 점심을 먹었던 야크바 식당 옆에 있는 다른 식당을 들렀다. 우리는 마파두부와 함께 몇 가지를 시켜서 구석진 테이블에 앉아서 식사를 막 시작하는데 누가 오더니 술 한 잔 할 거냐고 묻는다. 안 먹는다고 필요 없다고 하는데 이 친구 식사 도중에 몇 번씩 들여다본다. 식당에 들어갔을 때 카운터 근처에서 떠들고 있던 이 친구는 식당 사장인지 근처의 주민인지 주방장인지 정체를 알 수 없는 사람이다. 우리에게 술을 사달라고 해서 바가지를 씌우려는 사람일지도 모른다는 생각도 들었다. 200ml 플라스틱 소주 한 병을 건배용으로 갖고 갔었는데 신경이 쓰여서 도중에 숨겨서 겨우 먹었다. 중국 와서 처음으로 그야말로 객지 타면서 먹었다.

노크와 함께 빵차 기사가 방으로 들어와 다소 흥분한 듯 배를 두드려 가며 말했다. 우리는 각자 침대 위에 누워서 휴대폰으로 오늘 찍은 사진도 정리하고 흘러간 노래를 들으면서 잠들기 전에 달콤한 휴식을 즐기는 중이었다.

나야 애초에 중국어는 전혀 못 하고 두 사람은 미리 말할 내용을 사전에 충분히 정리한 뒤에야 비로소 의사를 전달할 수 있는 왕초보급 수준이었다. 다행히 예상된 범위의 답변이 돌아오면 문제가 없는데 그 범주를 벗어난 수준이면 그냥 당황스러운 상황이 되었다. 하물며 지금처럼 아무 준비 없는 상태에는 대책이 없다.

"지금 저 사람이 왜 와서 뭐라고 하는 건지 알아요?"

"전혀 모르겠는데, 왜 왔지."

"아니 휴대폰 어쩌고 하는 것 같은데 저 동작하고는 전혀 어울리지 않는데 뭐야?"

우리가 말을 못 알아듣자 그 친구는 심한 동작까지 취해 가면서 더 큰 소리로 말했다.

"뭔가 문제가 생긴 것 같은데 필담을 시도해 보는 게 어때요. 메모지 줘 봐요."

세 사람이 기사가 쓴 메모지에 같이 머리를 들이밀자 금방 답이 나왔다. 이럴 땐 말보다 한자가 더 이해가 빨랐다.

우리가 해독한 내용은 '운전할 사람이 지금 배가 아파서 내일 리장을 갈 수 없다'는 것이었다. 돌아오는 빵차 안에서 우리가 리장으로 갈 계획이라면 내일 그곳으로 가는 승용차편이 있어, 버스비 수준으로 값싸게 해줄 테니 이용하라는 제안을 한 것이다. 우리는 그러마 라고 약속을 했었다. 그 사람은 쓰지司机, 운전기사라고 말했는데 이 형은 그것을 쇼우지手机, 휴대폰라고 듣고는 뜬금없이 휴대폰이 무슨 문제가 생겼다고 이렇게 난리인가라고 생각하니 그 다음 말은 전혀 안 들리더란다. 중국어의 복잡한 성조와 아직 어설픈 실력의 이 형이 잠시 우리를 긴장하게 만든 사건이었다.

정말로 배가 아픈지, 아니면 우리 이외의 사람을 구하지 못해 수지타산이 맞지 않아 취소하는지는 알 수 없지만 알았다고 하니 대신 내일 버스터미널까지는 자기가 태워주겠다 했다. 아쉬운 샹그릴라의 밤은 그렇게 깊어 갔다.

이제 큰 일정은 모두 마쳤다. 푹 자고 리장으로 가서 약간의 여유 시간을 즐기다가 쿤밍으로 돌아가면 된다.

살아있는 고도 리장

옥룡설산 관광 예약

1박 2일의 호도협 트레킹 도중에 갈라진 이 형은 중호도협 장선생 객잔에서 따로 차를 타고 오기로 했고, 버스에서 내린 김 형과 둘이서 얼마간 걷다 보니 이제 우리의 베이스캠프이자 고향집 같은 고성 남문이 보인다. 객잔에 돌아오니 주인집 젊은 동생이 반가이 맞아 준다. 비록 도착한 날 하루밖에 묵지 않았지만 구면이라 그런지 역시나 집에 돌아온 것 같은 푸근함이 좋았다.

저녁은 남문 밖에 있는 국수 전문점에 가서 만두와 국수를 먹으면서 옥룡설산을 어떻게 갈 것인가를 의견을 나누었다. 우리끼리 버스로 간다면 호도협 입구에서 헤맨 것처럼 또 헤맬 수도 있으며 많은 것을 못 볼 수도 있으니 이번엔 패키지로 하면 어떻겠냐는 의견이 나왔다. 옥룡설산은 한번 간 김에 관광지 내의 몇 곳을 동시에 둘러보고 와야 하기에 현지에 있는 여행사의 패키지 관광을 이용하는 것이 효율적일 것 같아서 여행사를 찾아 계약하기로 하였다. 리장에 여행사는 정말 많았다. 아하 그런데 여기서 또 예상치 못한 난관에 부딪혔으니, 그것은 바로 여행사에서도 영어가 잘 안 통한다는 것이다.

잉글리쉬? 절레절레….
잉글리쉬? 절레절레….
잉글리쉬? 절레절레….

아니 어떻게 이런 일이? 여행사에서 영어가 안 되다니? 몇 집을 헤매다가 드디어 제일 큰 여행사 사무실을 들어갔더니 역시 덩치 값을 하는구나.

잉글리쉬? 오케이!

여직원이 몇 마디 대화를 나누다가 본격적인 계약을 하려니 다시 좀 헤매는 듯하다. 자기들끼리 뭐라고 중국말로 떠들어 대더니 다른 직원을 데려오겠단다. 잠시 기다리자 드디어 어디선가 영어가 제대로 되는 남자 직원을 데려왔다.

처음에는 1박 2일 코스를 하려고 했으나 옥룡설산은 1박 2일 일정의 코스는 없었다. 이틀씩이나 관광하면서 볼거리가 있는 것은 아닌듯하다. 내일 출발하는 표는 없어서 하루 뒤인 9월 16일 표를 계약했다. 세 명이 2,070위안에 인상리장 공연과 점심식사를 포함하는 패키지를 구입했는데 계약서를 쓰고 보험도 들고 꽤나 복잡했다.

출발 시간과 장소는 미리 정해져 있는 것이 아니고 내일 밤늦게까지 숙소로 알려 준단다. 아니 이건 또 무슨 황당한 상황인가? 혹시 출발 안 할 수도 있느냐고 물으니 출발은 반드시 한다고 안심하란다.

아마도 여러 여행사에서 모객한 인원을 취합하여 그때그때 예약한 인원에 따라 버스 편도 조정되고 승차시간도 시내를 돌며 손님들을 태우며 와야 하니 우리가 승차할 지점인 남문에서의 시간이 유동적이어서 그런 것 같다.

우리는 현지 휴대폰이 없고, 국제전화로 연락은 할 수 있다 하더라도 중국어가 안 되니 밤늦게 연락을 취할 방법이 없었다. 그래서 우리가 묵는 객잔 명함을 주고 거기로 연락을 달라고 했다.

숙소에 돌아와서 주인에게 내일 저녁 여행사에서 전화가 온다는 내용을 설명하는데(손짓, 발짓, 바디랭귀지 등) 참 힘들었다. 마침 들어오는 여행객 중에 우리나라에 와서 대학에 다녔다는 여성이 통역을 해 주었는데, 이 여성도 한국을 다녀간 지 오래 되어서인지 한국말이 영 서툴러서 말이 통역이지 있으나 마나다. 결국은 제대로 의사전달이 안 되어 객잔 주인이 직접 여행사에 다시 전화를 하고 한참을 통화한 뒤에야 알겠다는 표정이다. 그 날 아침에 일찍 시간 맞춰서 깨워 주기로 하고, 주인장의 동생이 버스 타는 데까지 안내를 해주기로 했다. 그렇게 이해했는데 맞는지 모르겠다.

여행의 1차 목표인 호도협 트레킹을 무사히 마친 기념으로 백주 한 병과 맥주를 사와서 건배를 하며 피로를 달래고 나서는 정신없이 꿈나라로 빨려 들어갔다.

● 만고루 언덕의 조망 좋은 카페

호도협에서 다시 돌아온 리장의 다음날 아침. 날씨가 좋다. 오늘 하루는 정비와 휴식, 고성 둘러보기, 만고루万古楼, 완꾸루 오르기 그리고 재래시장 탐색이다.

오랜만에 쨍한 햇빛이 비치는 맑은 날을 활용해 그간에 밀린 빨래를 하여 발코니 난간에 널어놓고 정비의 시간을 가졌다. 신발도 햇볕에 내다 말리고 속옷을 어디다 널어야 할까 잠시 고민하였으나 쓸데없는 고민을 하고 있었다는 것을 깨닫는 데는 그리 오랜 시간이 걸리지 않았다. 이미 그곳에는 누군가의 것이지 알 수는 없지만 여자의 빨간 속옷도 용감하게 나부끼고 있었으니….

객잔에서 나와서 시끌벅적 분주한 골목길을 따라 첫날 표 때문에 들어가지 않았던 골목길을 계속 들어가니 고성의 중심이라 할 쓰팡지에 광장이 나오고, 쓰팡지에 광장에는 나시족 전통복장의 할머니들이 둥그렇게 원을 그리며 전통 민속춤을 추고 있었다. 아마도 관광객을 위한 서비스 같이 보였다. 그들의 춤은 단순한 동작의 반복이어서 쉽게 따라 할 수 있을 정도라 몇몇 관광객들도 그들 틈에 끼어서 같이 춤을 추기도 하고 있었다. 나도 한번 그 틈에 끼어서 나시족 전통춤의 일원이 되어 보기도 하였다.

쓰팡지에서 춤을 추고 있는 나시족 사람들.

쓰팡지에서 건너편 서쪽 사자산 언덕을 오르면 그 꼭대기에 만고루가 있는데 여기도 또 별도로 50위안의 입장료를 받는다. 유효기간도 없이 들어갈 때 마다 매번 입장료를 내야 한단다. 저녁에 야경을 보러 오려면 또 입장료를 내야 한다니 얼마 되지 않는 돈이긴 하지만 매번 입장료를 내기는 좀 억울한 기분이다. 하지만 여기에서 내려다보는 리장 고성의 모습이 일품이다. 지대가 높아서 리장 고성이 한눈에 시원하게 내려다보인다. 끝없이 이어진 기와집 지붕과 골목들…. 옛 고을의 모습을 그대로 보는 것 같다.

안동 하회마을이나 전주 한옥마을 같은 느낌이라 할 수 있겠으나 규모 면에서 비교할 바가 안 된다. 어쩌면 우리의 먼 옛날 조선시대 한양의 모습이 이러하지 않았을까 감탄하며 하염없이 내려다본다. 저 많은 집들의 기왓장 한 장마다 골목길의 돌 한 개마다 리장의 역사 속 영화와 애환이 묻어나는 듯하다. 남과 여, 사랑과 미움, 만남과 이별, 환호와 좌절, 보이차와 말….

만고루는 누각도 있고 종루도 있다. 커다란 북도 걸려 있고 법당도 있다. 분명 큰 절간 같은데 바닥에는 태극과 팔괘 무늬를 돌로 깔아 놓았다. 누각 안에 들어가보면 벽에 그림도 전시되어 있고 작은 서점 같은 것도 있다. 꼭대기 층에서 내려다보는 전망도 좋았다. 누각 뒤로 오솔길도 나 있어 리장 시에서는 가장 한적하고 오붓한 지역 같았다.

사자산 만고루.

내려오는 길에 김 형이 커피를 사겠단다. 만고루를 나오자 골목을 따라 왼쪽으로 많은 카페들이 즐비한데 모두 내려다보는 전망이 아주 좋을 것 같은 곳에 위치하고 있다. 그 중에서도 가장 괜찮아 보이는 집을 골라 들어가니 옥상의 야외에 천막을 치고 햇볕을 피할 수 있게 자리가 마련되어 있고 거기에 소박하고 투박하게 나무로 된 탁자와 의자가 놓여 있다.

역시나 예상했던 대로 전망이 끝내주는 집이다. 만고루에서 내려다보는 조망 보다 훨씬 좋은 그림을 보여 줘서 좀 전의 만고루에서의 환호와 감상은 바로 잊혀져 버렸다. 위치가 정말로 좋은 곳이다.

많은 중국인 젊은이들이 이미 여기저기 자리를 차지하고 앉아 있다. 한 무리의 젊은이들은 미술을 전공하는 학생들인지 취미로 하는 단체에서 같이 왔는지 알 수 없지만 서너 명씩 모여앉아 아름다운 리장의 전경을 화폭에 담기에 여념이 없다. 파리의 몽마르트 언덕에서 지나치게 상업적으로 보이던 모습과는 달리 한결 여유 있는 모습으로 스스로 심취되어 그림에 빠져 있는 모습이 아주 보기 좋다.

또한 찻집 안에는 중국인 라이브 가수가 멋진 기타 연주에 곁들여 중국노래를 조용하게 분위기 있게 부르고 있고, 그 앞엔 주인집 개인지 가수가 데리고 온 개인지는 알 수 없지만 늙은 개 한 마리가 오수를 즐기면서 낯선 여행자들과 같이 여유를 즐기고 있다. 늘어진 개 팔자 말 그대로였다. 자고 싶으면 자고 먹고 싶으면 먹고….

그런데 커피를 시키면서 또 한 번 놀랐다. 커피값이 장난이 아니었다. 그동안 리장의 서민 물가에 익숙해 있던 우리에게 여기 찻값은 갑자기

서울의 호텔 커피숍으로 순간 이동을 했나 싶을 정도로 얼떨떨하다. 그런데 커피 값에 비해 맛은 영 아니올시다 이다. 그냥 밍밍한 맛의 아이스커피가 쓴웃음을 짓게 한다. 얼음물에 타지를 않고, 그냥 뜨거운 커피에 얼음 몇 조각을 띄워서 가져오니 이거야 말로 아이스커피는 커녕 이도 저도 아니다. 그나마 리필도 안 된단다. 아니 무슨 이런 경우가…?

전통차를 시킬걸 그랬나? 가만히 주위를 둘러보니 역시 남들은 다들 중국차를 마시고 있다. 근데 전통차는 값이 커피에 비해 비쌌었는데 알고 보니 한 잔이 아니라 주전자를 통째로 가져다준다. 그러니 한 주전자를 받아서 느긋하게 음

다시 가고 싶은 언덕 위 카페에서의 힐링.

미하며 나누어 마시면 되는 것이었다.

그래도 이곳 찻집에서 여유 있게 내려다보는 리장 고성의 아름다움을 리장 관광의 백미라 할 수 있겠다.

삶에 찌든 현대인들에게 여기만 한 힐링 장소가 또 있으랴 싶었다. 리장을 가시는 분에게는 꼭 이곳을 들러 보라고 권하고 싶다. 이런 좋은 곳에서 삶의 여유를 찾을 수 있게 해 준 김 형 고맙소.

만고루를 내려오니 점심 때가 되어 한식당 '벚꽃마을'에 들러 김치찌개와 된장찌개로 오랜만에 한식을 먹었다. 중국음식에 나름대로 적응

하고 있던 참이라 한식에 그리 목말라 있지도 않았던 때문인가 한식이 반갑기는 하였어도 그리 맛있다고 느끼지는 못하였다. 외관에서 실망한 느낌 그대로 맛도 기대에는 못 미쳤다.

이 식당 한쪽에서는 라이브 공연을 하고 있었는데 홀이 광장처럼 넓고 대낮인데도 불구하고 휘황찬란한 조명에 시끄러운 음악 소리가 너무나 상업적 냄새가 넘쳐났다. 좀전의 카페의 분위기와는 정반대로 다시는 들리고 싶지 않은 곳이 되고 말았다. 뭐 식당은 나름대로 손님들이 꽤 되는 것을 보면 현지화에는 성공한 것 같기도 하다. 한식의 국제화가 너무 현지화되지 않고 본래의 모습을 지킬 수 있었으면 참 좋겠다는 생각을 해 본다. 가끔 해외 패키지여행을 가서 보면 현지에서 한 번씩은 한식당을 들리게 되는데 그 음식이란 정말 외국인들에게 맛보이고 싶지 않은 형편없이 부끄러울 정도의 흉내만 낸 음식들인 경우가 많았다. 우리의 소중하고 품격 있는 음식문화가 해외에서 외면당할 수밖에 없는 그런 모습이 안타깝다는 생각을 여러 번 해왔었는데 여기도 그런 면에서 좀 아쉬웠다. 당장의 수익만을 쫓다 보니 현지인의 입맛에 맞추느라 변형된 국적이 어딘지 모를 퓨전식 한식의 장래가 걱정스럽다.

가장 한국적인 것이 세계적이라는 말에 고개가 끄덕여지는 순간이다. 이런 부분은 일본에서 많이 배워야 할 것 같다. 그들이 생선회도 먹을 줄 모르던 서양인들에게 스시의 맛을 느끼게 하고 고급음식의 반열에 올려놓기가 얼마나 어려웠을지 짐작하기 어렵시 않은데 끝까지 현지화라는 타협을 하지 않고 일식 문화를 지켜낸 그들의 고집을 보면

경이롭기까지 하다.

그런 면에서 우리는 우리의 소중한 것들을 아끼지 못하고 너무 쉽게 무시하고 심지어는 자기비하를 하는 것까지 익숙해 있는 것 같아 아쉽다. 특히나 이번에 리장에서 엄청난 규모의 옛 도시가 원형과 가깝게 잘 보존 되어 있는 것을 보니 우리의 한옥들과 조상들의 손때가 묻은 옛것들이 편리와 도시개발의 미명 하에 이젠 거의 다 사라져 버린 것이 참으로 안타까울 따름이다.

또한 김영삼 정권 때 없애 버린 중앙청은 너무 아쉬워서 생각할 때 마다 화가 날 지경이다. 우리의 아픈 역사 부끄러운 현장이라도 이를 잘 보존하여 역사를 있는 그대로 후세에 가르쳐 경계하게 해야 할 일이 아닌가 생각하면 이제는 다시 돌이킬 수 없다는 사실이 가슴이 아프다.

송이를 안주 삼아 백주와 함께 마신 고향역

한동안 카페에서 눈과 귀와 입이 즐거운 호사를 누린 후 점심도 해결했으니 또 구경을 나선다. 쓰팡지에서 북쪽으로 계속 가다 보면 1997년 리장이 유네스코 세계문화유산에 등록된 것을 기념하는 장쩌민江澤民 주석의 글씨와 함께 큰 물레방아가 있는 광장이 나온다. 그리고 그 옆에는 소원을 적어 걸어두면 이루어진다는 나무패를 잔뜩 걸어 둔 것이 커다란 등나무 덩굴처럼 자리를 차지하고 있다. 또 그 주변에는 맥도날드, KFC와 피자헛 등 서방의 대표 패스트푸드점들이 모두 모여 있다.

리장의 랜드마크 물레방아.

패스트푸드점들이 몰려 있는 물레방아 앞 광장.

더 올라가면 개울이 점점 더 물이 많아지면서 제법 산자락의 개울 같은 모양새를 갖추어 시내 보다는 좀 더 서늘한 기운을 느끼게 된다. 얼마를 그렇게 개울을 따라가다 보면 흑룡담 공원이 나온다. 공원을 들어가려면 표가 있어야 하는데 바로 오던 날 샀던 고성보호유지비 영수증이다. 흑룡담 맑은 물에는 멀리 옥룡설산의 그림자가 비쳐 있어 그림엽서 같은 멋진 경관을 자랑한다. 설산만 보이는 게 아니라 호수 위에 멋들어진 누각도 몇 채나 있는 전경이 눈을 호사롭게 한다.

오늘은 따뜻한 햇살이 더울 정도로 내리쬐는데 설산은 구름에 가려 정상의 뾰족한 봉우리를 쉽게 보여 주지를 않는다. 흑룡담을 잠시 둘러보고 내려오는 길은 초여름 날씨처럼 덥다. 길가의 가게에서 팔고 있는 조각 수박을 사서 개울가 난간에 앉아 휴식을 취하며 때늦은 더위도 날려 보냈다.

이제는 너무 늦기 전에 우리의 중요한 미션인 재래시장 탐색에 나서야 할 때다. 어제 호도협에서 돌아와서 숙소로 오기 위해 시내를 걸어올 때 눈여겨 봐 두었던 곳을 큰길을 따라 걷다 보니 쉽게 재래시장에 도착한다. 첫 번째 들렀던 재래시장은 버스터미널에서 가까운 곳이다. 들어가서 둘러보니 우리네 재래시장과 다를 것이 없이 온갖 것이 다 있다. 그야말로 있어야 할 건 다 있고 없을 건 없다. 그런데 아무리 구석구석 둘러보아도 우리가 찾는 송이버섯은 없다. 가만히 보니 잡화, 옷가지 등 공산품 위주로 파는 시장이었고 우리가 찾는 송이를 파는 시장 분위기가 아니다.

팅부동 운남여행

여기가 아닌가. 일단 여기는 포기하고 큰길 건너 고성 쪽에 보이던
또 다른 시장을 찾아서 고고!

바로 찾은 두 번째 시장.

이름은 충의시장忠义市場 고성과 바로 붙어 있다. 우리가 눈 빠지게 찾
는 것은 있을지도 모르는 송이버섯이었다. 들어가니 우선 난전이 크게
자리를 잡고 있다. 각자 좌우로 눈을 열심히 굴리며 송이를 팔고 있을
만한 곳을 열심히 훑는다. 온갖 야채, 생선, 과일, 잡화, 곡식, 애완동
물 등. 산골 마을 골짜기 텃밭에서나 기른 것들을 길바닥이나 수레에
올려놓고 팔고 있는 모습이 우리네 시골 오일장 모습과 다를 게 하나도
없다. 다른 것은 딱 한 가지, 중국말로 시끄러운 소리가 그것이었다. 아
이구 시끄러워, 호떡집에 불났나? 싶을 정도다.

앗! 바로 그때 우리의 눈길을 사로잡는 것이 있었으니 바로 송이버섯
이었다. 심봤다! 드디어 송이를 팔고 있는 아주머니를 발견한 것이다.

충의시장에서 드디어 송이를 사다.

송이가 한국에서 보던 것
보다 훨씬 크고 튼실하게
잘 생겼다. 한 근에 70위안
이었으니 한국보다 훨씬 싼
가격이다.

과연 살 수 있을지 확신
도 없는 상태에서 헤매다
드디어 나타났으니 반가운

마음에 딴 생각할 거를 없이 무조건 한 근을 샀다. 한 근이 몇 그램인지 모른다. 옛날식으로 추가 달린 수평 저울에 달아 줬으니까, 대강 우리나라 한 근과 비슷한 양으로 보였다. 이제는 어떻게 먹을까 그것이 문제였다. 참기름, 맛소금 등이 있어야 하는데 당장 어디서 구할지 모르겠다. 식료품 가게를 찾아서 둘러보니 참기름병 비슷하게 생긴 것을 팔기는 했는데, 코를 들이대고 향을 맡아 봐도 공장에서 제조되어 나온 밀봉된 제품이라 향이 나지도 않고, 참기름을 뭐라 하는지 알 수가 없으니 결국은 참기름 사는 것은 포기할 수밖에 없었다. 하는 수없이 가게를 나와서 돌아다니다 보니 눈에 띄는 대로 저녁에 먹을 백주 한 병과 빵 그리고 베이징덕처럼 튀긴 오리구이 한 마리를 샀다. 또 내일 옥룡설산에서 간식용으로 먹을 오이와 복숭아도 사서 숙소로 돌아왔다. 객잔 방에 모여 앉아 침대 위에 판을 벌리고 드디어 송이 시식 시간이다. 송이 외에는 특별히 준비된 식재료가 없으니 어찌 먹는 것이 좋을까 고민하고 있는데, 김 형이 심마니(?) 출신이니 그가 하자는 대로 그냥 손으로 적당히 찢어서 생으로 먹었다.

오호! 그냥 생으로 먹으니 입속으로 은은하게 퍼지는 송이의 진정한 향을 제대로 느낄 수 있다. 살아있네! 살아있어! 거기에 더해서 대한항공에서 스폰(?)해 준 고추장 튜브가 있으니 이만해도 더이상 좋을 수가 없었다. 못 먹는 술이지만 여기서 술이 빠질 수는 없는 일. 시장에서 산 백주 한 잔에 송이 한 조각. 환상의 만찬이다. 오리구이도 있고 복숭아도 있었지만, 이런 것들에는 손이 가지도 않는다.

송이 한 근을 세 사람이 먹어도 꽤 많은 양이라 송이로만 배를 채운

듯하다. 그리고도 일부는 차를 끓일 때 넣어서 송이 차를 끓이니 이 또한 환상의 맛이다. 언제 또 이런 호사를 해 보랴 싶다.

오 해피데이!

그 와중에 김 형이 챙겨온 블루투스 스피커를 켜고 스마트폰을 연결하니 방 안엔 음악이 깔리고 우리 세 사람을 위하여 나훈아가 열창을 한다.

"코스모스 피어 있는 정든 고향~역~ 이뿐이 곱분이 모두 나와 반겨주겠~지~."

어느새 우리들도 같이 흥을 돋우며 따라 부르다 보니 노래방이 되어 버렸다. 백주 한 잔에 송이 한 조각이 들어가고, 배도 부르고 기분도 좋으니 어느 누구 부러울 것이 하나 없었다.

그런데 송이는 이게 끝이 아니란다. 김 형이 송이 파티를 제대로 한번 더 하자는 것이었다. 오늘 산 송이는 엉겁결에 만나서 반가운 마음에 이것저것 볼 것 없이 그 자리에서 덜컥 사버렸지만 사실 오늘 것은 약간 향이 빠진 것으로 특A급은 아니라는 것이다. 그러니 다음에 샹그릴라에 가면 분명히 더 좋은 송이가 있을 터이니 재래시장을 찾아가서 그때 제대로 한 번 더 송이 파티를 하자는 것이다. 완벽한 파티를 위하여 추가로 준비하여야 할 재료는 참기름, 맛소금 그리고 라면. 거기에 가능하다면 고기를 구워 먹을 수 있는 숯불과 불판 등…. 오호라! 그 참 좋은 생각으로 듣던 중 반가운 소리다.

하! 해외여행 와서 이게 정말 가능할까 생각했지만 침을 삼키며 기대가 되었다. 그렇다. 이 좋은 걸 이렇게 엉성하게 한 번으로 끝낼 수는 없었다. 제대로 된 송이 파티 한 번 더 하는 데에 만장일치로 의견이 모였다. 마시다 남은 백주에 송이 조각을 넣어 두었다. 내일이면 자동으로 송이주가 되겠지 싶었다.

다음날 옥룡설산 당일 여행에서 돌아오니 아직 오후 시간이 좀 남았다. 이른 저녁을 먹고 리장의 밤거리를 구경하기로 나섰다. 휘황찬란한 불빛과 골목마다 시끄러운 음악소리. 여기가 과연 낮에 우리가 보았던 그 골목이 맞는가 싶을 정도로 완전히 변신한 새로운 얼굴의 고성이 있었다. 특히 쓰팡지에를 중심으로 우리네 야시장과 라이브 카페가 뒤범벅이 되어 있는 형국이다. 젊은이들은 밤의 열기에 열광을 하고 있지만 리장의 밤 풍경은 전혀 생각 밖이다. 너무나 상업주의에 물들어 있는 리장의 밤은 시골 처녀의 순박한 얼굴에 덕지덕지 두껍게 분칠을 한 느낌이다. 사람이 모이니 돈은 벌어야 하지만 아름다운 리장의 모습이 머지않아 사라지고 다시 보기 어려울 것만 같아 안타깝기만 하다. 새마을 운동을 하면서 우리나라 그 많던 초가집들 지붕에 씌운 볏짚만 걷어내고 슬레이트 지붕을 얹고 거기다가 삐에로처럼 빨강 파랑 페인트칠을 한 것 마냥 마음 한 켠이 씁쓸하다.

밤의 리장에는 별다른 느낌을 받지 못하고 언덕 위로 대낮처럼 불 켜진 기와집들 사진만 몇 장 찍고 산책 삼아 한 바퀴 돌고는 소란스러움을 피해서 바로 우리의 보금자리인 숙소로 돌아와 버렸다. 리장의 밤은 열한 시까지는 소란을 피워도 좋지만 그 시간 이후는 음악 소리를 내지 못하게 되어 있다고 하니 그나마 다행이다.

물레방아 근처 야경.

리허설까지 하고 제대로 즐기는 송이버섯파티

호도협 옥룡설산에 이어 우리의 세 번째 목적지인 샹그릴라를 2박 3일 동안 구경하고 다시 리장으로 돌아왔다. 이제는 중요한 일정은 거의 다 마무리된 셈이니 쿤밍으로 이동하기 전까지는 쉬엄쉬엄 이곳 리장의 이모저모를 느끼며 살펴볼 참이다. 그야말로 자유여행의 장점인 말 그대로의 자유를 만끽하는 것이다.

샹그릴라에서 혹시나 했던 송이를 구하지 못했기 때문에 오늘 다시 한 번 더 송이버섯을 사서 제대로 격식을 갖추어 그 풍미를 느껴 보기로 했다. 저번에는 송이가 있을지 없을지도 모르고 탐색 차원에 시장을 들렀다가 갑자기 눈에 띈 송이를 샀기 때문에 조금 준비가 안 된 상태로 그 귀한 송이를 소금장도 없이 먹었지만 오늘은 모든 걸 구비하여 제대로 된 송이 파티를 벌이리라 다짐들을 하고 집을 나선다.

오늘은 이제 주변 지리도 익혔고 시간도 여유가 있으니 슬슬 걸어서 숙소에서 그리 멀지 않은 곳에 있는 충의시장으로 발길을 돌렸다. 우선 송이는 파는 위치를 아니까 지난번 산 곳 보다 더 안쪽으로 탐색을 했다. 역시나 시장 안쪽으로 깊숙이 가게를 찾아 들어갔더니 몇 군데 송이를 파는 곳이 눈에 보인다. 여기서 파는 송이는 신선도와 크기와 품질이 저번과 비교가 안 될 정도로 특상품이다. 갓이 피지도 않았을 뿐 아니라 굵기도 아이 팔뚝만 한데다가 향도 아주 죽여준다. 한국에서는 아예 구경도 못할 물건이다. 물론 가격은 저번에 비하여 거의 두 배 정도가 된다. 그래도 횡재한 느낌이다.

나머지 필요한 식재료들을 사기 위하여 고성 앞 큰길을 건너서 있는 대형 슈퍼마켓에 들렀다. 며칠 전에 크게 오픈 행사를 하며 개장했던 곳이다. 그동안 마켓에서 살 것이 별로 없어서 눈요기만 하고 지나다니던 곳인데 오늘에서야 비로소 매상을 올려주러 들린다. 신장개업을 하고 아직도 할인행사를 하고 있어서 그런지 여기도 사람들이 인산인해다. 마켓을 들어가는 입구에는 가방을 보관하는 무인 보관대가 있다. 메고 있던 작은 배낭을 보관하려다가 어찌 사용하는지를 몰라서 어리버리 하고 있는데 직원이 와서 친절하게 가리켜 준다. 비밀번호는 없고 그냥 가방 넣고 키를 돌리면 잠긴다. 그리고 나올 때는 물건 산 영수증의 바코드를 읽히고 키를 돌리면 열린단다. 어, 여기 시스템은 우리나라 보다 앞서네! 혹시 서울은 있는지 모르지만 대전에서는 아직 이런 보관대를 본 적이 없다고 이 형이 한소리 한다.

안으로 들어서니 이마트나 홈플러스 수준보다는 좀 작지만 식음료품 매장은 현대화 된 시설에 그야말로 없는 것이 없이 다양한 상품이 아래 위층으로 빼곡히 진열되어 있다. 구경도 할 겸 한참을 돌아다니다가 필요한 물건들을 샀다. 어젯밤에 공부해 둔 참기름芝麻油, 지마유을 사고 눈에 띄는 싱싱한 배추 한 통과 중국산 컵라면 그리고 기분 좋은 멋진 밤을 위하여 백주와 맥주도 샀다.

귀국 선물용으로 보이차도 샀다. 사실 보이차를 여기서 사야 하는지 아니면 리장 성내의 그 많은 차 가게에서 사야 하는지 잘 모르겠으나 여긴 적어도 제품 대비 가격이 일치 할 것 같아서다. 보이차가 천차만별이나 물건 자체를 잘 모르기 때문에 싼지 비싼지 도대체 알 수가 없다. 그런데 보이차 코너를 못 찾아서 직원들에게 물어보니 무슨 말인지 못 알아듣는 시늉을 한다. 아니 보이차를 운남 사람이 모르다니 이상하게 생각하며 한참 만에 찾아보니, 중국발음으로는 푸얼차라고 한다. 우리 식으로 보이차를 찾으니 그들은 당연히 모를 수밖에.

맛소금은 많이 필요하지 않아 어제 식당 테이블에 있는 양념 통에서 냅킨에 조금 싸서 가져다 놓은 것이 있었다. 이걸로 송이를 제대로 즐기기 위한 만반의 준비는 다 갖추었다. 소고기를 사다 송이 불고기를 해서 먹으면 더 할 나위 없이 좋은데 하고 아쉬워했지만 불판 준비가 여의치 않으므로 이 정도에서 만족하기로 한다.

　모든 준비를 다 마치고 숙소로 돌아왔다. 이제는 본격적인 송이 파티를 즐기기 위해서 김 형 방으로 모여서 파티 준비를 한다. 송이 요리의 셰프는 역시 김 형. 평소에 아마추어 심마니 생활을 오래 했으니 산에서 나는 모든 것에는 타의 추종을 불허하는 전문가 수준이니 안심하고 맛있게 먹어주기만 하면 된다. 참기름은 제대로 산 것일까 궁금해 하며 병뚜껑을 여니 고소한 냄새가 코를 가득 채운다. 오케이 이것도 제대로 샀군. 송이는 적당한 크기로 찢어놓고 미리 확보해 둔 맛소금에 참기름을 부어 기름장을 준비하고 닭다리 튀김으로 배를 채울 준비를 하니 이제 즐길 일만 남았다. 백주 한잔에 안주로 큼지막한 송이를 기름장에 찍어 먹으니 특급요리가 따로 없다. 블루투스 스피커에서는 젊은 날의 나훈아가 다시 우리를 위한 리사이틀로 분위기를 돋우어 주고 있다. 언제 또 이런 호사를 부려볼까. 내년 송이 철에 또 와야지라는 생각이 들었다. 사실 올해는 철이 좀 지났다고 한다. 그러니 제철에 오면 얼마나 더 풍성할까 생각만 해도 마음이 급하다.

　송이는 몇 개쯤 남겨 두었다가 나중에 저녁에 송이 차를 끓여 놓고 내일까지 두고두고 즐기기로 하였다. 그리고 남은 마지막 몇 개는 내일 아침에 라면을 끓일 때 넣어서 송이 라면을 먹기로 하였다.

　아침 식사는 어제 준비해 둔 송이 라면으로 호사를 했다. 어제 마트에서 한국산 라면을 찾아봤으나 도저히 찾을 수 없어서 결국은 중국산

송이버섯 파티.

컵라면을 샀다. 종류가 다양해서 어떤 걸 골라야 하나 고민하다가 그냥 잘 생긴 남자 얼굴이 그려져 있고 고기 육肉자가 써진 것을 골랐다. 그런데 잘 골랐다. 이상한 향신료가 들어 있으면 어쩌나 걱정했는데 다행히 우리 입맛에 딱 맞았다.

송이 라면을 어떻게 끓여 먹느냐고? 대한민국 육군병장으로 제대한 지 40년 가까이 되었지만 야전에서 그 정도는 간단히 해결할 수 있다. 각 방마다 있는 커피포트에 배추를 썰어 넣고 송이를 찢어 넣고 팔팔 물을 끓여서 컵라면에 부으면 끝이다. 최상품 송이와 배추가 들어가서 시원한 맛도 내주는 송이 배추 라면이다.

이거야말로 황제의 식탁이 부럽지 않다. 이 중국산 라면에 좋은 점이 또 하나 있다. 국산 라면은 살 때 나무젓가락을 따로 챙겨 와야 하지만 이 중국산 컵라면은 먹기 편하게 컵 안에 라면과 함께 플라스틱 포크가 들어 있다. 포크는 길이가 있어서 그대로는 컵에 들어갈 수가 없으니 접힌 상태로 들어 있는데 이것을 펴서 먹으면 되니 매우 편리하다. 우리가 개발한 컵라면을 그들이 흉내 내어 만들었지만 이런 아이디어는 우리나라 보다 앞질러 가니 당장은 쓰기 편해서 좋으면서도 한편으로는 우리 기업들의 미래가 걱정된다.

리장의 계류에 많은 다리가 있는 가운데 대석교大石橋는 명나라 때 관리 목씨가 건설하였고 리장 성내의 가장 오래되고 최고 큰 다리이다. 그래봤자 길이가 10.6m, 폭 3.84m에 높이 2.2m이지만 약간 아치형으로 되어 있어서 운치는 있다. 또한 여기 계류도 물이 제법 많은데 다리와 계류를 끼고 있는 카페에는 많은 관광객들이 휴식을 취하고 망중한을 즐기고 있다. 대석교 인근 카페의 멋진 외관에 끌려 들어가기로 하였는데 개울 건너편에서는 그 집이 잘 보이는데 들어가려니 입구가 어딘지 도대체 찾을 수가 없다. 몇 번을 왔다 갔다 하다가 뒤쪽으로 골목을 돌아가니 거기에 입구가 있었다. 안으로 들어가 보니 입구 찾기가 그리 어려운데도 위치가 좋아서 그런지 사람들이 제법 많다. 2층으로 올라가니 우리가 돌아다니던 그 골목의 사람들은 우리를, 우리는 그 사람들을 서로 구경하는 형편이 되었다.

입구를 찾느라 애먹었던 대석교 옆 카페.

대석교와 대석교 표지석.

Episode 07 살아있는 고도 리장 ——— 253

커피는 저번에 김 형이 샀으니 오늘은 내가 사기로 하였다. 그런데 날이 더운데 돌아다니다 보니 시원한 것이 땡기는 탓에 저번에 냉커피가 신통찮았다는 것을 깜박 잊고서는 또 냉커피를 주문했더니 역시 실패다. 이곳 리장에서의 냉커피는 어느 카페에서건 얼음은 떠 있을지언정 전혀 시원하지를 않다. 그냥 미지근한 커피다. 커피를 좋아하지 않아서 과일 쥬스를 시킨 이 형은 시원하고 좋다는데 냉커피는 전혀 아니다. 가격은 저번에 만고루 언덕의 카페와 비슷한 서울 빰치는 가격인데 커피는 정말 아쉽다. 냉커피 제대로 하는 카페가 있으면 좋겠다.

전망도 거기가 훨씬 나은데 거기는 더운데 올라가기에는 너무 멀다. 그래도 리장을 느끼며 여유를 즐기려면 그 카페가 제격이다.

대석교 주변에도 대석교와 흐르는 물길, 그리고 주변의 오래된 집들을 배경으로 흑룡담처럼 민속의상을 입은 아가씨들이 사진을 찍고 있었고 그것 또한 좋은 관광거리가 되었다.

하루 내 아쉬움 없이 리장 골목골목을 배회했다. 옛날 리장을 관리했던 목씨들의 관청이 있던 목부 木府 앞에도 관광객들이 많았지만 들어가려면 따로 돈을 내어야 했다. 아마도 따리 시립박물관 같을 것

리장의 옛 관청 목부 입구.

마방 상징 조형물.

이라고 생각해서 구경을 생략했다.

목부로 들어가는 골목의 패방에는 '天雨流芳천우유방'이라는 글씨가 새겨져 있다. 나시족 말로 '책을 읽어 명성을 후세에 남겨라'라는 뜻이라니 자손들 공부시키는 것에는 어떤 나라 어느 민족이나 다 같은 모양이다.

골목을 다니다가 마주치는 과거의 마방을 상징하는 조형물들이 오늘날의 시끌벅적한 리장 거리 생성의 원천이 된 그분들을 잠시 생각나게 한다.

❶ 중국의 감자탕에는 감자가 없다

저녁은 그동안 마트에 장 보러 갈 때 오가며 보아 왔던 길거리 식당의 돼지갈비가 들어간 훠궈를 먹기로 하였다. 항상 손님이 가득 차서 분주한 것이 아마도 대박식당인 듯하여 꼭 한번 먹어보기로 하였던 메뉴이다. 그저께도 그 식당에 갔었는데 메뉴 선택에 실패하여 다른 고기를 먹었기 때문에 오늘은 꼭 그것을 먹고 훠궈의 정점을 찍어야 할 것 같았다.

우리는 중국에 있는 동안 줄곧 훠궈에 필이 꽂혔다. 저녁으로 술 한 잔하고 먹기에는 제일 좋았다. 우리나라 찌개보다도 술과 밥 먹기에 훨씬 낫다고 생각되었지만 그보다도 비싸지 않은 가격에 다양하게 먹을 수가 있어서 더욱 좋았다.

우선 육수 국물에다 고기와 약간의 야채와 향신료가 기본적으로 들어가는 전골 그릇 같은 것을 주재료별로 제공한다. 거기에 먹고 싶은 재료 예컨대 버섯, 두부, 야채 등을 별도로 사서 넣고 끓인 다음, 또 다른 향신료를 취향에 맞게 적당히 배합한 소스에 건진 고기를 찍어 먹는데, 흡사 샤브샤브 같지만 훨씬 깊은 맛을 느낄 수 있어서 좋았다. 그리고 밥은 주문하는 대로 큰 밥통에 여유 있게 준다. 이젠 훠궈집에 가면 무엇과 무엇을 주문해야 조화롭게 되는지도 다 알게 되었다.

식당에 줄을 한참을 서서 기다렸다가 들어가서 자리를 잡고 앉았다. 밖에 길가에도 자리가 인도를 따라 죽 펼쳐져 있었지만 우리는 그래도 실내에 있는 한 자리를 차지했다. 안팎으로 모두 샹그릴라 꼬치집에서 보았던 앉은뱅이 책상 같은 나지막한 나무 탁자에 의자는 등받이가 없는 빨간색 파란색의 플라스틱 스툴(stool)이 놓여져 있어서 모두들 거기에 쪼그리고 앉아서 음식들을 먹느라 여념이 없다. 딱 중국 시장 스타일이다. 메뉴판을 들여다보며 옆에 테이블에 주문한 것을 곁눈질 해가며 겨우겨우 주문을 마쳤다.

드디어 주문한 음식이 나왔다. 야호 드디어 원하던 돼지갈비가 잔뜩 들어간 훠궈를 제대로 시켰다. 이것 맛이 기가 막힌다. 역시 사람의 입맛은 같은가 보다. 중국 이든 한국이든 줄을 길게 서 있는 집은 확실한 맛집 이다.

감자탕하고 비교하긴 좀 다르지만, 커다란 돼 지 갈비에 고기가 두툼하 니 붙어 있어서 한국에서

감자가 없는 감자탕?

먹던 감자탕에 감자가 빠진 그런 비슷한 모양의 음식이다.

밥을 주문했더니 밥도 많이도 준다. 셋이서 도저히 다 먹지 못할 분 량이다. 커다란 바케쓰 같은 나무 밥통에 하나 가득이니 아무래도 4인 분을 기본으로 하여 파는 것이 아닐까 하고 추측해 본다. 하여간 맛있 게 배부르게 먹고 숙소로 돌아오는 길에 길거리 야시장을 지나게 되니 또 먹거리들이 널널하다. 열대 과일인 두리안과 망고도 싸다. 그래서 사 먹고 보니 역시 맛있다. 중국에서 이런 열대 과일이 나지 않을 터이 지만 남방지역이라 열대 과일 물류비용이 싸기 때문인지 열대과일 가 격이 저렴하고 맛있다.

내일은 흑룡담 위쪽에 있는 상산을 올라 마지막으로 리장 고성의 파 노라마 풍경을 내려다보기로 하고, 각자 방으로 헤어져 전기장판이 적 당히 따뜻하게 네워 놓은 잠자리에 하루종일 시달린 피곤한 노구(?)들 을 눕히고 달콤한 꿈길 속으로 빠져들었다.

코끼리산 상산에 올라 보니

오늘은 상산象山을 오르기로 한 날, 리장에서 머무를 마지막 날이다. 상산은 코끼리를 닮았다고 하여 코끼리 상자를 써서 상산이라고 이름 지었다 한다. 지난번에 만고루에 올랐을 때 시가지 너머로 저 멀리 보이던 마치도 엎드려 있는 코끼리 등의 형상처럼 둥그스름한 능선을 보여 주던 바로 그 산이다.

오후에 몇 가지 기념품을 사는 일만 빼고는 딱히 할 일도 없으니 아침 느지막이 등산 복장을 하고 숙소를 나선다. 숙소 주인네 젊은이가 어디를 가냐며 반가이 아는 체를 한다. 지금은 비수기라서 인지 숙소에 묵는 사람이 우리 말고는 중국인 한 두어 팀 밖에 별로 없다.

길을 나서니 이제 늘 다니던 고성의 골목길은 우리 동네 마냥 익숙해진 듯하다. 오늘은 모처럼 날씨도 아주 청명하다. 얇은 옷에도 햇볕이 뜨거우니 더울 지경이다. 쓰팡지에를 지나고 물레방아가 있는 광장도 지나서 물길을 따라 위로 올라가니 나무그늘이 시작되고 맑은 계류도 제법 많은 수량을 흘려보내니 시원한 기운이 느껴진다.

흑룡담 가는 길이 시작하는 입구에 커다란 음식백화점 같은 곳이 있다. 안에 들어가니 역시나 온갖 종류의 튀김과 꼬치 만두 면, 부침개들이 보인다. 점심으로 먹을 만한 것 몇 가지를 사 들고 나왔다. 오늘은 소풍이다. 점심도 야외식이다.

흑룡담에 이르러 고성보호기금 티켓을 제시하니 지난번에 왔을 때 찍힌 도장을 보고 왜 또 왔느냐 몇 번째냐 묻는다. 두 번째라고 하니 그럼 여권을 보여 달란다. 여권과 티켓의 이름을 확인하더니 통과시킨다.

혹시 다른 사람의 티켓을 넘겨받아 온 것이면 입장시켜주지 않았을 것이다. 아마도 가끔 그런 사람들이 있는지도 모르겠다.

　맑은 날씨를 맞아 많은 중국 관광객들이 붐빈다. 역시나 호떡집에 불이 났다. 단체로 온 젊은 중국 관광객들은 어디서 빌렸는지 전통 나시족 복장을 하고 흑룡담 뒤로 보이는 옥룡설산과 연못에 비친 설산을 배경으로 다양한 포즈를 취하며 단체 사진, 커플 사진, 개인 사진을 찍느라 또 다른 볼거리를 선사해 주고 있다. 흑룡담에 비친 설산의 모습이 살짝 구름에 가려있긴 하나 오늘은 날씨가 좋으니 참으로 아름답다. 다리 난간에 앉아서 하염없이 바라다봐도 질리지 않는 듯 우리들 중 어느 누구도 가자는 말을 꺼내는 이가 없었다.

설산을 담고 있는 흑룡담 공원. 좌측으로 멀리 옥룡설산이 보이고 우측으로는 상산이 보인다.

나시족 전통 복장을 입고 포즈를 취하는 중국인들.

한동안 멋진 풍경 사진도 찍고 전통 복장을 입은 젊은이들의 신기한 포즈도 구경하며 시간 가는 줄 모르게 보고 있다가 누가 먼저랄 것도 없이 슬슬 흑룡담 오른쪽을 돌아 상류 쪽을 향하여 걸어간다. 상산을 오르려면 어디로 가야 하는지 루트를 모르는 상태지만 그냥 산이 있는 방향으로 가다 보면 나오겠지 하는 심정으로 무작정 호숫가를 따라 걸어갔다. 역시나 드디어 안내 지도와 함께 등산로 입구가 나타났다.

등산로를 따라가는데 곳곳에 기념비가 있다. 첫 번째는 대일항전기념비다. '리장현동포참가항일구망기념비'로 "1937년 7월 7일 일본제국주의…"라는 문장으로 시작되는데 그 뒤는 복잡하고 아랫부분은 이끼로 글자가 흐려서 다 알지도 못하겠다. 다만 1937년 7월 7일, 이날은 베이징 교외의 작은 돌다리인 '루거우차오 蘆溝橋'에서 일본군과 중국군 사이에 일어난 작은 사건을 빌미로 일본이 일방적인 공격을 개시했던 '중일전쟁'이 발발된 날이다. 즉 중일전쟁에서 리장 지역의 주민들이 항일전쟁을 하고 희생

리장현동포참가항일구망기념비

　　　　　　　　　팅부동 운남여행

되었다는 내용일 것은 확실하다. 우리와 마찬가지로 일본에 고통의 세
월을 겪었던 중국국민의 심정에 일종의 동질감이 느껴지고 리장 거리
에 일본인과 개는 출입을 금한다는 팻말을 내 건 사람의 마음도 알 만
하다. 아직도 그들의 침략 전쟁과 반인류적인 행위에 대해 반성 할 줄도
모르고 용서도 구하지 않는 일본인들을 보면 당연하다고도 생각된다.

다음에 '옥천공원확건기'가 있다. 옥천공원은 지금은 흑룡담 공원으
로 알고들 있는 바로 이곳으로 "옥천玉泉은 리장 고성의 북쪽에 있고 상
산의 서쪽 언덕에 있다…"라는 말로 시작된다. 흑룡담공원의 유래가
적혀있고 "명나라 때 법운각과 해탈림부터 시작하여 청나라때 '용신사'

를 짓고 속칭이 '흑룡담'…." 이라는 문장으로 이어진다. 이는 2005년 7월에 확장 중건한 기념비다.

곧이어 등산이 시작되는 지점에 왔는데 등산로 입구에 직원이 앉아서 입산객을 통제하고 있다. 무슨 이유에서인지 모르겠으나 네 사람 이상이 되어야 올라갈 수 있다고 들어가지 못하게 한다. 아니 이건 또 무슨 황당한 상황인지. 하여간 로마에 가면 로마법을 따르라고 누군가 올 때까지 기다릴 수밖에…. 딱히 뭐 서둘러야 할 일도 없고 하니 따질 일도 아니다. 그런데 흑룡담 입구에 그 많은 관광객이 거기에만 잔뜩 몰려 있지 상산에 오르려고 오는 사람은 아무도 없다.

한참을 기다려도 아무도 오지 않으니 할 수 없이 그 통제요원에게 가서 부탁을 했다. 밑져야 본전이고 거절당하면 할 수 없고 하는 심정이었다. 아무도 안 오니 우리 세 사람만 들여보내주면 안 되겠냐고 그랬더니 이번엔 아무 군말 없이 입산기록대장에 이름과 입산 시간과 전화번호를 적으란다. 그리고는 오케이…. 아니 이건 또 뭐야 이리 쉽게 들여보내 줄 것을 아까는 왜 그랬지? 하여간 입산을 허가 받았으니 이제부터 올라가는 일만 남았다.

등산로는 잘 정비 된 동네 뒷산의 산책로 같이 되어 있어서 길을 잃을 염려는 없어 보였지만 초입부터 제법 가파른 것이 쉽게 볼일이 아니다. 쉬엄쉬엄 30여 분을 가다 보니 콘크리트로 만든 일주문 비슷한 것이 보이고 이를 통과하고 10여 분을 가니 흑룡담 밑에서 산 언덕에 올려다보이던 정자가 있는 곳까지 왔다. 정자 난간에 앉아 쉬면서 맞는 바람이 시원하기가 이를 데 없다.

내려다보는 경치는 만고루에서 보는 것과는 또 다른 시원함을 제공
한다. 만고루 언덕에서는 바로 밑에 내려다보이는 끝없이 펼쳐져 있는
고성의 기와지붕 행렬을 보았다면 여기는 만고루의 먼 반대편 더 높은
언덕에서 내려다보는 전경으로 리장 시내의 고성 구시가지 뿐만 아니
라 현대적으로 새로이 발전해 나가는 신시가지까지 도시 전체가 한눈
에 시원스레 들어온다.

코앞의 흑룡담공원의 전경도 한눈에 보인다. 바람도 시원하지만 경
치도 시원했다. 그런데 우리 뒤에는 두 사람씩도 올라오고 있었다. 아
까는 왜 네 사람이 되어야 입산할 수 있다고 했는지 도대체 모를 일이
었다.

상산 정자에서 보이는 흑룡담 공원과 주변 시가지 모습.

잠시 휴식을 취한 후 다시 오르기를 계속하는데 가파른 계단이 계속이라 무릎이 시큰거리고 해서 걸음걸이가 조심스럽다. 그렇게 서두를 것이 없으니 이곳저곳 구경하며 그냥 편한 걸음으로 걷는다. 저만치 앞에 등산로를 끼고 묘가 몇 기나 보인다. 따리의 리프트를 타고 가면서 보이던 것들과 모양이 비슷한데 이들 묘에는 앞부분에 부모님 이름과 생몰연월일을 적고 자녀의 이름과 묘를 만든 날짜까지 옆에 적어 놓았

다. 한 묘에는 2009년 청명淸明이라고 적혀있다. 청명이면 바로 한식일과 비슷한 날이니 이들도 절기에 맞추어 산소를 돌보는 것으로 생각되었다. 그러나 그 옆에는 가난한 사람들의 것인지 아무런 장식도 없이 돌무더기 같은 묘들도 보인다.

상산에서 본 현지인들 묘.

또 한참을 오르니 그렇게 가파르던 비탈이 끝나면서 능선의 평탄한 길이 나타나는가 싶더니 이윽고 첫 번째 정자에서 30여 분쯤 되는 시간에 오늘의 목표지점인 정상의 정자가 저 만큼에 보인다.

팅부동 운남여행

상산 정자에서 바라본 보일 듯 말 듯한 옥룡설산.

옥룡설산은 모습을 나타내어라

정자는 전망대용으로 2층 구조로 되어 있는데 여기 2층에서 내려다보는 조망이 정말 거칠 것 없이 시원하니 일품이다. 여유가 있는 여행객이라면 여기를 꼭 들러보라고 추천하고 싶다. 오늘은 날씨도 도와주어 온 사방으로 시원한 경치를 그야말로 유감없이 보여준다. 리장 시가지는 물론 시원하게 펼쳐진 드넓은 평야 넘어 눈 덮인 옥룡설산의 위용도 여기서 가장 멋있게 보이지 않나 싶다. 저 멀리 옥룡설산이 구름과 씨름하고 있는 모습이 보였다.

어쩌다 구름이 잠시 비껴가는 사이로 잠깐씩 하얀 설산의 모습을 보여주지만 전체를 다 보여주지는 않는다. 혹시라도 그런 순간이 보일까 가져간 점심을 다 먹고도 한참을 기다렸으나 완전히 모든 것을 보여주는 것보다 한 자락 구름으로 보일 듯 말 듯한 안타까움이 그 묘미를 더 해준다고 애써 의미를 부여하며 아쉬운 발길을 돌려 하산 길로 접어든다.

상산에서 내려다본 리장. 고성이 신시가지에 둘러싸여 있고 우측의 숲은 만고루가 있는 사자산이다.

결국 한 시간 이상 충분히 휴식을 취한 뒤 두 시쯤 되어서 내려오는데 올라갈 때와 다른 코스를 선택했다. 통신탑을 지나 10여 분쯤 내려가자 올라갈 때와 같은 모습을 한 일주문이 보이고 다시 완만한 능선을 따라 내려오는 내내 편안하게 리장 시내와 흑룡담의 전경을 만끽할 수 있다. 이 코스도 내려가는 도중에 정자가 있어 하산하는 중간에 쉬어 갈 수가 있다. 여기서 여자 중학생 세 명과 인솔자인 선생님을 만났다. 아마도 현장학습 성격으로 나온 것이 아닌가 싶다. 역시나 영어는 잘 안 통하고 선생님도 영어가 안 된다.

하는 수 없이 어설픈 중국어 몇 마디로 한국에서 여행 왔음을 전한다. 한국이라고 하니 학생들은 바로 요즘 뜨는 걸그룹과 신세대 연예인들의 이름을 들먹인다. 그런데 정작은 우리가 신세대 연예인들에 대해서 이들 보다도 잘 모른다. 전 세계에 퍼지는 K팝 열풍을 이곳 중국에서도 실감할 수 있다. 몇몇 걸그룹들의 노래도 부르고, 싸이의 강남스타일과 말 춤도 선보인다. 학생들이 말문이 트이자 이것저것 물어보기 시작하는데 뭔지 모르는 쪽은 우리였다. 여기서부터는 우리가 중국에 와서 제일 잘하는 중국말 팅부동! 만 연발했다. 학생들은 뭐가 그리 재미있는지 깔깔거리더니 우리더러 팅부동 밖에 모른다며 우리 세 사람을 한 사람씩 손가락으로 짚어가며 한 글자씩 팅!부!동!이라고 찍었다. 이때부터 우리 어리버리 팀의 이름은 팅부동听不懂, 알아듣지 못하다! 팀이 되었다. 하하하.

학생들과 헤어져 곧장 내려오니 바로 흑룡담 공원 전망대 근처다. 내려오다 보니 이쪽은 입산을 통제하는 사람이 없다. 그것도 이상한 일이다. 입산을

우리에게 팅부동 이름을 붙여 주었던 중학생들.

통제하려면 코스마다 통제를 해야지 어디는 하고 어디는 안 하고 무슨 의미가 있는지. 이것도 그냥 일자리 창출을 위한 공산당식 일하는 스타일이 아닌가 추정해본다. 우리의 기록도 올라간 기록만 있지 내려온 기록은 없다. 기록상으로는 아직도 상산에 있는 것이다. 우리의 마음도 역시나 상산에 남아 있다.

내려오는 길에도 공원 근처에 오니 기념비가 있다. '중국인민해방군리장전우협회전우림'이라는 기념비가 2007년 8월에 세워져 있다. 올라가는 길에는 항일 기념비가 있고 내려오는 길에는 인민해방군들이 숲을 조성했다는 기념비를 같은 지역에서 몇 시간 차이로 보니 처음의 비에서 느꼈던 동질감과는 또 다른 느낌이다. 그 인민해방군과 우리의 남북한 전쟁과 관련된 생각으로 잠시나마 마음이 착잡해진다.

이어서 '리장시동파문화연구원'과 '운남성사회과학원리장분원'의 간판이 좌우로 붙은 건물이 있어 들어 가 봤는데 특별히 볼 것은 없었다.

3시가 조금 지나 흑룡담에 다시 도착하니 구경 온 사람들이 더 많아졌다. 흑룡담에서 솟아나는 샘물은 여전히 힘차게 펑펑펑 끊임없이 솟아나고 있었다. 설산에서 녹아내린 만년설이 여기 흑룡담에서 발원하여 고성 시내를 크게 세 갈래로 나누어져서 다시 여러 갈래로 골목골목을 흐르며 주민들의 상수도와 젖줄 역할을 해왔다고 한다.

공원에서는 옥룡설산이 정면으로 보인다. 한쪽 옆에는 젊은 여인들이 민속의상을 입고 사진촬영을 하고 있고 서양인들도 가끔 보인다. 설산을 보고 서 있으면 공원 호수 위에 지은 누각들이 설산을 배경으로

흑룡담에서 본 옥룡설산.

보여서 더욱 아름답게 보인다. 오후가 되니 옥룡설산이 아까 산 위에서 볼 때 보다가 훨씬 잘 보인다. 이제 구름이 많이 걷혔는가 보다. 지금까지도 산 위의 정자에 있었다면 더욱 가까운 곳에서 좋은 경치를 볼 수 있었겠는데 하는 아쉬움이 든다. 뭐 이것도 머피의 법칙이라고나 할까 아쉽지만 다시 올라갈 엄두는 나지 않는다.

저녁 등불이 들어오며 다시 밤을 맞이하는 고성의 골목들은 낮 보다 더 분주히 손님맞이에 와자지껄하다. 거리 가게 중 특히 월병 만드는 집은 곧 다가올 추석 월병들을 주문받은 택배가 산더미처럼 쌓여있어 나그네에게도 명절이 임박했음을 알려주고 잠시 가족들 생각을 나게 했다.

돌아오는 길에 이것저것 기념품도 몇 가지 사고, 특히 샹그릴라를 만들게 한 제임스 힐튼의 소설책『LOST HORIZON』을 한권 샀다. 중국어 번역본도 나와 있는데『消實的地平線(소실적지평

『Lost Horizon』영어판과 중국어판.

선)』이라고 되어 있다. 이 책은 리장 시내의 가두 판매점에서 살 수 있다. 번화가로 들어오면서 터키식 아이스크림이랑 다양한 먹거리들을 골고루 체험하며 리장 고성의 마지막 밤도 요란하게 또 분주하게 그리고 또 아쉽게 저물어 간다.

팅부동 운남여행

바위의 나라 석림

7시간 버스를 타고 쿤밍으로

오늘은 드디어 쿤밍으로 다시 돌아가는 날이다. 아침은 어제와 마찬가지로 송이가 든 컵라면을 맛있게 먹고 남은 포도로 후식까지 다 먹어 치웠다. 야찐 50위안을 돌려 받고 친절하고 따뜻했던 주인장 가족들과도 아쉬운 이별을 하고 며칠간 정들었던 우리의 베이스캠프인 고남문객잔을 나왔다. 9시에 출발하는 버스를 타기 위하여 좀 여유 있게 숙소를 출발하여 300m가 넘는 길을 돌돌돌돌 소리를 내면서 캐리어를 끌고 와서 택시를 타고 터미널에 도착했다.

넉넉한 시간에 터미널에 도착하여 7시간 걸린다는 버스를 타기 위한 준비로 2층에 있는 화장실을 다녀오는데 2층 창문 너머로 옥룡설산이 잘 보여 한참씩 구경하며 아쉬워 했다. 혹시나 사람들이 놀라볼까 봐서인지 친절하게도 설산이 내다보이는 방향의 유리창에 설산이라고 붉은 글씨로 큼지막하게 써 놓았다.

리장 시외버스 대합실은 가는 방향에 따라 1 대합실, 2 대합실로 나누어져 있으니 행선지를 잘 보고 들어가서 기다려야 한다.

지겹게 버스를 기다린 후에 출발 시간이 다 되어서야 버스가 들어왔다. 이 버스는 호화대파라고 하는데 터미널 승강장 출찰구에는 고쾌차 高快車로 표시되어 있었다. 버스에 올라보니 에어컨도 시원하게 잘 나오고 버스 앞 창문에 달려있는 시계도 정확한 시간을 가리키고 있다. 하하하. 그동안에 많은 버스를 타봤지만 차에 달려 있는 시계가 제 시간을 알리고 있는 것은 이 버스가 처음이라 시계가 시간이 맞는 것이 당연함에도 불구하고 시간이 맞는 시계가 이채롭다. 역시 리무진이라 이런 것까지 세심한 주의를 기울여서 신경 쓴 것이리라. 버스는 2층 버스라 승객은 2층에 타고 1층은 운전석과 짐을 싣는 공간으로 되어 있어서 2층에서 내다보는 풍광이 더욱 아름답다. 운이 좋은 건지 일찍 예매를 한 덕분인지 우리들의 자리는 제일 앞쪽에 운전석 위쪽이었다. 앞에 걸리는 것도 없는 높은 곳에 앉으니 마치 비행기 조종석에 앉은 것 같은 느낌이 들었다. 단지 앞유리가 좀 지저분해서 유감이었지만 쿤밍으로 오는 내내 전경은 끝내줬다. 우선 리장 시가지를 벗어나기 전 넓은 도로를 나오고 차 머리가 북쪽으로 향하는 한참동안 앞쪽에 옥룡설산이 너무나 선명하게 보여서 감탄하면서 그날 산에 올라갔으면서도 빗속에서 제대로 못 보았던 풍경에 눈을 뗄 수가 없어서 사진을 많이 찍었다.

　마지막 날 보는 설산의 모습이 가장 아름다운 것 같이 느껴지는 것은 오늘 아침 햇살에 설산이 더욱 빛나기 때문만은 아닐 것이다. 언젠가 다시 또 와야겠다는 다짐을 하며 설산을 뒤로 하고 시내를 벗어나자 이제는 고속도로를 달리기 시작한다. 왕복 6차선 고속도로는 관리가 잘 되어 있어서 승차감이 한국의 고속도로 못지않다. 모든 분야에서 중국의 기술 발전이 나날이 한국을 쫓아와서 조만간 한국을 추월할 날도 머지않았음을 느낄 수 있다.

　창밖에는 아직은 가난을 벗지 못한 시골 마을의 궁핍함이 묻어나는 농가의 흙집들이 띄엄띄엄 나타났다 사라졌다를 반복한다. 들녘에는 산비탈을 개간한 척박해 보이는 비탈의 계단식 밭에 옥수수와 담배가 주로 경작되고 있다.

바깥 경치를 내다보다 때로는 잠이 들었다가 깨기도 하며 한참을 가는데 가도 가도 끝이 없다. 장거리 여행이라 중간에 두세 번 정도 쉴 것으로 생각했는데 이 버스 운전기사 쉬지도 않고 계속 달린다. 곧 들어갈 것처럼 나타난 휴게소를 몇 개씩이나 그냥 지나친다. 도중에 점심은 휴게소에서 먹을 것으로 생각했는데 11시 30분쯤 되니 차장 아가씨가 500ml 짜리 물을 하나씩 돌리고 다시 빵을 한 봉지 씩 또 돌린다. 빵은 5개가 들어있는데 치즈가 들어있는 빵도 두 개 있었고 제법 고급스러운 것이었다.

역시 호화대파는 제값을 하는 것 같았다. 쿤밍에서 따리로 올 때 대파 137위안, 따리에서 리장으로 올 때 중파 62위안으로 총 199위안 들었는데, 오늘은 리장에서 쿤밍으로 곧장 가는 호화대파 버스는 217위안으로 18위안을 더 지불했지만 차량도 좋고 간식까지 제공해 주니 훨씬 서비스가 좋은 차였다.

빵을 받아 놓고 조금 가는데 우측으로 우리 버스와 나란히 가는 기차가 보였다. 그런데 무슨 기차인지 몰라도 차량 벽면에 알록달록하게 그림도 그려져 있었고 2층 침대 기차인지 아래위로 창문이 나 있는 것이 신기해 보였다. 관광용 열차인 것으로 짐작되었는데 확실히 알 수는 없었다. 우리도 처음 계획에는 버스를 몇 번 타 봤으니 리장 쿤밍 간에는 기차를 타려고 했었는데 샹그릴라에서 리장으로 도착했을 때 터미널에서 그냥 쿤밍행 버스를 예약했다. 리장의 기차역이 고성에서 너무 멀었기 때문이다.

기다리다 지쳤어요! 휴게소

심심하니 나누어 준 빵을 먹으며 시계를 보니 벌써 리장을 떠난 지 어느새 네 시간도 넘어가고 있다. 그런데 이 버스는 휴게소도 들리지 않는 것인지 네 시간째 계속 고속도로를 달리는 운전기사의 체력이 정말 대단하다. 그것도 고속도로를 빠른 속도로 말이다. 얼마전 6월 말께 TV에서 본 중국에서의 교통사고가 기억나서 무서운 생각이 들었다. 그때도 우리나라 공무원 연수단을 태운 기사가 무리하게 운전을 해서 졸다가 사고 났다고 한 것 같았는데, 리장으로 올 때는 쿤밍서 따리까지와 따리에서 리장까지도 짧은 거리를 중간에 쉬면서 기사도 교대 하면서 갔는데 이번에는 이렇게 장시간을 휴식시간도 없이 달리는 중국의 운전시스템을 이해할 수 없다.

그렇다면 아까 나누어 준 빵이 그냥 간식이 아니고 점심인가? 그럼 7시간을 쉬지 않고 쿤밍까지 간다는 건가? 별 생각이 다 떠오른다. 그런데 중국인 승객들도 아무도 화장실을 가겠다는 사람이 없고 다들 평온하기만 하다.

너무 긴 시간을 차를 타서 그런지 그 시끄러운 중국인들도 조용히 차창 밖을 내다보거나 잠을 자고 있다. 그러다 보니 슬슬 소변이 마려운데 이것 참 큰일이었다. 언제 휴게소를 들릴 건지 들리기나 할 건지 알 수가 없으니 이 또한 답답하기가 이를 데 없다. 현지인들 중에 누군가 나서 주면 좋으련만 중국인들은 오줌보도 큰지 주위를 둘러 봐도 모두들 천하태평이다. 혹시나 예전에 그레이하운드 고속버스처럼 뒤쪽에 버스 내에 화장실이 있지나 않을까 해서 뒤쪽으로 바라봤으나 있다면 버스의 제일 뒤쪽에 있어야 할 화장실도 보이지 않고 뒷유리창 뿐이다. 그래서 답답하기도 하고, 무료하기도 해서 버스 통로를 걸어서 뒤쪽으로 가 봤더니 세상에나 위대한 발견이다. 버스 중간쯤에도 아래층으로 내려가는 계단이 있고, 거기에 화장실이 있는 것이었다.

심봤다! 그렇다면 당연히 어떻게 생겼는지 궁금증을 해소하고 직접 이용을 해 줘야지. 중국버스의 화장실은 어떻게 생겼는지 확인도 할 겸 화장실 문을 열고 들어갔다. 생긴 것은 비행기 화장실 정도의 좁은 공간에 좌변식으로 쪼그리고 앉아서 볼일을 보게 되어 있고, 쪼그린 자세에서 버스가 흔들리니 양옆으로 붙잡을 수 있게 손잡이가 세로로 파이프가 달려 있었다. 한쪽 벽엔 큰 것은 금지라고 써 있다. 그렇게 이해는 했는데 뭐라고 글씨가 써 있었는지 기억이 나지 않는다. 그래서 그동안 참았던 소변을 시원하게 배출하기 시작하는 참인데 어라? 이 순간 버스에 무언가 갑작스런 변화의 분위기가 느껴지는 것이 아닌가. 화장실 내에는 창이 없어서 밖은 보이지를 않지만 버스가 갑자기 속도를 늦추며 오른쪽으로 방향을 바꾸는 것이 느껴진다. 아하, 이제야 드디어 휴게소로 들어가는가 보다. 하여간 기왕에 시작한 일이니 시원하게 볼일을 보고 자리로 돌아와 보니 역시나 버스는 휴게소 주차장으로 들어가 주차를 하고 있는 중이었다. 허허, 그 참 조금만 더 참았으면 되었을 것을 이것도 머피의 법칙이 작용한 것인가.

네 시간 반 만에 도착한 휴게소는 초웅정가파복무구 楚雄程家坝服務區라는 휴게소였고 상당히 큰 식당과 매점이 있었다. 배는 고프지 않았으

나 매점에 들러 빙과와 요구르트 제품을 하나씩 사서 나누어 먹었다

휴게소에서 버스를 내릴 때에는 얼마간을 정차하는지 확실하게 기사에게 물어서 확인해 둬야 한다. 20분을 쉰다고 한다. 차량 번호도 확인해야 하니 아예 사진을 찍어 두는 것이 확실하다. 아마 운전기사도 이제야 점심을 먹나 보다. 하여간 대단한 체력이다. 네 시간 반을 쉬지 않고 달리다니… 하여간 중국이니까 가능한 일이다. 아마도 여기 휴게소가 이 버스회사와 뭔가 편의를 제공해주기로 약속한 휴게소라서가 아닐까 추측해 본다. 아니면 서로 계약 관계일 수도 있겠지만.

쿤밍으로 가는 동안의 고속도로에는 줄곧 AH14 라는 도로 표지판이 있었는데 아마도 아시안 하이웨이를 뜻하는 것으로 보였다. 그런데 구글 지도상에는 G56이라 되어 있다. 중국에서 고속도로의 제한속도는 일반적으로 승용차는 120km이고 버스는 100km라고 한다.

그리고 나서도 두 시간여를 더 달려 드디어 3시 55분에 쿤밍 서부터미널에 도착했다. 우리가 처음 따리로 출발하는 버스를 탔던 바로 그 터미널이다.

❸ 쿤밍숙소 구하기

며칠 전부터 고민이 하나 있었는데 쿤밍의 숙소를 예약 해 놓지 않은 것이 걱정이었다. 그래서 휴대폰이나 인터넷으로 예약을 하려고 했더니 고민하지 말고 현지에 가서 부딪혀 보자고 해서 그러기로 했다. 근데

쿤밍은 워낙 큰 도시여서 어디서 자는 것이 좋을까 숙소위치라도 찾아봐야지 하고 쿤밍 공항에서 얻었던 지도를 살펴보니 동부터미널 근처가 좋을 것 같았다. 터미널 가까이는 숙소가 당연히 많이 있을 것이고 또한 쿤밍서 마지막에 보기로 한 석림石林으로 가려면 동부터미널에서 버스를 타야 하고 비행장 가는 길도 제일 가깝기 때문이었다. 그다음 가까운 지역이 쿤밍 도착 때 1박 했던 쿤밍 기차역 근처이나 그때 안 좋았던 기억 때문에 동부터미널 근처에서 자기로 결정했었다.

시내버스는 어디서 몇 번을 타야 하는지 모르겠고 여행의 막바지에 오니 마음도 풀어져서 다들 택시를 타자고 한다. 아침까지 쓰고 남은 경비도 걱정하지 않아도 될 정도로 되어 있어서 택시도 괜찮을 것으로 보였다. 택시를 타니 그때 숙소에서 오던 반대방향으로 잘 달린다. 그런데 우리를 태운 기사는 시끄러운 고물차로 매연을 내 뿜으며 엄청난 속도로 달려가면서 신호대기 중에 만난 아는 동료기사들과 농담도 주고받으며 참으로 여유 있어 보인다.

그날 택시비가 30위안이었으니 오늘은 50~60위안쯤으로 예상했었는데 웬걸 80위안이나 나왔다. 쿤밍의 동쪽 외곽지대에 있는 동부 터미널까지 방향도 거의 맞게 왔고 지도상 위치도 그렇게 많이 먼 곳이 아닌 것 같았는데 흡사 바가지를 좀 쓴 것 같은 기분이었지만 어쩔 수 없는 일이다. 아마도 인구 4백만이 넘는 큰 도시라서 우리가 생각했던 것보다 거리가 멀 수도 있겠다고 위안하고 말았다. 일단 터미널 입구에 도착하니 길 아래쪽 가까이 5층 정도 되어 보이는 빈관宾馆, 賓館이 수두룩

하다. 모두들 지은 지 오래되지는 않은 것 같았다. 아마도 터미널이 변두리로 오게 되면서 지은 집들인지 그 근처는 아직 포장도 제대로 안 된 지저분한 시장통 뒷골목 같은 흔적이 보였다.

주변 환경은 어쨌든지 상관 않는다. 오늘은 마지막으로 여기서 숙소를 구해서 자면 되겠구나 하고 김 형은 짐을 지키고 박 형과 첫 번째 집을 들어갔는데 흥정을 하다가 말고 주인이 갑자기 외국인이니 안된다고 한다. 아니 외국인은 왜 안된다는 거냐 하고 물으니 주머니에서 뭔가를 꺼내 놓으며 이런 거 있냐고 묻는다. 자세히는 안 봤지만 그들 나라의 국민 신분증이거나 거주확인을 위한 증명서 같은 것으로 생각되었다.

어쨌거나 그것 없으면 빈관에서는 잘 수가 없단다. 그럼 외국인은 어디서 자란 말이냐 하니 호텔로 가서 자면 되고 호텔까지 50위안 내면 자기차로 태워 줄 수 있단다. 그 무슨 말도 안 되는 소리냐 하고 다음 집에 가서 아예 한국인인데 잘 수 없냐고 했더니 그도 역시 외국인은 안 된단다. 이런 낭패가 있나.

그 비싼 택시비를 내고 여기까지 와서 숙소를 못 구하다니 어떻게 하나 싶었다. 주변을 돌아보니 온통 빈관 뿐 호텔은 보이지 않았다. 이럴 줄 알았으면 미리 숙소를 예약해 둘 것인데 후회가 막급하다. 사실 출국 전 쿤밍 숙소를 예약하면서 쿤밍에 다시 돌아올 때 1박을 할지 2박을 할지 어디를 볼 것인지 완전한 결정을 못 내린 상태여서 예약을 망설였던 것인데 마지막 하루라도 예약을 할 것을 잘못되었다는 생각이 들었다. 더구나 사람을 재워주지 않는 숙박업소가 있을 줄이야 어떻게 알았겠는가. 숙박업소를 못 찾아서 못 자는 것도 아니고 엄연한 숙박업소인데 안 된다니 중국의 법은 또 무슨 이유가 있는가 보다.

어쩔 수 없이 국내에 와서 인터넷의 힘을 빌려서 알아보기로 했다. 다음에 중국으로 자유여행 가서 혹시 빈관에 갔다가 쫓겨날지도 모를 어떤 분들을 위해서였다. 네이버 지식사이트에서 올라온 운남성 현지 여행업을 하시는 한 분께서 쿤밍외국인출입국 공안부의 안내라면서 답을 주신 내용에 의하면 외국인은 중국에 여행 오면 제한된 시간 내 공안(경찰)에 가서 등기를 해야 하는데 호텔에서는 이 업무를 대신해 주며 자격(등기 처리) 없는 호텔이나 게스트하우스도 많은데 이런 곳에서는 필히 손님을 모시고 공안에 함께 가서 등기를 하는데 그 절차가 번거롭기 때문에 손님 받기를 꺼린다고 한다. 만약 등기를 하지 않으면 숙박업소나 여행객 양쪽 모두 벌금이 나올 수 있기 때문에 단속이 심한 지역에서는 외국인 받기를 꺼린다고 한다.

중국은 경제는 이미 어느 정도까지 올라왔다고 하지만 아직까지도 공산주의 국가이기 때문에 여러 가지로 제약이 많은 국가라는 것을 새삼 깨닫게 해 주는 사건이었다.

그것과 함께 그럼 따리나 리장, 샹그릴라에서는 여권 보자는 말도 왜 안 했을까? 그것이 알고 싶다. 아마도 거긴 관광지역으로 지정된 곳이기 때문일까? 아직 의문이다.

할 수 없이 택시가 모여선 길 건너까지 캐리어를 끌고 가서 경찰복을 입은 사람에게 가까운데 호텔이 있냐고 물으니 자기는 모른단다. 그때 한 젊은 여자가 자기가 가까운 호텔까지 태워 줄 수 있단다. 대신 30위 안 내란다. 할 수 없었다. 모르는 사람은 아는 사람에게 물어서 움직일 수밖에 없지 않은가. 그 여자의 승용차를 타고 채 몇 분도 안 걸려서 커다란 호텔에 도착했다. 내려서 자세히 보니 아까 택시가 올 때 공항 가는 방향으로 계속 직진하다가 터미널로 오기 위하여 좌측으로 꺾어 들면서 지나쳤던 곳 바로 옆이다.

호텔은 아주 컸고 멀리서 봤을 때 20층도 넘게 보이는 둥근 모자처럼 생긴 건물이었다. 건물 현관 바로 위에 영어와 중국어로 Howard Johnson, 昆明花之城豪生國際大酒店(곤명화지성호생국제대주점)이라고 써있고 과연 큰 호텔답게 영어도 통했다.

내일 공항 가는 버스도 있단다. 예약은 안 되어 있지만 셋이서 잘 수 있는 방도 있어서 580위안이면 아침 식사 포함에 가능하단다. 달리 방법도 없어 그렇게 하기로 하고 방에 올라가서 짐을 풀었다. 예상보다 좀 비용이 더 들었지만 귀국하기 전에 중국에 와서 제대로 씻지 못했던 몸을 호텔서 깨끗하게 씻고 가는 것도 나쁘지 않다고 좋게 생각하고 내일 저녁까지 식사 세 끼를 먹기 위하여 혹시 모자랄까봐 100위안 씩을 더 내기로 했다. 거의 일치하던 예산 집행액이 두 번의 택시요금과 호텔비가 예상보다 조금 오버 되어 모자랄지도 모르니 먼저 비용을 확보해 두는 것이 좋을 듯 했다. 짐을 풀어놓고 조금 쉬다가 아직 해가 있는데 근처 구경 겸 저녁을 먹기 위하여 어슬렁어슬렁 내려왔다.

호텔 울타리 안에 나란히 선 건물로 큰 보석전문점이 있었고 그 옆으로는 엄청난 크기의 둥근 유리온실처럼 생긴 건물에 花之城후아즈청과 City of Flower가 함께 디자인된 이름이 붙어 있다.

꽃 전문 매장이거나 전시장처럼 보였는데 쿤밍에서는 1999년도에 국제 꽃 박람회가 열렸었다. 근처에 세계원예박람원이 있어서 지금도 수많은 관광객들을 유치하고 있다고 한다. 여기도 그 영향으로 꽃을 찾는 사람들이 많은 모양이다. 호텔 이름이 화지성인 것도 그런 까닭인 것으로 보였다. 길을 건너 큰 도로를 따라 10여 분을 걸어가니 주택들이 나타나고 작은 시장도 보인다. 퇴근 시간이 되어서인지 시장 보러 나온 여인네들도 많이 있었다. 리장의 충의시장보다는 작지만 큰 도시의 외곽이라서 그런지 조금 세련되고 짜임새는 있어 보였다. 시장구경을 대강 했으나 근처에 마음에 드는 식당을 못 찾고 큰길 건너편에 식당이 몇 개 보여서 길을 건넜다.

별로 깨끗해 보이지는 않았지만 훠궈가 메뉴로 있어서 얼른 들어갔다. 오늘은 우리의 여행 성공을 축하하는 마지막 밤을 위하여 각자 술 한 잔씩 반주로 곁들였다. 2만 원 정도의 돈으로 고기가 든 훠궈에 술까지 곁들여서 맛있는 저녁으로 박 형과 김 형은 맥주를 나는 100ml 짜리 원컵들이 백주를, 그 컵 백주 참 맛있었다. 그 컵 계량컵으로도 유용하게 쓰일 것 같아서 호텔로 갖고 와서 비행기에 같이 실었다.

그리고 중국식 낮은 테이블에 쪼그리고 앉아서 현지인들처럼 먹었다. 옆 테이블의 남녀 젊은이들 한참 떠들며 잘 먹는다. 우리도 건배하며 먹었다. 주인 아주머니가 외국인이 먹는 걸 신기하게 바라보았다. 아마도 이 가게 위치로 보아 여기서 밥 먹는 외국인들은 처음 보았을 거라고 우리끼리 얘기하며 배가 부르도록 잘 먹었다.

호텔로 와서 꽃 전시 건물에 구경하러 들어가려니 문을 닫아 놓았다. 입장시간이 지났는가 보다. 식당에 가기 전에 들어가서 구경했어야 하는 건데 배가 부르니 이제야 꽃도 생각이 났던 것이다. 과연 금강산도 식후경이라는 말을 새삼 깨닫게 해 준다. 옆의 보석 파는 건물로 들어가서 구경했는데 지하실에 마련되어 호텔로 연결하게 된 매장도 대륙답게 엄청 넓은데 비싼 것들도 많았고 보석 원석들도 가끔 보였다. 아마도 운남성의 성도로서 운남성에 오는 많은 관광객들이 들릴 수 있도록 만들어 놓은 것 같았다. 공항으로 가는 도로 바로 옆에 있으니 말이다. 실제 국내 신문에 난 여행사 광고에 쿤밍 하워드존슨 호텔 숙박한다고 쓴 걸 나중에 보았으니 거기 오는 관광객들 보석을 얼마씩 샀을지도 모른다.

방에 들어와서 오랜만에 잘 씻고 잘 잤다. 여행 도중 거의 매일 머리 감고 샤워하고 했지만 호텔만큼 푸근히 할 수 없었다.
무엇보다 불이 밝아 좋았다. 여행 내내 숙소들의 불이 밝지 않아 책을 볼 수가 없었다. 각자 한 권의 책을 갖고 가서 밤에 심심할 때 서로 돌려 읽으려고 했었는데 저렴한 숙소를 잡은 탓인지 밤이 되면 책을 펴기가 어려운 밝기여서 책을 한 번도 제대로 읽어 보질 못했던 것이다.

석림 가는 길

중국 와서 처음으로 아침 메뉴 선택하는 일 없이 제공하는 호텔식사를 편하게 하고 캐리어를 호텔에 맡기고 택시를 탔다. 동부터미널까지 8위안 나왔는데 10위안을 주니 기사는 잔돈 줄 생각도 않는다. 그래 안 받는다 싶었다. 비록 버스에서는 0.5위안 받으려고 노력했지만 주기 싫다는 놈 한테서 아침부터 싸워가며 받아봐야 그 돈 재수 없을 거다 하고 그냥 내렸다. 실제로는 말로 싸우기 어렵기도 했지만. 결국 어제 어리버리 한 덕분에 20위안 이상을 그 여자에게 헌납했던 것이다. 하기야 빈관 사장은 50위안 달라고 했으니 오히려 싸게 한 것인지도 모른다. 아니면 50위안 거리의 다른 호텔로 안내했다면 아침에 동부터미널까지 오는데 택시비를 더 줬을지도 모르는 일일 것이다.

일찍 나선 덕분에 8시 버스를 탈 수 있었다. 그런데 차표를 끊으려는데 갑자기 매표원이 무슨 질문을 해서 대답을 못했다. 쉬린石林 하고 또 쉬린뭐뭐라고 하는데 무슨 말을 하는 것인지 알 수가 없었다. 뒤에는 사람들이 줄 서서 기다리고 있는데 차표 달라는데 뭐가 잘못 되었는지 답답했다. 몇 번을 재차 묻다가 안 되겠다 싶었는지 작은 종이쪽에다 뭐라고 써서 내민다. 자세히 보니 石林旲城縣城,현성과 石林風景區(풍경구) 두 개가 적혀 있었다. 우리는 눈치로 얼른 풍경구를 가리켰다. 각 34위안씩. 나중에 차를 타고 가다가 보니 우리가 석림으로만 알고 가려고 했던 곳은 석림풍경구로 관광지를 가리키는 말이고 석림 현성은 그냥 석림마을로 풍경구 조금 덜가서 내려야 한다. 그런 것도 모르고 아무 말 없이 그냥 달라는 대로 석림까지 표를 사서 가다가 석림마을에서 내렸다가는 낭패 볼 뻔 했다. 물론 잘못 내렸다면 또 어떻게든 찾아가 겠지만 시간과 비용도 더 들고 고생도 했을 것이다. 그 눈치 빠르고 친절했던 매표원 아가씨가 참 고마웠다. 그런데 그렇게 신경 써서 끊어준 차표에는 그냥 '昆明−石林(石林)'이라고 되어 있어 고개를 다시 갸우뚱하게 했다. 그럼 석림 현성 가는 데는 괄호 안에 '县城'이라고 썼을까? 아마도 그럴지도 모를 일이다.

중국에서의 풍경구는 우리나라의 관광지와 같은 말로 알면 된다. 그리고 여유구旅遊區는 풍경구 내에서 관광객들이 이동하는 경로를 가리키는 말쯤으로 생각된다. 한 시간쯤 걸려서 석림 현성 마을에 잠시 섰다가 몇 분 후에 드디어 석림풍경구에 내려주었다.

9시 15분이다. 버스터미널에서 길 안내표지를 따라 조금 걸으니 석림풍경구 매표소가 있다. 풍경구를 돌아다니는 전동차 탑승권까지 해서 입장료를 200위안씩 600위안에 샀다. 여기 전동차 탑승권은 25위안이지만 강제다. 그래서 옥룡설산과는 달리 탑승권을 보여주지 않아도 된다. 아무데서나 타고 싶을 때 탈 수 있단다. 입장권을 끊고 매표소에서 나오는데 그 앞에 많은 사람들이 줄 서서 무엇인가 나누어 준다. 받아보니 석림 안내지도와 관광용 팜플렛, 석림 홍보 CD들이다.

사람들이 줄 선 곳에 대기하고 있으니 전동차가 온다. 조금 가더니 모두 차에서 내리라고 한다. 석림에 대한 개요를 정리한 안내판들과 정원으로 꾸며놓은 조형물과 코스를 따라 왼쪽 길로 내려와서 입장권을 확인하고 들어가는 출입문을 통과해서 조금 내려가니 오른쪽으로 제법 큰 호수가 나오고 왼쪽으로는 약간 높은 지대에 몇 개의 건물과 상가 비슷한 것들이 나온다. 호수는 '석림호'이고 호수 건너편으로 멀찍이 큰 바위들이 줄지어 서 있어 좋은 경치를 보여 준다. 우리나라에서 흔하게 보이는 바위들과는 다른 모습들이 신기했다. 호수 끝에는 큰 울타리를 하고 꼭 별장처럼 생긴 건물이 나온다.

가까이 가서 보니 과연 출입문 기둥에 '석림피서원'이라고 크게 써 있다. 피서는 알다시피 더위를 피한다는 말인데 그럼 여름철 휴양을 위한 장소인가? 공원 지역 안에 있는 것을 보니 아마도 일반인 보다는 정부 관리나 공무원들을 위한 장소인 것으로 추측되었다.

곧이어 길을 건너니 드디어 석림 안내판이 커다랗게 보인다. 가운데 에는 금빛 나는 양각으로 멋들어지게 좀 독특한 필체로 써 놓았는데 세로 두 줄로 나란히 "산석관천하 풍정취국인山石冠天下, 風情醉國人(산의 돌

산석관천하 풍정취국인 안내판.

은 천하에 으뜸이요, 경관은 온 국민을 취하게 한다)"이라고 써 있다. 그런데 초서체 비슷하게 날려 쓴 가운데 두 글자 冠과 醉를 읽을 수 없었는데 온 동네를 다 뒤져서 겨우 글자와 뜻을 알았다.

조금 지나자 살짝 내려가면서 약간의 평지가 나오며 커다란 바위가 나타나고 드디어 대석림大石林지역이 나타났다. 커다란 바위에 쓴 '石林'은 이곳을 처음 발견했을 당시에 그 가치를 알아본 운남성장이 새겨 넣었다고 한다. 그 앞에는 어느 관광지에서 처럼 사진을 찍는다고 난리다.

대석림 큰 바위를 구경하고 사람들에게 밀려서 가는데 곧 작은 광장이 나오고 석림 입장을 환영한다는 듯 원주민들이 음악에 맞춰 민속춤을 추며 그 옆에 작은 매점들과 노점상들이 몇몇 앉아 있다.

광장을 둘러싼 약 20~40m 정도로 보이는 큰 바위들의 형상들이 모두 범상치 않다. 와 하고 감탄사가 저절로 나왔다. 입구에서 받았던 관광지도를 펴 보니 바위 이름이 표시된 곳이 여러 곳 있고 바위 사이로 사방팔방으로 길들이 나 있어 어디부터 봐야할 지 모르겠다. 우선 근처부터 살펴보고 단체관광객들이 가는 방향으로 따라갔다. 그리로 가면 가이드들이 볼거리가 많은 곳으로 안내할 것이라는 생각이 들었다. 그런데 우리가 사진 몇 장 찍는 사이에 단체팀들이 빠져 나갔다. 그 방향 말고도 길이 여러 갈래며 아직까지 광장에서 멀리 떨어지지 않았는지 민속춤 추는 음악 소리가 들려온다. 어느 쪽으로 갈지 망설이다가 약간 높은 길로 올라가서 바위를 깎아 만든 탁자에 앉아 잠간 휴식

석림 바위, 멀리 망봉정이 보인다.

연화지에서의 경치.

을 취한 뒤 단체팀이 간 방향으로 따라가기로 했다. 바위 사이로 난 골목길로 구경하며 조금 가니 커다란 호수蓮花池,연화지가 나오고 호숫가에 바위들이 병풍처럼 서 있다. 호수 가운데로 길을 만들어 호수와 바위를 함께 감상하고 사진도 찍기 좋도록 되어 있었다. 호수를 지나가니 도로가 나오고 도로를 건너니 소석림경구 지역이라는 안내판이 나온다.

어라, 그러면 벌써 대석림경구를 다 본 건가하고 다시 지도를 살펴보니 우리가 온 길은 대석림경구를 살짝 걸쳐서 소석림경구로 넘어온 것이었다. 이건 아니다 싶어 다시 찬찬히 지도를 본다. 동서남북 방향을 무시하고 지도상으로 보았을 때 석림 풍경구 안에 대석림경구가 가운데에 크게 자리 잡고 있고 대석림을 중심으로 둥글게 도로가 나 있다. 그리고 그 도로 밖으로 우측으로 아래쪽에 만년영지경구萬年靈芝景區가 있고 그 위쪽으로 이자원천李子園箐경구가 있다. 다음에 이자원천경구와 경계하여 보초산步哨山경구가 대석림경구의 위쪽으로 있고 그 좌측으로 소석림경구가 있다 즉 쿤밍의 석림풍경구는 크게 5개 경구로 나뉘며, 지금 우리가 지나온 곳인 대석림경구 지역을 시계의 판이라고 생각하고 보았을 때 9시 방향으로 들어가서 12시 방향으로 나온 것 같은 짧은 거리이다. 그것도 중심까지도 들어가지 않고 시계의 숫자판 근처로만 지나온 것 같다는 말이다. 그리고 그 바깥쪽으로 봐야 할 곳도 아직 많은데 단체팀들은 시간이 없으니 그냥 왔다 갔다는 의미의 눈도장만 찍고 지나가는 모양이었다.

이래서는 안 되겠다. 우리는 오늘 하루 여기 일정 밖에 없으니 마음 껏 구경해도 되는데 급하게 나갈 일도 없었다. 대석림으로 가서 제대로 돌아보자고 하니 박 형과 김 형은 되돌아가기 힘드니 여기부터 보면서 방향을 조정해서 돌아보겠다고 하고 나는 처음으로 돌아가서 제대로 보겠다 하여 나 혼자만 길을 되돌려서 대석림 지역으로 다시 들어갔 다. 세시에 그 자리에서 만나기로 일단 약속을 하고 갈라졌다.

지도를 보니 석림풍경구 내에서는 여유전동차를 타고 이동 할 수 있 으며 전동차는 대석림을 가운데에 놓고 9시 방향쯤 부터 12시 방향까 지 시계 반대방향으로 돌면서 1번부터 7번까지 7개의 승하차지점이 있 다. 지금 이곳은 소석림의 입구로서 7번 승하차장이 있는 곳인데 전동 차를 탈까하고 잠시 기다렸는데 전동차가 오지 않는다.

석림 안내지도를 보면 석림풍경구 지역은 세계자연유산(National Heritage)에 등록되어 있다. 또한 세계지질공원(World Geo-Park)으로도 지정되어 있다고 하며 세계적으로 카르스트지형의 정화精華라고 한다. 대자연이 2억 7천만 년에 걸쳐 만든 기적적인 지질地質奇蹟이라고 설명 서에 적혀 있다. 처음에 바닷속에 산호석 등으로 된 바위가 융기를 하 다가 다시 씻겨 내려가서 지금의 모양들이 생겼다고 한다. 그 형태로는 기둥 형태로 된 주상柱狀석림, 뾰족한 칼 모양의 검상劍狀석림, 탑처럼 생긴 탑상塔狀석림, 새싹들이 자라고 있는 초원처럼 생긴 석아원야石芽 原野, 눈물을 흘리고 있는 형태의 루두漏斗석림, 호수처럼 된 용식호溶蝕 湖, 움푹 꺼진 땅인 용식와지洼地, 동굴溶洞,용동, 바위언덕溶蝕岩丘,용식암구,

돌 사이를 이어주는 다리처럼 생긴 천생교天生橋, 폭포, 땅 밑을 흐르는 물길인 암하暗河 등등 여러 가지 형상의 경치를 보여 준다고 한다.

석림은 중국 내 관광지 등급을 꼽는 기준으로 별 다섯 개에 해당된다. 안내지도 표지에는 유네스코 문화유산 휘장을 비롯하여 모두 다섯 개의 휘장이 함께 붙어 있다.

석림 전체를 돌아볼 때 주요코스로만 돌아도 4시간 내지 5시간 걸린다고 되어 있었고, 이곳 석림 풍경구 밖에 내고석림경구乃古石林景區라고 또 다른 석림지역이 있다는 것이다. 그곳도 마찬가지로 다섯 개의 휘장과 함께 별 다섯 개가 붙어 있다. 그리고 석림과 내고석림을 오가는 셔틀버스도 있다. 버스는 오전 9시부터 오후 5시까지, 40분 마다 운행하고 있다.

석림지역에는 소수민족의 하나인 이족彝族의 마을이 있는데 여기에는 부잣집의 온갖 협박과 회유에도 굴하지 않고 그들의 정절을 지키고자 노력했으나 결국 실패하고 바위가 되었다는 젊은 남녀의 슬픈 전설이 있다. 처녀의 이름은 아스마阿詩瑪, 총각의 이름은 아흐에이阿黑, 처녀를 빼앗으려는 계략에 의해 급류에 휩쓸려간 아스마를 구하려고 아흐에이가 백방으로 노력했으나 실패하여 여신이 아스마를 산봉우리같이 생긴 바위로 만들어 소석림의 벼랑에 세워놓고는 메아리를 관장케 했다고 하며 아스마 석이라고 이름 붙여진 바위가 지금까지도 아흐에이가 백돼지를 잡아 제물로 바치기를 기다리고 있다고 전해진다.

아름답고 신비한 바위 아스마 석(좌측).

또한 아스마 이야기는 1964년도에 중국 최초의 칼라 스테레오 영화
로 제작되었다고도 한다.

또 석림에서는 우리나라 김희선과 청룽成龙/成龍,성룡이 주연한 영화 '신
화神話'를 비롯하여 서유기 등 수 편의 영화도 촬영되었다고 한다.

대석림 경구

전동차를 타지 못해서 다시 호수를 건너 아까 휴식을 취했던 곳으로
와서 좀 높은 곳으로 올라갔다. 바위 사이로 소로 길을 요리조리 신기
하게도 뚫어 놓았다. 길 따라 몇 구비를 돌고 돌아가니 금방 지나치면
서 갈라졌던 곳으로 다시 나오기도 하고 지났던 길 위를 터널 위처럼

돌아 올라가기도 한다. 중간중간에 안내 표지판이 서 있고 거기에는 쉴 수 있게 돌을 깎아 만든 탁자와 의자들이 있고 옆에는 전화기가 설치되어 있었다. 정확한 위치를 알려고 지도를 펼치니 소로 길과 함께 이해를 쉽게 하기 위한 여러 가지 형상을 그려놓고 이름을 붙여놓은 관광지에서 흔히들 볼 수 있는 지도이다. 그런데 길가의 안내판에는 지도에 표시하지 못한 여러 가지의 바위 이름이 화살표와 함께 표시되어 있었다. 그래서 지도에 표시된 아마도 볼만한 가치가 좀 더 있는 것일 것으로 생각되는 바위 이름이 안내판에도 같이 명시되어 있는 곳이라야만 제대로 위치를 파악할 수 있을 것 같았다. 때문에 지도와 안내판을 몇 번씩 들여다 본 후에야 위치를 알 수 있었다.

마치 깊은 미로에 빠진 것 같았다. 사람들도 가끔 한두 명씩 보이다가 사라지곤 한다. 혼자라서 좀 무섭다는 생각도 들었다. 잠시 왔던 길을 되돌아가기도 하며 시행착오를 거치면서 위치를 파악한 다음 방향을 잡아 일단 망봉정望峰亭으로 가 보기로 했다. 높은 곳에 있는 정자이니 멀리까지도 잘 보일 것이라는 생각을 했다.

그런데 가는 길 앞쪽으로 '幽兰深谷'이라는 안내가 나타난다. 심곡이면 깊은 골짜기이란 뜻이다. 앞의 첫 글자는 그윽할 유자로 그윽하다, 아득하다 어둡다는 뜻과 함께 저승세계를 표시하기도 하는 글자인데 두 번째 글자를 간체자로 써 놓아서 알 수가 없다. 그럼 죽음의 계곡인가? 아니면 망봉정까지 높은 곳으로 올라가야 하는데 깊은 계곡을 지나가야 하니 죽을 정도로 힘들 거라는 암시인가 하는 찝찝한 마음이 들었다. 다른 방향으로 돌아가자니 한참 길이 멀 것이고 에라 모르겠다 앞으로 가자 좀 힘들겠지만 사람이 못 갈 길은 아니겠지 싶어 전진을 했다. 나중에 사전을 찾아보니 岃자는 난초 난蘭자의 간체자였다. 그 글자를 진작에 알고 난초 향이 그윽한 깊은 계곡이라는 뜻을 알았다면 바위 사이 계곡에서 난초의 향을 찾아보았을 텐데 길 찾는 데에만 신경을 바짝 세우고 가느라 그랬는지 난초 향을 맡아 보지 못한 것이 못내 아쉬웠다.

과연 심곡이란 이름처럼 한참 아래쪽으로 내려갔다. 그리고 지나가는 사람도 거의 없다. 9월 23일의 중국 남쪽 지방의 날씨는 참으로 습했다. 바위 사이로 조금씩 보이는 나무들이 내뿜는 습기가 온몸을 적셔 끈적끈적하게 한다. 아직 우기가 완전히 끝나지 않아 여행 도중에 찔끔찔끔 비를 맞기도 하고 흐린 날씨도 있었는데 이곳은 더욱 습했다. 아마도 며칠 전에 온 비의 습기를 아직도 간직하고 있는 것 같았다. 오늘 밤 비행기 타기 전까지 씻을 수도 없다는 걱정도 되었지만 어쩔 수 없었다.

온갖 형상을 하고 있는 바위 사이를 깎아 계단을 만들고 어떤 곳은 한사람이 겨우 통과할 수 있는 공간도 있다. 마치 뛰어난 조각가가 신들린 솜씨로 여러 가지 형상을 빚어 놓은 듯 갖가지로 이름 붙은 바위들이 빼곡하다.

몇 발짝만 걸어가도 경치가 달라진다. 앞과 뒤 좌우가 머리를 돌릴 때마다 다른 경치를 보여준다. 장가계나 계림의 바위들을 사진으로만 보고 실제로는 못 가 봤는데 여기도 거기보다 못하지 않을 것 같다. 거기보다는 바위의 규모가 작을 뿐이지 오히려 더 나을 것이라는 생각이 든다. 거긴 멀리서 경치를 구경해야 하지만 여긴 가까이에서 바위를 만질 수도 있으며 바위와 함께 숨을 쉬며 대화를 하며 나란히 걸을 수도 있으니 내가 경치에 빠진 것 같은 느낌이다. 장가계의 어느 계곡에 서 있다면 내가 그저 콩알만 하겠지만 여기 석림에 서 있게 된다면 나도 하나의 경치로 연출 될 수 있지 않을까 하고 생각한다면 무리일까? 다가오는 바위들의 형태에 따라 친근감도 들고 무서움과 신기한 생각이 들기도 한다.

몇 개의 안내판을 지나고 또 나름대로 이름 붙여 놓은 경치들을 구경하며 계속되는 좁은 길을 걷는데 갑자기 더 어두워진다. 저절로 하늘을 쳐다보게 되었는데. 맙소사 사방의 바위가 나를 덮치듯 서 있는 그 위로 커다란 바위가 하나 얹혀 있다. 하늘에서 떨어지다가 좌우의 바위 사에에 끼인 것처럼 지나는 사람을 불안하게 하는 바위다. 또 좌우의 바위들이 빈틈 없이 서 있어서 캄캄한 가운데 하늘이 물고기 모양으로 조그맣게 보이는 장면도 있다.

석림 바위.

다만 혼자라서 사진이 아쉽지만 내가 빠진 바위들의 사진만 찍어도 전혀 아깝지 않다. 바위가 반쯤 부러져 옆의 바위에 걸터앉은 것도 있고 부러진 부분이 전혀 다른 색깔인 것도 있다. 바위에도 뼈가 있다면 그 뼈다귀들을 이리저리 던져 쌓아 놓았다고 표현하면 이상하게 들릴까?

휴대폰과 디지털카메라를 손에 들고 가끔 셀카도 하면서 낮은 곳으로 내려오니 길은 좁고 어두워진다. 과연 이름의 첫 글자에 유자가 들어갈 법한 계곡이다. 몇 번씩 바위 사이 갈림길을 돌고 돌아 드디어 유란심곡이 끝나고 오르막길을 한참 올라가니 계곡이 좀 밝아지면서 멀리 망봉정이 보이기 시작하고 좌우의 길에서 사람들이 한두명 나타난다.

땀범벅이 되어 망봉정에 올랐는데 바람은 없었지만 그래도 습한 기운이 좀 가시고 살 것 같았다. 망봉정이 앉은 자리는 대석림 지역에서 그중 높은 지역이고 썩 넓다고 할 수는 없었지만 온통 바위만 보이는 가운데에서 흙과 나무들도 다른 곳보다는 좀 많은 편이었고 석림 최고의 전망대라고 할 수 있겠다. 육각형의 정자 망봉정은 대석림에서도 거의 중심에 위치하고 있었다. 사방으로 많은 바위들이 군사들 열병하듯 끝이 안 보이게 늘어서 있는 가운데 그 옆의 작은 공터에 중국인 유람객들 몇 명이 춤추고 노래하는 것이 보인다. 역시 눈을 즐겁게 하는 관광지의 풍경은 사람의 마음을 유쾌하게 만드는 모양이다.

한숨 돌린 다음 어디로 갈까 하고 지도를 보다가 지도의 아래쪽 여섯 시 방향에 있는 검봉지劍峰池가 눈에 띄었다. 바위 숲 가운데 칼처럼 생

팅부동 운남여행

긴 바위가 있는 연못인가? 하고 망봉정에서 내려와 길을 찾았다. 검봉 지로 가는 길에 또 커다란 바위가 다른 바위들 위에 올라앉아 있는지 그 사이에 끼어 있는지 정확한 구분이 안 되는 모습 하나가 보인다. 천 균일발千鈞一发이라는 바위란다. 鈞은 서른근 균 자. 옛날 1균은 30근의 단위였다. 그리고 지금의 한 근은 500g인데 과거에는 800g이었단다. 그럼 천균은 3만근이고 24t에 해당한다. 그때는 가운데에 있는 균이 무 엇을 뜻하는 글자인지는 몰랐어도 곧 떨어질 것 같은 바위의 모습에 놀란 가슴을 쓰다듬었다.

그런데 천균일발은 실제로 중국에서 '매우 무거운 물건을 한 가닥의 머리털로 매어 끌다'라는 뜻으로 무거운 물건이 곧 떨어질 것 같은 매우 위험한 형국, 즉 위기일발危機一髮을 의미하는 말이라고 한다. 그리고 또 한 가지, 죄를 짓지 않은 한국인과 중국인들은 괜찮지만 중국에 온갖 악행과 만행을 저지른 일본인들이 지나갈 경우 이 돌이 떨어진다고 하 여 일본인들은 겁이 나서 모두들 이곳을 우회하여 돌아간다는 말도 있 다고 하니 일본에 대한 중국인들의 한이 얼마나 큰지 알 수 있었다.

드디어 검봉지에 도착하니 관광객들 몇 명이 사진을 찍고 있다. 그리 크지는 않으나 길쭉하게 생긴 못이 있고 그 못 가운데에 바위가 칼처 럼 박혀 있는데 그 바위가 반으로 부러져 있다. 그리고 그 바위 칼에 붉 은 글씨로 '劍峰'이라고 씌어 있다. 바위들이 숲을 이루고 있는 석림 한 가운데에 작은 못이 있고 거기에 부러진 칼이 꽂혀 바위가 되어 있으니 전설의 소재가 될법한 재미있는 이야기가 분명 있으리라 생각된다. 어

쩌면 정의와 의리를 놓고 목숨
을 건 결투 끝에 칼을 놓쳐버린
검객의 안타까운 사연인지, 아
니면 어느 아리따운 낭자와 이
루지 못할 사랑에 빠져 조직(?)
을 피해 여기 석림에 와서 숨어
살다가 추적자들에게 그만 목
숨을 잃고만 애달픈 사연이 있
을지 자못 궁금하였다.

밑에서 올려다 본 천균일발의 아슬아슬한 모습.

이제 이자원천경구 쪽으로 방향을 틀었다. 이자원천경구 가는 길에
도 좌우로 바위가 숲을 이루기는 마찬가지였지만 좀 조용하였고 대석

검봉지와 검봉.

팅부동 운남여행

림의 변두리 지역 같은 느낌이 들고 아까의 유란심곡 보다는 건조하였다. 완만한 오르막을 올라가니 바위가 듬성듬성한 대신 나무들이 자리를 잡고 있다. 좀 높은 고갯길처럼 생긴 곳을 올라가니 바위들 아래로 멀리 다른 경구의 바위들이 보이기 시작한다. 망봉정에서는 코앞으로 바위들이 숲을 이루고 있었지만 여기서는 근처의 공간이 여유 있어 먼 곳으로 눈이 가는 풍경이다. 내리막길을 지나니 큰 도로가 나온다. 대석림의 또 다른 한쪽 끝이다. 지도를 보니 네 시 정도의 위치이다. 즉 대석림의 아홉 시와 열두 시 사이에서 움직이면서 중심 쪽에 들어갔다가 여섯 시 방향으로 구경을 하고 네 시 쯤의 방향으로 나온 셈이다. 지도상으로는 얼추 전체를 다 돌아 본 것 같지만 사실은 주마간산走馬看山격으로 본 것이다. 그 많은 소로 길 사이사이를 다 다녀보고 즐비하게 늘어선 바위들과 교감을 이루고자 한다면 몇 날 며칠이 걸려도 모자랄 것 같은 아쉬움이 들었다.

비행기는 오늘 늦은 밤인 11시 30분 출발이지만 세 시에 만나기로 했으니 한 군데에서 마냥 지체할 수는 없었고 아쉬운 마음을 뒤로하고 이자원천경구로 들어가려는데 갑자기 아랫배가 싸하여 온다. 숲 한가운데가 아닌 것을 다행으로 생각하고 방금 지나온 초소를 찾아갔다. 아까 대석림 한가운데에서 배가 조금 불편했을 때 마침 안내판 옆에 화장실이 하나 보여서 들어가 보려고 시도해 봤었는데 거기는 도저히 앉을 수가 없는 지경이어서 여기까지 참고 왔던 것이다. 아마도 사람이 근무하는 초소가 있으니 자기들 사용을 위해서도 깨끗하게 관리해 놓은 화장실이 가까이 있으리라 생각을 하고 "짜이 나얼 쳐쉬在哪儿厕所?"하고 물어보니 왼쪽을 가리키며 가란다. 약 50m 쯤 가니 안내판이 나오고 길에서 살짝 벗어난 곳에 겉모습만 봐도 잘 관리해 놓은 화장실이 나온다. 밖에는 수도꼭지와 세면대까지 있었다.

안에 들어가 칸막이 된 곳의 문을 다시 열고 들어가니 변기에 초록색 비닐을 씌워 놓았는데 겉으로 씌운 게 아니고 변기 속에 비닐포장지가 들어 가 있다. 그제야 샹그릴라의 보달조 공원에서 박 형이 가 봤다는 화장실 생각이 났다. 이곳도 그것과 같은 종류의 야외에서 깨끗하게 처리하는 자연 친화적 화장실인 것이다. 볼일을 다 보고 꼭지를 누르니 물이 나오지 않고 비닐종이가 통째로 빠지고 다시 새것이 변기 속으로 들어와 자리를 잡는다. 주요관광지에서의 환경보호를 위한 중국당국의 노력은 상당해 보였다. 나오면서 세면대에서 얼굴도 씻고 정신을 차렸다. 아래위로 좀 시원해 지면서 살 것 같았다. 다시 큰 도로로 나와 이자원천경구로 가는 길을 건넜다.

● 이자원천, 보초산, 소석림 경구들

이자원천경구 입구에서 만년영지경구 쪽으로 좀 올라갔다가 보면서 내려오고 싶은데 아무래도 그러기엔 시간이 부족할 것 같아서 가까이 2호 경관대라고 지도에 나온 곳으로 가서 잠깐 둘러서 눈앞의 전망을 본 후 다시 내려와서 이자원천 입구로 들어갔다.

입구에서 좀 내려가니 철망을 둘러놓고 작은 안내판이 있었다. 거기에는 벽화가 그려진 석벽이 있었으며, 사람, 짐승, 물건, 별 등의 그림으로 오래전 이족이 남긴 언어라고 한다.

저만치 내리막길에 한 아저씨가 여자 두 명을 앞에 놓고 휴대폰으로 사진을 찍고 있다. 잠시 기다렸다가 세 사람 사진을 찍어 줄 테니 휴대폰을 달라고 해서 한 장 찍어 줬다. 고맙다고 해서 나도 휴대폰을 주고 사진 한 장을 찍어 달라니까 좁은 공간에서도 이리저리 위치를 바꾸게 하고 몇 장을 찍어주는 친절을 베풀어 준다. 말을 걸어 오길래 한국인이라고 하니 혼자서 다니냐고 대단하다고 엄지손가락을 치켜세워 준다. 여자 두 사람은 50대 초반 남자는 내 또래로 보이는데 잠시 같이 가면서 자꾸 말을 걸어오는데 뭔 말인지 알

아들을 수가 없다. 그 사람들은 내가 혼자서 다니니 아마도 중국어를 잘하는 줄 알았나 보다. 못 알아듣겠다고 "팅부동" 이라고 해 주니 깔깔거리고 웃는다. 그 다음 풍경에서 자기들 사진을 찍고 나를 두 여자 사이에 세우더니 포즈를 취해 달란다. 자기들 휴대폰으로 사진을 찍고 내 휴대폰도 달래서 한 장 찍어 준다. 덕분에 으슥하던 골짜기에서 한참 동안 사람 소리를 들으며 재미있게 다녔다.

석림에서 만난 중국인들과 함께.

이곳은 대석림보다 전체적으로 지대가 좀 낮은 곳에 위치하며 바위와 숲이 적당하게 조화를 이루고 있는 것 같았다. 따라서 길에 바짝 붙은 바위도 있지만 살짝 벗어나 저만치서 여유 있게 모습을 보이는 바위들도 있었고 키가 큰

왕관을 쓴 모양의 바위.

바위들도 많았다. 왕관을 쓴 사람의 모습도 보이고 갖가지 형상의 바위가 보인다. 그리고 군데군데 대나무가 숲을 이루고 있는 모습도 보인다.

대석림에서 처음 바위들을 봤을 때는 눈이 휘둥그레질 지경이었지만 이제 보이는 바위들은 놀랍지도 않고 그저 그렇게 보인다. 좋은 경치도 계속 보이니 별로인 것처럼 보인다. 눈이 간사한 것일까? 비슷비슷한 바위들의 출몰에 사진 찍는 빈도수도 줄어든다.

중국인 세 사람은 골짜기로 더 들어가고 나는 중간에 방향을 바꾸어 또 큰길로 나왔다. 조금 구경하면서 걸어가니 보초산경구로 가는 길 안내가 보인다. 중간에 나무로 지은 건물이 한 채 나오고 그 뒤로 보초산경구 입구가 나타났다. 입구에서 가까운 곳에 개와 원숭이 형상의 바위가 보인다.

그 사이를 돌고 돌아 좁은 바위 사이에 난 길을 옆으로 비켜서듯이 지나기도 하고 한참을 가니 갑자기 사방이 훤히 내려다보이며 바위 꼭대기에 오른다. 전망을 둘러 보고 있는데 남자 두 명이 올라온다. 중년과 젊은 남자로 중국인 부자父子로 보였다. 서로 사진을 찍고 찍어주고 내려왔다. 갈림길에서 소석림이라고 표시된 방향으로 가는데 길이 이상하다. 뱅뱅 도는데 아까 지나친 길이다. 다시 꼭대기에서 내려오던 갈림길까지 갔다가 소석림 방향으로 또 찾아가봤는데 도저히 안 된다. 지도상에는 보초산에서 소석림으로 곧장 넘어가는 길이 분명히 표시되어 있는데, 결국 한참을 헤맨 끝에 처음 들어갔던 보초산 입구로 나왔다. 투덜거리면서 큰길로 나오니 마침 전동차가 지나간다. 손을 들어 세우는데 몇 명 타지 않은 사람들 중에 아까 이자원천에서 헤어졌던 중국인 세 사람이 나를 반겨 맞아 준다. 낯선 곳에서 조금 전에 헤어졌던 사람들을 다시 만나다니 불과 얼마 되지 않은 시간이었는데 엄청 반가웠다. 그들도 어서 타라고 손을 흔들어 환영해 준다. 전동차는 금방 소석림 경구 입구에 내려준다. 바로 앞이 박 형과 김 형과 만나기로 했던 장소다. 2시 20분이다. 두 사람은 아직 다른 곳을 구경하는지 보이지 않고 배도 슬슬 고파 온다.

재빨리 소석림으로 발길을 돌렸다. 소석림은 안정된 들판에 바위가 서 있는 것 같았다. 작지만 잔디밭이 띄엄띄엄 광장처럼 있는 가운데 바위들도 서로 멀찍이 누리를 지어 서 있다. 석림의 입구인 대석림과 출구에 가까운 탓인지 사람들도 훨씬 많이 보인다. 아마도 여기 보이는 사람들은 이자원천이나 보초산경구까지 가보지 않고 그냥 출입구에서 가까운 곳에서 적당히 구경하다가 가는 사람들처럼 생각 되었다. 나는 멀리 한국에서 왔으니 또 언제 다시 올지 몰라 낯선 땅에서 땀을 뻘뻘 흘리면서 돌아다녔는데 그 사람들은 몇 번씩 와 본 사람들인지 아니면 시간이 없는지 몰라도 내 눈에는 여기까지 오는 데 들인 공에 비하여 제대로 구경을 못 하는 것으로 보였다.

시간 관계로 소석림을 입구 근처만 급히 돌고 나오니 만나기로 한 3시 1분 전이었다. 두 사람이 어디 있는지 김 형에게 문자를 보내려고 열어보니 "코끼리 전동차 타고 나오면 버스터미널"이라는 문자가 2시 34분에 와 있다. 그럼 벌써 30여 분 전에 아까 내가 소석림 입구에 도착하기도 전에 나갔다는 것인데 하고 전동차 내렸던 곳으로 가서 오는 전동차를 타려니 여기서 타면 안 된단다. 그럼 뭐야 하고 전동차 타는 곳을 찾으려니 마침 직원 복장을 입은 여자가 지나간다. 붙잡고 전동차 타는 곳을 물어보니 멀리 보이는 석림호를 가리키며 이쪽 길을 따라가면 된단다.

조금 가니 아침에 전동차에서

소석림의 아름답고 신비한 바위의 향연.

팅부동 운남여행

내려서 들어오며 봤던 석림피서원이 나오고 그 안에 전동차가 줄 서 있다. '음, 잘 됐구나. 여기가 나가는 전동차 타는 곳이구만' 하고 출발하는 차를 타니 대석림을 가운데 두고 난 전동차 길을 돌아가고 있다. '아 이건 구경은 좋은데 난 지금 이게 아니고 터미널로 가야 하는데, 그럼 한 바퀴 다 돌고 나가는 것인가 덕분에 구경은 잘하네' 하고 생각지도 않게 석림의 전동차 길을 한 바퀴 돌았다. 도중에 한두 명 씩 타고 내리는데 자세히 보니 내리고 타는 데가 석림 지역의 각 경구에서 출입지역인 것이고 번호판이 붙어 있었다.

그러다가 다시 아까 소석림에 내렸던 7번 주차위치에 오니 모두 내린다. 안 내리고 있으니 내려야 한단다. '아니 그럼 나가는 전동차는 어디에서 타는 거야?'

할 수 없이 김 형에게 문자를 보냈다. "전동차 어디서 타냐" 하니 "출구 쪽으로 1km 가량 걸어 나오면 차 탈 수 있다"고 한다. '그러면 석림을 나가서 차를 탄다고?' 지도를 펼쳐 봤는데 어디가 출구인지 명확히 나와 있지를 않았다. 황당해서 다시 살펴보니 석림호 쪽이 아닌 반대방향으로 아침에 보았던 대형 간판에서 우측으로 난 길을 따라 사람들이 걸어가는 것이 보인다. 고개를 갸우뚱하며 길이라곤 피서원 가는 길과 이 길밖에 없는데 이곳인가 하고 방향을 트니 그쪽으로는 가게도 몇 개 나오고 소석림의 또 다른 끝쪽이다. 그리고 보니 소석림에서 곧장 나오면 출구 쪽으로 연결되어 있었는데 소석림의 입구에서 나가는 곳을 찾으니 찾기 어려웠던 것이다. 조금 걸어가서 출구를 지나니 그 밖에 사람들이 줄 서 있다. 뒤에 서니 곧이어 차례대로 전동차를 타고 아침에 내렸던 버스 터미널에 도착시켜 준다.

아마도 아침에 처음 탔던 전동차는 입장권 파는 곳에서 석림여유구 입구에다 내려주고 돌아서 출구 쪽에 가서 나오는 관광객을 태워서 버스터미널까지 데려다 주는 코스로 운행하는 외부운행 전동차이고, 석림여유구 안에서는 1번 위치인 석림피서원에서부터 소석림 입구인 7번까지 대석림경구를 도로따라 돌고 있는 내부운행 전동차가 따로 있는 것 같았다. 그걸 몰랐을 박 형과 김 형도 쉽게 찾아갔고, 중국 현지인들은 당연히 쉽게 이해할 수 있는 것을 나만 소석림 입구에서부터 찾느라고 헤맸었다는 생각이 들었다. 지도에 석림 출구표시만 명확히 되어 있어도 고생을 덜 했을 텐데 말이다.

터미널 식당에 도착하니 두 사람은 이미 식사가 끝났다. 두 사람도 소석림을 구경하고 시간이 남아 결국 대석림으로 다시 돌아가서 여기 저기 구경하다가 나왔다고 한다.

종업원을 찾아 늦은 식사를 주문하고 버스표를 끊었다. 석림 터미널 내에는 인근에 있는 구향동굴에 대한 안내광고가 붙어 있다. 구향동굴은 별 네 개 AAAA급 여유구로 쿤밍에서는 석림과 함께 제일의 관광지로 손꼽는 곳이다. 아마 패키지 여행을 왔다면 오전에 석림을 맛보고 오후에 구향동굴로 갔으리라. 보지 못하는 아쉬움을 뒤로하고 다음 기회에 다시 온다면 우선 못 가본 구향동굴을 가 본 뒤 시간을 내어 석림을 다시 한 번 꼭 와보고 싶다.

쿤밍 출발

5시 15분에 다시 쿤밍 동부터미널에 도착했다. 터미널 하차장에 내려서 나오는데 그 아래쪽으로 지하철역이 보인다. 내려가서 노선표를 한번 확인해 보고 싶었는데 다 끝난 마당에 귀찮기도 하고 피곤하기도 해서 그냥 나왔다. 빵차들이 줄을 서 있고 어디 가느냐고 붙잡는다. 대꾸도 안 하고 전날 승용차를 얻어 탔던 곳까지 걸어 나왔다. 아직 저녁 시간은 빠르고 일단 호텔로 가기로 했다. 택시를 타려고 하워드존슨호텔 하니 모른다. '후아즈청' 하니 알아듣고 20위안 달라고 한다. 아침에 10위안 줬는데 무슨 소리냐 더군다나 거리가 10위안 안 줘도 될 정도로 가까운 것도 아는데 그 금액으로는 못 타지 하면서 다른 택시에 물어보니 또 20위안, 그냥 걸어갈까 하며 눈치를 보니 둘 다 피곤하니 아무거나 타자고 한다. 그럼 택시 아닌 일반 승용차는 어떤가 하고 물어보니 그것도 20위안 달란다. 이제 할 수 없이 그걸 탔다. 근데 타고 보니 정말 지저분하고 다 썩은 차다. 결국 20위안 줄 것을 처음에 그냥 택시 타지 왜 다 썩은 차를 탔느냐고 내린 다음에 원망 들었다.

그리고 중요한 것, 우리는 중국에 오면 무엇이든 흥정해서 가격을 깎을 수 있다고 생각했는데 한 번도 성공해 본 적이 없었다. 특히 택시비에서는 전혀 깎아보지 못했다. 시장에서 송이버섯 살 때도 저울로 달아 주는데 가격을 깎지는 못하고 거우 작은 것 한 송이를 더 얻었을 뿐이었다. 호도협에서 말 탈 때도 우리가 걸어서 거리를 줄인 만큼만 깎았을 뿐이니까. 관광객 상대로 바가지요금이 줄어들었는지 아니면 우리가 흥정을 못 한 탓인지는 모르지만 심하게 바가지 쓴 적은 없는 것 같았으니 다행이라고 할까.

또 한가지 샹그릴라의 납파해와 따리 얼하이에서의 관광은 좀 닮은 점이 있었다. 시스템이 너무나 엉성하고 종사원들도 시골원주민들로 보이는 게 아무래도 중국 정부에서 소수민족 보호 차원에서 그들이 직접 관광사업을 하도록 허가해준 것처럼 보였다. 사실적으로 그런 시스템이 있는지는 모르겠지만 두 곳과 다음날 본 보달조국가삼림공원, 옥룡설산, 그리고 쿤밍의 석림 등을 비교해 봤을 때 운영 수준의 차이점이 분명히 있었고 그렇게 느꼈다. 그렇다고 잘못 되었다거나 문제가 있다고 말하고 싶은 것은 아니다. 환경이 어려운 소수민족 보호와 지원정책 차원에서 직접 경제활동을 통해서 수익을 올리도록 해 주는 것도 국가가 할 일 중의 하나일 테니까.

이제 저녁 먹고 짐 싸서 나오는 것만 남았다. 호텔 마당에 도착하여 꽃 박람회장에 가니 오늘도 벌써 문을 닫았다. 아쉽다. 이틀 연속 좋은 구경거리를 놓쳤다. 아마도 5시에 문을 닫는 모양이다. 결국 호텔 로비 한쪽의 휴게실에 앉아 쉬는 동안에 박 형이 프런트에 가서 저녁에 타야 할 공항버스를 확인 해보는데 뭔가 말이 길다.

뭐냐고 물어보니 공항버스가 없단다. 아니 그럼 어제 우리 숙박시켜 준 그 여자는 뭐고 더구나 저렇게 공항버스시간표까지 떡하니 써 붙인 안내판까지 있는데 그건 뭐냐고 하니 하여간 공항버스는 없으니 택시 타야 한단다. 택시비는 120위안 하는데 자기들이 불러 줄 수는 있단 다. 허, 이거 참. 공항버스만 믿고 있었는데 난데없는 택시라니, 완전히 우롱당한 기분이 든다.

방에 들어갈 수 없으니 제대로 씻지는 못하고 화장실에 들어가서 손 수건에 물 묻혀서 옷 속으로 대강 땀만 닦았다. 휴게실에서 잠시 쉬다 가 저녁 먹으러 나왔다. 만장일치로 어제 저녁을 먹었던 그 식당으로 다시 갔다. 그 식당에서는 주인 여자가 알아보고 웃으며 맞이한다. 어 제와는 조금 다른 메뉴로 훠궈를 주문하고 어제처럼 술을 시켜서 전 일정의 성공적인 종료를 축하하는 즐거운 건배를 했다.

운남에서의 시간은 우리에게 하나의 도전이었다. 결코 길다고 할 수 는 없는 기간이었지만 어느덧 지나가 버린 세월 속에서 잊어버린 나의 젊은 날을 찾으러 가는 느낌이었다. 소설 속의 샹그릴라처럼 영원한 행 복을 누릴 수 있는 이상향을 정말 찾기를 기대한 것은 아니지만 쳇바 퀴 돌던 것 같은 일상의 생활을 잠시 잊고 마음의 묵은 때를 훨훨 벗기 고 오는 데에는 충분했다고 생각한다.

60세가 넘어 해외여행을 자유여행으로 했다는 뿌듯함이 들었다. 휴대폰의 통역 어플도 싫다 하고 말도 제대로 못하는 상태에서 다른 사람들에게 아쉬운 소리 하지 않고 도움 없이 스스로 먹을 것 잠잘 곳 구해가면서 아무런 사고 없이 다녔다는 것, 물론 패키지 여행보다는 많은 곳을 다니지는 못했고 자세한 것까지는 다 알아볼 수는 없었지만 나름대로 목적했던 바는 모두 이루었다는 흡족감이 충만하였다. 가이드가 없어서 본 것들에 대해서도 자세한 내용들을 모르는 것들도 상당히 많아결국 이 글을 쓰면서도 인터넷의 힘을 다소 빌리지 않을 수가 없었다는 점이 조금 아쉽다. 하긴 가이드가 있어도 다 알 수는 없었겠지만 이것저것 신경 쓰지 않고 편리하게는 다녔을 것이다. 또 패키지 여행이라면 절대로 불가능했을 적은 돈으로 볼 것 다 보았다는 만족감이 제일 컸다.

집 떠나면 고생이라는 말 당연한 말이지만 우리가 선택했던 것이고 계획했던 목표를 이루었으니 또한 즐거운 일이기도 했다.

이제 정말 비행기만 타면 되니 어깨가 가벼웠다. 다시 호텔로 걸어와서 맡겨두었던 짐을 찾아서 배낭과 캐리어에 나누어 정리하고 택시를 불러달라고 했다. 잠시 후에 택시가 왔으니 타라고 한다. 택시 불러준 종업원에게 팁이라도 줘야 하는데 괘씸해서 팁을 줄 수가 없었다. 공항까지 120위안 한다는 택시비에 이미 그들 먹을 것이 붙었다는 생각이 들었다. 더구나 있지도 않은 공항버스를 생각하니 말이다.

그런데 집에 와서 쿤밍 지도를 다시 놓고 거리를 보니 서부터미널에서 동부터미널까지도 상당히 먼 거리이고 호텔에서 비행장까지도 적은 거리가 아니었다. 물론 도시 고속도로를 통해서 가기 때문에 통행료도 내어야 하고 어쩌면 그게 정상가격이었을지도 모른다. 그렇게 양보해도 공항버스가 있다고 했다가 없다는 것은 너무 큰 차이가 있었다.

다시 구글 지도를 보니 쿤밍 장수공항에서 동부터미널까지 기차선 로가 놓여있다. 그게 전철인지 무엇인지 잘 알 수가 없었지만 석림에서 돌아왔을 때 잠시 내려가서 확인해 보았더라면 공항까지 좀 다른 방법으로 갈 수도 있었지 않았을까 하는 생각이 든다. 그러나 그때는 여행이 다 끝난 시점이고 공항버스도 있다는데 전철노선을 확인해 볼 필요가 없었기 때문이다. 그런데 어느 분이 올린 글에 의하면 중국에서는 지하철에서 보안 검색할 때 술병이 있으면 안 된다고 하니 전철 타는 사람은 유의해야 할 것이다.

15일간의 중국, 극히 좁은 지역 일부만 보았다. 운남성에서의 나머지 못 본 것에 대한 아쉬움은 뒤로하고 언젠가 있을지도 모를 다음 기회를 기대하며 공항에 도착하였다. 여행에서의 아쉬움은 언제나 있는 법, 나름대로 만족할 줄 아는 것이 또한 인생이다. 준비도 제대로 못 했던 어려운 가운데에서도 여행의 목적한 바를 다 이루었다는 것으로 만족한다.

쿤밍 공항은 처음 내렸던 밤처럼 불이 밝았고 도착하는 사람, 떠나는 사람 모두를 환한 모습으로 반겨 주었다. 오늘 밤 우리는 떠나지만, 또 누군가는 새로운 세상을 경험하고 또 도전을 위하여 도착할 것이다.

중국 자유여행 시 참고 사항

우리는 일부러 한국인을 찾아다닌 적은 없다. 정보를 모르더라도 부딪혀 보는 것도 나쁘지 않다고 생각했기 때문이다. 갑자기 여행 일정을 잡은 탓에 최소한의 정보만을 얻어서 갔다. 그러나 좀 편히 다니고 많은 것을 구경하고 싶다면 인터넷을 통하여 부지런 떨면 당연히 좋은 정보들을 더 많이 얻을 수 있다. 일반 여행객들이 올린 정보도 많지만 요즘은 특히 중국으로 공부하러 간 국내 유학생들이 다니면서 많은 정보를 올려 놓았다.

중국은 별도의 비자를 받아야 입국할 수가 있다.

여행사를 통하여 비자를 받을 수 있고, 단수비자와 복수비자가 있으며 단수비자는 1회용 복수비자는 6개월과 1년용이다

안전성

공산주의 통치 체제에서 이루어지던 제재시스템들에서 아직 완전히 벗어나지 않았으나, 자본주의 경제를 채택하고 해외 관광객들의 유입과 자국인들의 해외 관광이 함께 늘어나면서 치안이 과거에 비하여 많이 좋아졌다. 하지만 아직도 위험한 지역도 많다고 하니 주의해야 한다. 운남성에는 중국 중에서도 마약 유통이 상당한 지역이라고 하며, 특히 혼자 다니는 것은 늘 조심해야 한다.

숙소 구하기

숙소를 저렴하게 구하는 인터넷사이트가 많다. 일정을 확정하고 미리 여유 있게 예약해 놓고 다니면 편리할 것이다. 특히 성수기에는 현지에 도착해서 구하기 어려울 때도 있다. 일행이 있더라도 도미토리(1인용 침대. 다인실)를 예약해서 이용하면 싸게 잘 수 있다.

많은 지역에 한국인들이 진출해 있으며 여행업과 숙박업을 겸하는 경우도 많다. 가격을 조금 더 주더라도 이런 곳을 찾으면 여행에 대한 정보를 얻을 수 있다. 여행지에서 직접 숙소를 구할 때는 방, 침대, 화장실, 변기, 수도꼭지 물 사정 등을 확인해둬야 한다. 온수가 나오는 것도. 특히 야쩐이 걸려 있어 고약한 사람을 만나면 트집 잡혀 손해 볼 수도 있으니 미리 확인해둬야 하고, 선불 지급 시 반드시 영수증을 받아두어야 한다.

우리나라 외에는 온돌이 없고 호텔이 아닌 경우 다른 난방시설이 거의 없으니 추운 지역에서는 전기장판이 있는 방을 찾는 것이 좋다.

화폐

달러는 일반적으로는 통용하지 않는다. 위안화로 바꾸어 가야 할 것이다. 현지 상인들 이 말하는 '콰이'는 위안과 같은 말이다. 위안 아래로 그 1/10인 쟈오角,각가 있다.

언어

우리가 갔던 곳은 다른 곳에 비해 아직 한국인들이 많이 다니는 편은 아니다. 다른 외국인들도 가끔 다니지만 영어도 거의 통하지 않으니 반드시 중국어로 간단한 대화 정도는 할 수 있는 게 좋다. 중국 내의 관광지에는 중국인 관광객들만 해도 넘쳐난다. 상인들도 말 안 통하는 외국인을 군이 상대하려는 욕심을 부리지 않는다.

교통

한국에서 쿤밍까지 직항노선이 많다. 국내 항공사 포함 일주일에 10회 이상 다닌다. 일정이 일찍 결정되면 조금이라도 저렴하게 항공권을 구입할 수 있다. 운남성에서는 따리, 리장, 샹그릴라까지 비행장이 있고 중국 국내선이 다닌다.

고속도로망이 많이 뚫려 있지만 워낙 땅이 넓으니 아직 불편한 지역이 많다. 장시간 여행도 감수해야 할 것이다. 버스이동 시 같은 지역을 갈지라도 중파, 대파, 호화대파 등에 따라 가격이 다르다. 장거리 야간 버스는 침대 버스도 있다.

기차여행시도 푹신한 침대軟臥,루안우워, 딱딱한 침대硬臥,잉우워, 푹신한 의자軟座, 루안쭈어, 딱딱한 의자硬座,잉쭈어에 따라 가격이 다르다.

교통수단 마다 이동거리와 소요 시간을 확인하고 적당한 표를 사는 것이 좋다.

택시는 미터 요금제를 실시하고 있으나 관광객들 상대로 일정 금액을 받는 경우가 많다.

❶ 날씨

운남성은 한국에 비해 위도가 낮으나 고도가 높다. 따라서 아주 고산지대가 아니면 한겨울에도 영상을 유지한다. 우기는 6월부터 8월까지이나 10월까지도 비가 자주 내린다.

❶ 관광

관광지에는 터미널이나 기차역 등 주요 출입지역에 빵차를 대어 놓고 호객행위를 하고 있으나 이 경우에 물건 파는 곳으로 끌고 가서 강매를 시키기도 하니 주의해야 한다.

그러나 경우에 따라 아주 싼 값으로 여행 잘했다는 사람들도 상당수 있는 것을 보면 넓은 땅이니 만큼 사람들도 여러 종류인 것 같아서 한 마디로 단정 지울 수는 없겠다. 다만 객지 특히 외국에서는 조금 손해 보는 듯 할 지라도 항상 안전하고 확실한 시스템을 이용하는 것이 사고를 예방하는 방법일 것이다.

전체 일정(14박 16일)

- 1일차   2015. 9. 9 출발, 쿤밍 도착, 숙박
- 2일차   9.10 쿤밍 → 따리
- 3일차   9.11 얼하이, 창산 관광
- 4일차   9.12 따리 → 리장
- 5일차   9.13 리장 → 호도협(차마객잔 숙박)
- 6일차   9.14 차마객잔 → 티나객잔/중호도협 → 리장
- 7일차   9.15 리장관광(만고루, 흑룡담)
- 8일차   9.16 옥룡설산 관광
- 9일차   9.17 리장 → 샹그릴라(납파해)
- 10일차   9.18 보달조국가삼림공원 관광
- 11일차   9.19 샹그릴라 → 리장
- 12일차   9.20 리장 관광, 휴식
- 13일차   9.21 리장 상산 등산
- 14일차   9.22 리장 → 쿤밍

- 15일차 9.23 석림 관광, 비행기 탑승
- 16일차 9.24 도착

여행경비 개요

환전 시 신용 좋은 사람은 수수료 할인을 받을 수 있으니 주거래 은행에서 사전에 하면 좋다.

거의 중국 현지식, 중하급(?) 수준으로 3인 1일 평균비용 숙박비 31,800원이 소요되었다. 식비의 경우 38,650원(1인 1식 4,300원) 소요 되었다. 호텔 피하고 객잔 숙박, 현지 식당 이용하며 가끔 길거리표 식사도 이용했다.

비자는 각자 받은 다음 1인당 170만 원씩 내고 시작했다가 마지막 날 100위안씩 추가하여 총 5,157,000원을 예산으로 잡았으나, 실제로는 총 5,123,860원이 지출되었다(당시 환율을 기준으로 편의상 1위안당 190원으로 계산).

개별 비용으로 1인당 1,708,000원씩 사용, 비자비용까지 합하면 180만 원 못 미친다. 비행기 값과 비자비용을 제외하면 1인당 약 931,000원, 일 평균 66,500원으로 14박 16일 중국을 여행한 것이다.

#비용 내역(단위 : 원)

| 구분 | 수입 | 지출 | 지출비율 | | 비고 |
			전체	항공비 제외	
초기자금	5,100,000				170만×3
추가자금	57,000				300위안
항공비		2,331,000	45.5	–	대한항공
준비물		18,450	0.3	0.6	의약품, 소주
숙박비		445,040	8.7	16.0	14박
식비		541,100	10.6	19.4	126끼
교통비		492,580	9.6	17.6	
관광비		1,200,600	23.4	43.0	
기타		95,090	1.9	3.4	간식, 술
계	5,157,000	5,123,860	100	100	잔액 33,140
1인당 배분	1,719,000	1,707,953			잔액 11,047

팅부동 운남여행

　요즈음 TV를 보면 몇 가지 대세가 있다. 첫 번째가 열심히 음식 만들고 또 먹는 것, 두 번째가 다이어트 하고 건강 챙기는 것, 세 번째가 K 팝과 한류, 그리고 다음이 해외여행이다.

　더구나 해외여행의 경우에는 꽃할배와 꽃누나에 이어 꽃 청춘, 정글 탐사하기와 해외 친구의 집을 찾아가는 프로그램까지 등장해 많은 사람들에게 인기를 얻고 있다. 심지어 최근에는 홈 쇼핑을 통해서도 관광객을 모집하고 있다.

　나도 가끔 해외여행을 해 봤지만 업무 차 출장이거나 휴가를 내어 짧게 며칠씩 갔던 패키지 여행이 전부였는데 직장을 다 마치고 시간이 남으니 장기간 여행도 해 보고 싶은 마음도 생겼다. 언제나 산을 좋아하던 김 형이 몇 년 전에 버킷리스트로 세계 3대 트레킹 코스를 가보고 싶다고 말 한 적이 있었는데 결국 2014년에 네팔 안나푸르나를 같이 트레킹하고 이번에 호도협도 함께 하게 되었다.

여행을 한 뒤로 사진을 정리하다 보면 갔다 온 것들에 대해 뭔가 조금이라도 기록을 남기고 싶은 마음이 생기기도 하는데 실제는 게으른 탓도 있지만 그것이 거창한 일처럼 생각되어 쉽게 할 수 없었다. 요즈음 인터넷을 보면 많은 사람들이 여행한 것들에 대해 사진과 함께 기록들을 인터넷 카페에 올리는 것을 보고 부러움을 느끼기도 하였으나 또 한편 그럴 정도로 자료와 내용이 다양하지는 않아 뭔가 시도를 하기에도 부족하다는 것을 알기에 아무것도 못하고 있었다.

그러다가 이번에 여행 도중 리장의 객잔에서 송이와 백주에 취해서 일을 저지르고 말았다. 흥에 반쯤 취해서 한 말들이지만 사나이 약속은 약속. 처음 지지부진 하다가. 드디어 금년 들어 본격적으로 글들을 써서 한 권의 책으로 나오게 되었다.

각자 써야 할 부분은 미리 나누어 놓은 터라 먼저 초벌로 쓴 것들을 메일로 주고받으며 착오 부분, 누락된 부분들을 지적해 주고 다시 몇 차례 정리 하는 것까지는 잘 되었다. 각자 스타일이 다른 것도 어쩔 수 없었으나 취합할 때 중복 부분을 어디는 죽이고 어디에 살려야 할지 쉬운 일이 아니었다. 셋 다 우리와 문화가 다른 것들에 대해서는 각자 한 마디씩 했기 때문이다.

묘하게도 여행 중 세 사람은 각자 좋아하는 장소도 달랐다. 박 형은 리장을 좋아하고 김 형은 샹그릴라를 좋아했다. 나는 마지막 석림이 제일 인상에 남는다. 또한 김 형이 처음 글 쓰는 여행지를 배정했을 때도 그와 맞추었으니 글쓰기에 다행스러운 일이었다.

우리가 글을 많이 써 본 사람들도 아니고 더구나 처음부터 작정하고 쓴 것도 아니고 중간에서 마음을 먹었기 때문에 여러 가지로 준비가 안 된 것 어설픈 것이 많다. 현지에서 그냥 보아 넘겼던 것들은 글을 쓰면서 다시 인터넷이나 사전을 찾아서 보완했다.

사진도 수없이 찍었으나 이 역시 전문가 수준에는 미치지 못하기 때문에 그중에서 글 내용과 맞는 것들과 꼭 보여주고 싶은 것들을 선별해서 실었다.

그래도 막상 글을 쓰고 정리하면서 돌이켜 보니 많은 아쉬움이 남는다. 좀 더 조사를 잘하고, 좀 더 부지런히 다니고, 좀 더 잘 챙겨 볼 걸 그랬다.

우리 글을 읽는 분들에게 단순한 여행기록이나 느낌만 보여 주기보다는 조금이라도 도움이 되는 것들을 남겨 보려고 나름대로 시간을 투자했는데 기대의 반 만큼이라도 도움이 되었으면 하는 바람이다.

2016. 5.

이갑수